职业院校电子电气类专业校企

Diangong yu Dianzi Jishu

电工与电子技术（第2版）

◎主 编 李乃夫

高等教育出版社·北京

内容简介

本书是职业院校电子电气类专业校企合作课改教材《电工与电子技术》的第2版,参照有关国家职业标准和行业职业技能鉴定规范,并结合近几年实际教学情况在第1版基础上修订而成。

本书以工作页的形式组织了7个项目,即直流电路——组装和使用万用表,交流电路——安装室内配电线路,电能的生产与计量——安装电能表及照明配电箱,二极管及整流、稳压电路——制作可调直流稳压电源,三极管及放大、振荡电路——制作声控闪光灯和报警器,数字电路——制作循环彩灯控制器、电动机及其控制——安装电动机控制电路。本书按照任务驱动、项目式教学方式组织教学,具有鲜明的职教特色。

本书配有学习卡资源,请登录 Abook 网站 http://abook.hep.com.cn/sve 获取相关资源。详细说明见本书"郑重声明"页。

本书可供职业院校电气运行与控制、自动控制、电子信息等专业使用,也可作为岗位培训教材。

图书在版编目(CIP)数据

电工与电子技术/李乃夫主编.--2 版.--北京:
高等教育出版社,2021.9
ISBN 978-7-04-056408-2

Ⅰ.①电… Ⅱ.①李… Ⅲ.①电工技术-高等职业教育-教材②电子技术-高等职业教育-教材 Ⅳ.①TM
②TN

中国版本图书馆 CIP 数据核字(2021)第 129867 号

策划编辑	唐笑慧	责任编辑	唐笑慧	封面设计	李小璐	版式设计	马 云
插图绘制	李沛蓉	责任校对	刘 莉	责任印制	存 怡		

出版发行	高等教育出版社	网 址	http://www.hep.edu.cn
社 址	北京市西城区德外大街 4 号		http://www.hep.com.cn
邮政编码	100120	网上订购	http://www.hepmall.com.cn
印 刷	唐山嘉德印刷有限公司		http://www.hepmall.com
开 本	889mm×1194mm 1/16		http://www.hepmall.cn
印 张	18	版 次	2012 年 6 月第 1 版
字 数	370 千字		2021 年 9 月第 2 版
购书热线	010-58581118	印 次	2021 年 9 月第 1 次印刷
咨询电话	400-810-0598	定 价	49.00 元

第 2 版前言

本书是职业院校电子电气类专业校企合作课改教材《电工与电子技术》的第 2 版,参照有关国家职业标准和行业职业技能鉴定规范,并结合近几年实际教学情况在第 1 版基础上修订而成。

本书第 1 版被全国各地职业院校广泛使用。近年来,我国的经济社会发展对职业教育及其人才培养规格提出了新的要求,电工与电子技术的发展及专业教学要求也不断发展变化。为适应当前职业教育教学改革的需求,适应"1+X"书证融通的教学模式,适应电工电子技术发展的要求,进行了本次修订。

本次修订在保持 1 版教材编写特色的基础上,删减了一些相对陈旧的内容,并对内容进行了适度的调整。

为适应电工与电子技术与应用的发展变化,补充了一些对新设备(元器件)和其他型号产品的介绍,同时在"阅读材料"中适当增加一些对应用实例、新知识、新技术、新工艺、新设备或元器件的介绍,补充了项目 7。在"互联网+"教学模式不断深入发展的背景下,完善配套的相关数字化教学资源,以适应新的教学模式。

本书的参考教学学时数为 120 学时,学时安排参考见下表。

学习项目	标题与内容	建议学时		
		必修	选修	合计
绪论		4	0	4
项目 1	直流电路——组装和使用万用表	12	3	15
项目 2	交流电路——安装室内配电线路	12	3	15
项目 3	电能的生产与计量——安装电能表及照明配电箱	12	2	14
项目 4	二极管及整流、稳压电路——制作可调直流稳压电源	8	6	14
项目 5	三极管及放大、振荡电路——制作声控闪光灯和报警器	18	4	22
项目 6	数字电路——制作循环彩灯控制器	14	2	16
项目 7	电动机及其控制——安装电动机控制电路	12	2	14
机动		4	2	6
总学时		96	24	120

　　本书由李乃夫主编并负责修订,丘利丽、叶俊杰分别参加了项目 4、5 和项目 7 的修订并提供了相关资料。广州市特种设备行业协会曾伟胜参与了本次修订;湖南铁道职业技术学院赵承荻和王玺珍审阅了本书的修订方案,提出了许多宝贵的意见和建议,在此表示衷心感谢!

　　本书配有学习卡资源,请登录 Abook 网站 http://abook.hep.com.cn/sve 获取相关资源。详细说明见本书"郑重声明"页。

　　欢迎本书的使用者及同行对本书提出意见或给予指正。读者意见反馈邮箱:zz_dzyj @pub.hep.cn。

编　者
2021 年 5 月

第 1 版前言

本书是职业院校电子电气类专业校企合作课改教材,参照有关国家职业标准和行业职业技能鉴定规范,并结合近几年实际教学情况编写而成。

本书努力体现以全面素质教育为基础、以就业为导向、以职业能力为本位、以学生为主体的职业教育教学理念。在教材内容上,不追求学科知识的系统性和完整性,强调在生产生活中的应用性和实践性,并注意融入对学生职业道德和职业意识的培养。在教材结构上,力图改革传统的学科式、以基本理论传授为主的编写方式,也不采用传统的电工电子教材"先电工、后电子"的顺序,而是按照任务驱动、项目式教学方式组织教材内容,将电工电子的教学内容分解到 7 个单元中。选取了与学生学习、生活及将来职业生涯相对接的电工电子项目制作任务,在实际教学中易于实施。

本书采用工作页的形式组织学习任务,工作页是根据现代职业教育理念提供给学生的新型学习材料,其特点是:按照工作过程组织学习过程,让学生经历接受任务→明确任务→获取信息→制定完成任务的计划并组织实施→进行检查和对完成任务的情况进行评价反馈的全过程,从而学到完成学习任务所必须掌握的专业理论知识与应用技术,掌握操作技能;更重要的是,在培养专业能力的同时,让学生学习工作过程知识,掌握各种工作要素及其相互之间的关系(包括工作对象、设备与工具、工作方法、工作组织形式与质量要求等),从而达到培养关键职业能力和促进综合素质提高的目的,使学生学会工作、学会做事。

学习本书的过程如下:

本书各单元的基本形式如下:

本书中有关栏目的含义和作用如下:

① 学习目标:分解到本单元中的应知与应会学习内容。

② 基础知识:介绍完成学习任务所必备的基础知识。

③ 工作步骤:将本学习任务分解成若干个工作实施步骤,根据需要在中间穿插介绍相关知识,可组织实施理论与实践的一体化教学。

④ 相关链接:介绍在进行该工作步骤中,所直接涉及的一些资料,如工程应用方面的知

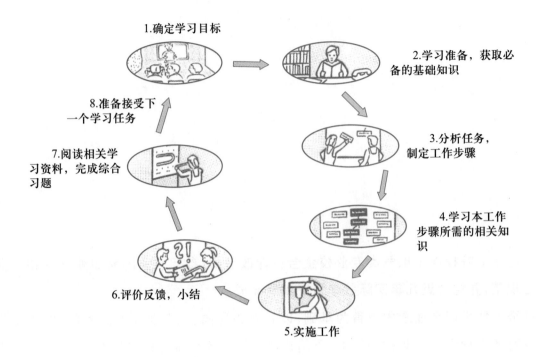

识,仪器仪表、元器件和工具的使用注意事项等,并介绍理论知识在实际生产和生活中的应用。

⑤ 多媒体演示:对适合采用多媒体学习方式的相关内容予以提示。

⑥ 评价反馈:任务完成后的评价与反馈,包括学生的自我评价、同组互评以及教师评价。

⑦ 阅读材料:包括选学内容,新知识、新技术、新产品、新工艺等"四新"内容,以及与本专业相关的应用知识,供课余阅读,给师生以一定的选择空间。也使学生通过学习本课程,对专业知识的应用有一定了解,以培养对后续专业课程的学习兴趣。

⑧ 单元小结:将本单元中关键的知识点与技能点进行综合归纳小结。

本书的教学学时数建议为 102 学时,推荐的学时安排见下表。

单元号	单元内容	建议学时		
		必修	选修	合计
1	直流电路——组装和使用万用表	10	2	12
2	交流电路——安装室内照明线路	10	2	12
3	电能的生产与输送——安装电能表及照明配电箱	8	2	10
4	电器及用电技术——维修电工安全操作实训	8	2	10
5	二极管与直流稳压电源——制作可调直流稳压电源	8	6	14
6	三极管与放大、振荡电路——制作声控闪光灯和报警器	18	4	22
7	数字电路——制作循环彩灯控制器	14	2	16
机动		4	2	6
总学时		80	22	102

多年来,电工电子课程的教材一直在不懈地进行改革探索,以使其更适应职业教育教学改革的需要和人才培养的要求,本书只是其中的一次努力和尝试。欢迎教材的使用者及同行对本书提出意见或给予指正。读者意见反馈信箱 zz_dzyj@ pub. hep. cn。

编　者
2012 年 2 月

目　录

■ 绪论

导言

亲爱的同学,当你打开本书的时候,可能会想:"电工与电子技术"课程学习什么内容?这门课程涉及哪些工作岗位?将会对我的择业产生什么影响?

本书的绪论将向你介绍:

① 电工与电子技术的发展历史。

② 电工与电子技术涉及的工作岗位。

③ 安全用电的基本知识、触电急救和扑救电气火灾的基本方法。

④ 节约用电的意义和基本方法。

一、电工与电子技术的发展

电工与电子技术讲的就是"电"的应用技术。

人类很早就发现自然界电和磁的现象。在我国古代,公元前 2500 年前后人们就发现了天然磁铁;公元前 1000 年就有了对罗盘的文字记载。人对自然界电磁现象的科学认识以及对电能的开发利用建立在 18 世纪末 19 世纪初近代物理学的分支——电磁学的基础上。

人类对电能的利用主要体现在两个方面:一是作为能源,二是作为信号。这就基本形成了电能应用技术发展的两个方面:电工技术与电子技术。电工技术与电子技术又互相交叉渗透、互相促进而不断发展。

电能作为能源利用主要是作为动力(机械能)。1831 年发现的法拉第电磁感应定律奠定了电机(发电机和电动机)学的理论基础。楞次在 1834 年建立了确定感应电流方向的楞次定则。随后,雅各比制造出世界上第一台电动机,从而实现了电能与机械能的转换,这是电能应用史上的一个重大突破。多勃罗沃尔斯基创造了三相电力系统,并于 1889 年制造出第一台三相交流电动机。在电能已成为人类利用的主要能源的今天,电动机所消耗的电能已占全社会电能消耗总量的 60% ~ 70%。除此之外,对电能的利用还包括将电能转换成热能、光能、声能和化学能等。

电能作为信号利用,就是将各种非电量转换成电信号并加以检测、调制和放大,然后通过有线或无线的途径进行传播,以实现通信、检测和自动控制的目的。电子技术的历史相对较短,但发展得更快。

在人类学会用电作为信号进行通信之前,即时通信的手段一般利用光(可见光)和声音。电能被利用后,很快在通信领域充分体现出其价值。19世纪中期的电报传送实验可以看作有线通信的开端。半个世纪后,无线通信得以实现。

随着电子管、晶体管、集成电路的先后问世,电子技术飞速发展,已渗透到各个技术领域和社会生活的各个方面,给人类社会的生产和生活方式带来前所未有的变化。

习惯把电工技术的应用领域称为"强电",而把电子技术的应用领域称为"弱电",但是这一划分方式不是一成不变的。例如,随着大功率半导体器件制造工艺的完善,电力电子技术迅速发展并被广泛应用于变频调速、中频电源、直流输电、不间断电源等方面,使半导体技术进入了传统的强电领域。

二、电工与电子技术涉及的职业与岗位

电工与电子技术涉及许多具有良好发展前途的职业与岗位,如从事电气设备、电路和元器件的安装、调试、维护与检修,供用电系统的运行、维护,以及电气设备的技术管理与技术改造工作,电子设备的安装、调试、使用和维护工作等。也可从事建筑物中的电气安装和物业电气设备的管理、维护与检修工作。此外,还可以从事电气产品、电工材料、电子设备的销售、维修和售后服务等工作。

随着我国经济的持续快速发展,各行各业将需要更多的受过系统、专业培训的电工电子技术人员;越来越多的现代化建筑物、住宅区、工厂需要大量高素质的、具有职业资格的电工电子技术人员;各种新型的电气、电子设备的应用,也显示出对高级电工电子技术人员日益增长的需求。

总而言之,电工电子技术涉及的职业和岗位,为青年人提供了施展个人才华的极大空间,提供了许多能实现个人抱负的就业机会。

除此之外,电工与电子技术还是从事许多职业岗位必须具有的专业基础技术之一,将会对你胜任本职工作提供极为有效的帮助。

三、对电工与电子技术岗位从业者的几点建议

要从事电工与电子技术工作,必须接受正规、严格的学习与训练,必须具备以下从业资格和职业道德:

① 具有高尚的道德,诚实且勤奋。使自己能够胜任本职工作并为客户提供优质服务,不辜负他人对自己的信任,从而实现自身价值。

② 具有高度的责任感。因为在工作上任何细小的差错都有可能带来巨大的经济损失甚至危及人身安全。

③ 对电工与电子技术的基础理论有浓厚的学习兴趣;喜欢从事电工电子相关的职业,并乐意与电气、电子设备打交道,乐意从事本职工作职责内的一些手工劳动。

④ 要有主见,注意培养自己分析判断问题的能力,能独立完成工作任务而不需要别人监督;具有协作精神,善于与同事们共事,相互配合共同完成工作。

⑤ 具有一定的学习、理解、观察、判断、推理和计算能力。具有在信息化社会中工作、学习和生活所必备的计算机应用能力。

⑥ 具有健康的体魄,手指、手臂灵活,动作协调,能攀高作业。

⑦ 通过学习与训练,掌握从事本职工作所必需的专业知识和操作技能,考取相关的国家职业资格等级证书。

因此,在开始学习本课程之前,对未来电工与电子技术岗位的从业者提出几点建议,谨供参考:

① 注意培养对电工与电子技术的兴趣爱好,在学习过程中注意观察,结合日常生活中使用的各种电能、电器的经验。相信在本课程的学习过程中,每当完成一个学习任务,或理解一种电器或设备的原理,或完成一个实训项目的操作,都会给你带来成功的喜悦。

② 有意识地接受系统、正规的技能训练,培养自己规范操作的习惯。这对今后从事相关工作,保证他人和自己的安全非常重要。

③ 电工与电子技术知识更新的周期较短,各种新技术、新设备、新器件不断出现,因此在学习中要注意培养自己学习新知识的能力,培养适应技术发展和职业与岗位变化的能力。

④ 做好学习的准备,适当复习中学的数学和物理知识,在教师的指导下准备好个人的学习用具和资料,如文具、课本、笔记本和实训记录本等。如有可能,还建议购置一本《电工手册》。

愿本课程的学习能为你步入电工与电子技术的殿堂,走上理想的工作岗位铺路!

四、安全用电

安全用电包括供电系统安全、用电设备安全和人身安全 3 个方面,这 3 个方面是密切相关的。电能的应用在给人类社会带来的巨大的经济效益与社会效益的同时,也会带来危害,在电气化已经越来越普遍的今天,电击、电伤和电气火灾也在威胁着人们的生命财产安全。因此在掌握电能应用的知识与技能的同时,也需要掌握安全用电的基本知识,这样才能驾驭并利用好电能,趋利避害,确保用电安全。

（一）电流对人体的伤害

1. 电流对人体的作用及其影响

（1）电流强度对人体的影响

因为人体是电的导体,所以当人体接触带电体而构成电流的回路时,就会有电流通过人体,对人体造成不同程度的伤害,这种现象称为触电。通过人体的电流强度大小是造成伤害主要的和直接的因素,电流越大,通电时间越长,对人体的伤害就越严重（见表0-1）。按照对人体的伤害程度可将电流分为3种情况：

表0-1 电流对人体的影响

电流/mA	通电时间	交流电（50 Hz）	直流电
		人体反应	
0~0.5	连续	无感觉	无感觉
0.5~5	连续	有麻刺、疼痛感,无痉挛	有感觉
5~10	数分钟内	痉挛、剧痛,但可自行摆脱电源	有针刺、压迫及灼热感
10~30	数分钟内	迅速麻痹,呼吸困难,不能自救	压痛、刺痛,灼热强烈,有痉挛
30~50	数秒至数分钟	心跳不规则,昏迷,强烈痉挛	感觉强烈,剧痛,有痉挛
50~100	超过3 s	心室颤动,呼吸麻痹,心脏麻痹而停止跳动	剧痛、强烈痉挛、呼吸困难或死亡

① 感知电流,即能引起人体任何感觉的最小电流。人体对电流的最初感觉是轻微的麻感或针刺感,一般不会造成伤害;随着电流增大,感觉越来越明显,则有可能会导致坠落等二次事故。实验证明成年男子、女子的感知电流约为 1.1 mA 和 0.7 mA。

② 摆脱电流,即人体触电后能自行摆脱的最大电流。成年男子、女子的摆脱电流约为 16 mA 和 10 mA。

③ 室颤电流,即能引起心室发生纤维性颤动的电流。室颤电流的大小取决于电流通过人体的持续时间:当持续时间超过人的心脏搏动周期（约 750 ms）时,就会有生命危险,此时室颤电流约为 50 mA;若持续时间小于人的心脏搏动周期,室颤电流约为数百毫安。

综合各种因素,一般认为人体的摆脱电流约为 10 mA,室颤电流约为 50 mA。因此在一般场所设定 30 mA 为安全电流,在危险场所设定为 10 mA,在空中或水中则设定为 5 mA。

（2）电压高低和人体电阻的影响

电压越高,人体电阻越小,流经人体的电流就越大。人体的电阻与身体状况、人体的部位及环境等因素有关,一般在 1~1.5 kΩ 之间。因此我国规定 36 V 以下为安全工作电压。应注意在一些特殊环境 36 V 的安全电压对人体也是不安全的,例如,在湿润条件下人体电阻可降至 500 Ω 甚至更低。此外,虽然高压对人的危险性更大,但由于高压设备的安全防范措施一般比较完善,一般人接触高压设备的机会也比较少,加上人们对高电压的防范心理较强,所以高压触电反而比低压触电少得多。据统计,70%以上的触电死亡事故为 220 V 以下的电压。

（3）其他因素的影响

电流对人体的伤害程度除了与电流的大小、通电时间的长短有关,还与电源的频率、电流流经人体的途径以及健康状况等因素有关:

① 电源频率在 50~60 Hz 的交流电对人体的危害最为严重,直流电和高频电流的危险性稍低。

② 电流通过心脏的危险性最大。此外,电流通过人的头部、脊髓和中枢神经系统等部位时危险性也很大。实践证明,由人的左手至前胸是最危险的电流流通途径。

③ 男性、成年人和身体健康者对电流的抵抗能力较强。

2. 电流对人体伤害的种类

（1）电伤

电伤是由电流的热效应、化学效应、机械效应等对人体的外部器官造成的伤害。常见的电伤有灼伤、烙伤、皮肤金属化、机械损伤和电光眼等。

① 灼伤是最常见的电伤(约占 40%)。大部分触电事故含有灼伤的成分。灼伤分为电流灼伤和电弧烧伤,是由于电流或电弧的热效应造成皮肤红肿、烧焦或皮下组织的损伤。

② 烙伤是电流通过人体后,在接触部位留下的斑痕。斑痕处皮肤失去原有的弹性和色泽,甚至皮肤表层坏死、失去知觉。

③ 皮肤金属化是在电伤时由于金属微粒渗入皮肤表层,造成受伤部位变得粗糙、张紧而留下硬块。

④ 机械损伤是由于电流通过人体时肌肉不由自主地强烈收缩而造成的,包括肌腱、皮肤和血管、神经组织断裂,以及关节脱位、骨折等伤害。应注意与触电时引起的坠落、碰撞等二次伤害相区别。

⑤ 电光眼是指电弧产生强烈的弧光造成眼睛的角膜和结膜发炎。

（2）电击

电击是电流通过人体使人的机体组织受到伤害。通常所说的触电多指的是电击,电击比电伤更危害人的生命安全,绝大部分的触电死亡是由电击造成的。

（二）人体触电的方式

人体触电的方式主要有直接接触触电和间接接触触电两种。直接接触触电指人体触及或过分靠近带电体造成的触电,包括单相触电、两相触电和电弧伤害;间接接触触电指人体触及因故障而带电(在正常情况下不带电)的部件所造成的触电,包括接触电压触电和跨步电压触电。此外,还有高压电场、高频电磁场、静电感应和雷击等对人体造成的伤害。下面主要介绍单相触电、两相触电和跨步电压触电 3 种触电方式。

1. 单相触电

如图 0-1(a)所示,当人体直接接触带电设备或线路的一相导体时,电流通过人体而发生的触电现象称为单相触电。现供电系统大部分采用三相四线制,如果系统的中性点接地,则人体承受的电压为相电压 220 V,流过人体的电流可达 220 mA(人体电阻加上接地电阻按 1 kΩ 计算),足以危及生命。在中性点不接地时,虽然线路的对地绝缘电阻可以起到限制人体电流的作用,但线路同时还存在对地电容,而且对地绝缘电阻也因环境而异,所以触电电流仍然可能达到危及生命的程度。在发生的触电事故中大多数属单相触电方式。

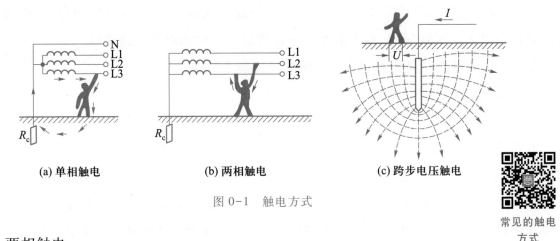

(a) 单相触电　　　　(b) 两相触电　　　　(c) 跨步电压触电

图 0-1　触电方式

常见的触电方式

2. 两相触电

如图 0-1(b)所示,如果人体的两个不同部位同时触及两相导体称为两相触电。这时人体承受的电压为线电压 380 V,而且可能大部分电流流过心脏,所以两相触电的危险性比单相触电更大。

3. 跨步电压触电

当电气设备发生接地故障时(如架空输电线断线,一根带电导线与地面接触),以电流入地点为圆心,形成一个半径约为 20 m 的电位分布区域,如图 0-1(c)所示,圆心的电位最高,距圆心越远电位越低,距圆心 20 m 处地面电位接近于零。如果人进入这一区域,两脚之间的电位差形成跨步电压,使电流通过两脚形成回路,这种触电方式称为跨步电压触电。

(三) 防止触电的保护措施

保护接地和保护接零是防止触电事故的主要措施。

1. 保护接地

保护接地适用于 1 000 V 以上的电气设备及电源中性线不直接接地的 1 000 V 以下的电气设备。保护接地是将电气设备的金属外壳或构架等接地。采取了保护接地措施后,即使偶然触及漏电的电气设备也能有效地防止触电。在图 0-2(a)中,中性点不接地的供电系统中电动机的外壳未接地,电动机若发生单相碰壳,当人体接触电动机的外壳时,接地电流 I_d 通过人体和电网对地绝缘阻抗形成回路,可能会造成触电事故。如果像图 0-2(b)所示那样将电动机的外壳保护接地,由于人体电阻 R_r 与接地电阻 R_b 并联,而 R_r 远大于 R_b,所以电流大部分流经

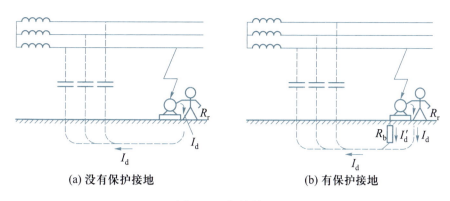

(a) 没有保护接地   (b) 有保护接地

图 0-2 保护接地

接地装置,从而保证了人身安全。

2. 保护接零

保护接零适用于三相四线制、中性线直接接地的供电系统。保护接零是将电气设备的金属外壳或构架等与中性线(零线)相接。采取了保护接零措施后,如果电气设备的某相绝缘损坏,电流可经过中性线形成回路而产生短路电流,立即使该相的熔体熔断或其他过电流保护电器动作,即使人体触及漏电的电气设备外壳也不会发生触电事故,如图 0-3 所示。

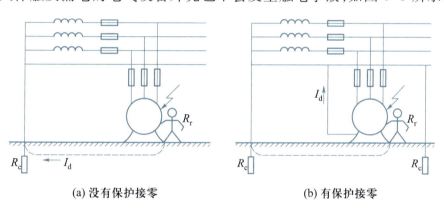

(a) 没有保护接零   (b) 有保护接零

图 0-3 保护接零

必须指出,在同一供电系统中,绝不允许一部分电气设备采用保护接地而另一部分设备采用保护接零,否则会发生严重后果。如果采用保护接地的设备的某相绝缘损坏,将使中性线的电位升高,致使所有接零设备的外壳都带上危险的电压。

(四)触电急救

触电急救的要点是:动作迅速;方法正确;贵在坚持。触电后抢救时间越早效果越好,据统计:如果在触电后 1 min 内开始抢救,有 90% 救活的希望;如果在 6 min 开始抢救,只有 10% 的希望;如果在 12 min 才开始抢救,则救活的希望已经很小了。

1. 脱离电源的方法

发现有人触电后首先应尽快使触电者脱离电源,基本的方法是:

① 如果附近有电源开关,应立即拉下开关切断电源。

② 如果开关离事故现场较远,则可用绝缘钳或装有干燥木柄的工具(如斧头、锄头等)将电线切断。若导线落在触电者身上,可用干燥的物体(如木棒、竹竿等)或有绝缘柄的工具将电线挑开。应注意防止切断或挑开的电线触及自己或其他人的身体。

③ 如果触电者是趴在电源上,其衣服是干燥的且不是紧裹在身上,则可以戴上绝缘手套,穿上绝缘鞋,或站在绝缘垫上(也可站在干燥的木板或凳子上),用手将触电者拉开使其脱离电源。但应注意不要触及触电者的皮肤。

④ 如果触电者是在高压设备上触电,应立即一面通知有关部门切断高压电源,一面准备抢救。戴上绝缘手套,穿上绝缘鞋,使用适合于该电压等级的绝缘工具使触电者脱离电源。

⑤ 可以采用一根导线一端接地,另一端接在触电者接触的导线上,制造人为短路的方法使熔断器熔断或保护电器跳闸,从而切断电源。但要注意自身的安全。

⑥ 如果触电者在电源被切断后有可能从高处坠落,应采取妥当措施以防摔伤造成二次事故。

此外,应考虑到如果切断电源后会影响现场的照明,要事先准备好照明用具。

2. 现场急救的方法

使触电者脱离电源后,应根据不同的情况采取适当的救护方法:

① 如果触电者尚未失去知觉,仅因触电时间较长,或在触电过程中一度昏迷,则应让其保持安静,立即请医生来诊治或送医院。同时密切注意触电者的情况。

② 如果触电者已失去知觉,但还存在呼吸。则应让其安静平卧,解开衣服,保持空气流通,同时可用毛巾蘸少量酒精或水擦热全身(天气寒冷时应注意保暖)。立即请医生来诊治或送医院。同时密切注意触电者的呼吸情况,如果出现呼吸困难或抽筋,就应准备随时进行人工呼吸。

③ 如果触电者呼吸、脉搏、心跳均已停止,就应立即施行人工呼吸(注意不能就此认为触电者已经死亡而放弃抢救,因为经常会出现假死的状态),同时立即请医生来诊治。人工呼吸应持续不断地进行,必须有耐心和信心(实践证明有的人需经几个小时的人工呼吸后方能恢复呼吸和知觉),直至触电者出现尸斑或身体僵冷,并经医生做出诊断确认已经死亡后方可停止。

3. 人工呼吸法

(1) 口对口人工呼吸法

① 将触电者抬到通风阴凉处平躺,并迅速解开衣服,使其胸部能自由扩张。

② 清除触电者口腔内的异物,以免堵塞呼吸道。

③ 用一只手捏住触电者的鼻孔,另一只手托住其后颈,使其脖子后仰。嘴巴张开,如图0-4(a)所示。

④ 救护人深吸一口气后,紧贴触电者口向内吹气2 s,如图0-4(b)所示。

⑤ 吹气完毕,立即松开触电者的鼻孔,口离开触电者的嘴,让其自行将气吐出约3 s,如图0-4(c)所示。

⑥ 如触电者口腔张开有困难,可以紧闭其嘴唇,改用口对鼻人工呼吸法。

⑦ 如对儿童进行口对口人工呼吸法,可不用捏鼻子,而且吹气要平稳些,以免造成肺泡破裂。

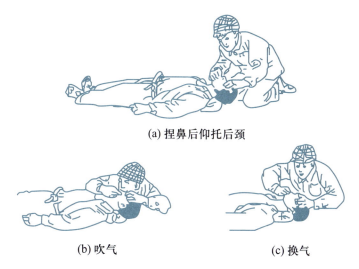

(a) 捏鼻后仰托后颈

(b) 吹气　　　　　　　　　　　　(c) 换气

图 0-4　口对口人工呼吸法

(2) 人工胸外心脏按压法

① 将触电者抬到通风阴凉处平躺,头稍向后仰,解开衣服,并清除口腔内的异物。

② 救护人跨跪在触电者的骼腰两侧,两手重叠,手掌放在胸骨下三分之一处,如图 0-5 (a)、(b)所示。

③ 掌根垂直向下用力按压 3~4 cm,突然松开,以让心脏里的血液被挤出后再收回。按压速度以 60 次/min 为宜,如图 0-5(c)、(d)所示。如此反复,直到触电者恢复呼吸为止。

④ 如对儿童进行胸外按压法,则可用一只手按压,而且用力要轻些,以免压伤胸骨,按压速度则以 100 次/min 为宜。

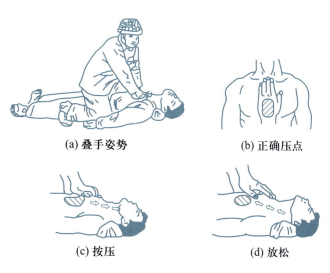

(a) 叠手姿势　　　　　　　　　　　(b) 正确压点

(c) 按压　　　　　　　　　　　　(d) 放松

图 0-5　胸外心脏按压法

（五）电工安全技术操作规程

电工安全技术操作规程一般包括以下内容：

1. 上班前的检查和准备工作

① 上班前必须按规定穿戴好工作服、工作帽、工作鞋。女性应戴工作帽，披肩长发、长辫必须罩入工作帽内。手和脖子不准佩戴金属饰物，以防止在操作时触电。

② 在安装和维修电气设备之前，要清扫工作场地和工作台面，防止灰尘等杂物进入电气设备内造成故障。

③ 上班前不准饮酒。工作时应集中精神，不做与本职工作无关的事情。

④ 必须检查工具、测量仪表的防护用具是否完好。

2. 文明操作和安全技术

① 检修电气设备时，应先切断电源，并用验电笔测试是否带电。在确定不带电后，才能进行检查修理。

② 在断开电源开关进行检修时，应在电源开关处挂上"有人工作，禁止合闸"的标牌。

③ 在电气设备拆除送修后，对可能通电的线头应用绝缘胶布包好。

④ 严禁非电气作业人员装修电气设备和线路。

⑤ 严禁在工作场地，特别是有易燃、易爆物品的场所吸烟及明火作业，以防止火灾发生。

⑥ 使用起重设备吊运电动机、变压器时，要仔细检查被吊的设备是否牢固，并有专人指挥，不准歪拉斜吊，在吊物下和旁边严禁站人。

⑦ 在检修电气设备内部故障时，应选用 36 V 安全电压的灯具照明。

⑧ 在电动机通电试验前，应先检查其绝缘是否良好、机壳是否接地。在试运转时，应注意观察转向，听声音、测温度。在场人员要避开联轴节旋转方向，非操作人员不准靠近电动机和试验设备，以防止触电。

⑨ 在拆卸和装配电气设备时，操作要平稳，用力应均匀，不要强拉硬敲，防止损坏设备的各部分。

⑩ 在烘干电动机和变压器的绕组时，不许在烘房或烘箱周围存放易燃、易爆物品，不准在烘箱附近用易燃溶剂清洗零件或喷漆。在将绕组浸漆烘干时，应严格按照工艺规程进行。必须待漆滴尽后才放入烘箱内的铁网架上，严禁与烘箱的电阻丝直接接触，严禁超量超载。在烘烤时要有专人值班，随时注意温度的变化，并做好记录。

⑪ 在过滤变压器油时，应先检查好滤油机并接好地线，在滤油现场严禁烟火。

3. 下班前的结束工作

① 下班前要清理好现场，擦干净工具和仪器，并放置好。

② 下班前要断开电源总开关，防止电气设备起火造成事故。

③ 修理过的电气设备应放在干燥、干净的场地,并摆放整齐。

④ 注意做好工作(值班),特别是设备检修的记录,以便积累检修经验。

(六)电气设备消防及灭火

1. 电气设备常用的消防措施

(1)引起电气火灾的原因

引起电气设备发生火灾的原因有很多,如设备的绝缘强度降低,设备过载、导线严重超负荷,安装质量不好,电路出现漏电、接线松动或短路,以及设备及安装不符合防火要求、机械损伤、使用不当等原因,都可能酿成电气火灾。

(2)消防措施

① 选用的电气装置应具有合格的绝缘强度。

② 经常监视实际用电负荷的情况,不使设备长时间过载、过热。

③ 按照安装标准装设各类电气设施,严格保证安装质量。

④ 合理使用电气设备,防止出现机械损伤、绝缘损伤等造成短路故障。

⑤ 电线和其他导体的接触点必须牢固,接触要良好,以防止过热氧化。在铜、铝导线连接处,还应防止电化腐蚀。

⑥ 在生产工艺过程中产生有害静电时,要采取相应的措施予以消除。

2. 电气火灾的扑救方法

对电气火灾除了做好预防工作外,还应做好灭火的准备工作,以便发生火灾时能及时有效地扑灭。电气火灾的扑救方法如下:

(1)断电灭火

在发生电气火灾时,应首先切断电源,然后立即救火和报警。在切断电源时,应注意安全操作,防止造成触电和短路事故,并考虑到切断电源是否会影响灭火工作的进行(如照明问题)。

(2)带电灭火

如果没有机会断电灭火,为争取时间及时控制火势,就需要在保证救火人员安全的前提下进行带电灭火。带电灭火应注意:

① 不能直接使用导电的灭火剂(如水、泡沫灭火机等)进行喷射,应使用不导电的灭火剂(如二氧化碳灭火器、1211 灭火器、干粉灭火器等)。

② 如果是有油的电气设备的油发生燃烧,则应使用干砂灭火。但应注意对旋转的电机不能使用干砂和干粉灭火。

在灭火时注意不要发生触电事故。

五、节约用电

目前,我国的电力生产得到了飞速发展,电力供求的矛盾有所缓解。但是随着国民经济的快速发展和人们生活水平的不断提高,电力供求矛盾仍然是一个长期存在的问题,仍然需要采取开发与节约并重的方针,所以节约用电对于建设能源节约型、环境友好型社会具有十分重要的意义。

节约用电的主要途径包括技术改造和科学管理两个方面,具体有:

1. 合理使用电气设备

(1) 合理使用电动机和变压器

电动机在空载或轻载状态下运行时,其功率因数和效率都很低,损耗大,浪费很多电能。因此要正确选用电动机的容量,既要防止过载,又要避免"大马拉小车"的现象。一般选择电动机的额定功率比实际负载大 10%~15% 为宜。对于变压器也是同样道理,一般中小型变压器在 60%~85% 额定容量时的效率最高,并且在使用时也要防止变压器在空载或轻载状态下运行。

(2) 更新淘汰低效率的旧型号供用电设备

新型号的变压器和电动机等供用电设备具有效率更高、损耗更低的突出优点,所以应选用新型号的电气设备。

2. 提高用电功率因数

通常采用两种方法:一是提高用电设备的自然功率因数,二是采用人工补偿法,如在用户端并联适当的电容器或同步补偿器等。

3. 革新挖潜,改造生产工艺和设备

对生产工艺和设备进行技术革新和技术改造,不但可以提高产品质量,降低成本,而且可以节约生产工艺过程和设备的用电。

4. 降低供电线路的损耗

一般可以从以下三方面着手:

① 选用最佳的导线直径,减小导线的电阻。

② 减小线路电流。在设备条件许可的前提下,设法减小线路输送的无功电流,或提高电网的运行电压。

③ 减小变压器的损耗。

5. 节约空调和照明用电

① 科学地设计建筑物的空调和照明系统。如充分利用自然光线和空气调节;选择合理的照明方式,提高照明效率;采用合理的控制方式等。

② 采用高效率的电光源和空调设备。如推广使用 LED 照明灯、节能灯,不将空调温度调得过低。

③ 提高节电意识。

6. 推广节电新技术

积极开发应用广谱变频节能技术。广谱变频节能技术是一种将微电子、电力电子、电子计量与监测、能源优化与控制以及节能等诸项技术有机结合,可为各种传统设备和产业提供最佳频率和功率,实现高效运行的工程新技术。它是应用在节能技术领域中的电子技术,是交叉电力、电子和控制技术的边缘学科,是一门新兴的、发展迅速的高新科技。

项目 1 直流电路——组装和使用万用表

引导门

在本任务中,我们首先来认识电:在平时,电就在我们身边,但它是看不见的。那什么是电？如何对电进行定性分析与定量计算？其次是了解什么是电路？学习简单电路的基本定律和分析、计算方法。

学习目标

通过对直流电路的学习,学会组装一个万用表。

应知

① 认识简单电路的基本结构,了解电路的组成和电路的 3 种状态。

② 掌握电路的基本物理量和基本定律,能进行简单的电路分析与计算。

③ 初步了解万用表的构成及测量原理。

应会

① 学会识读基本的电气符号和简单的电路图。

② 会使用万用表测量直流电压、直流电流和电阻。

③ 初步掌握手工焊接的基本技能。

④ 学会组装万用表,并初步学会万用表的使用方法。

学习任务 1.1 认识直流电路的基础知识

基础知识

一、电路

（一）电路

电路就是电流通过的路径。如在本书绪论中所述,人类对电能的利用主要体现在两个方面:一是作为能源,二是作为信号。因此电路的作用也有两个方面:一是实现电能的传输和转换,如图1-1所示,通过电网(电路)将发电站(厂)发出的电能输送到各个用电的地方,供各种电气设备使用,将电能转换成我们所需要的其他各种能量;电路的另一个作用是实现信号的传输、处理和储存,如电视接收天线将具有音像信息的电视信号通过高频传输线输送到电视机中,经过电视机的处理还原出原来的音像信息,在电视机的屏幕上显示出图像并在扬声器中发出声音。电路通常分为直流电路和交流电路,本项目讨论直流电路。

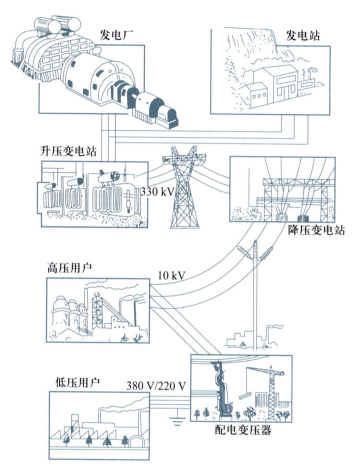

图 1-1　电能的传输和转换

(二)电路的组成

图1-2所示的手电筒电路构成了一个最简单也是最基本的电路,由3部分组成:

① 电源。电源在电路中的作用是将其他能量转换成电能[如图1-2(a)中的干电池]。一般电源内部的电路称为内电路[图1-2(b)的点画线部分],而电源外部的电路称为外电路。

② 负载。负载是将电能转换成其他能量的用电设备[如图1-2(a)中的小电珠]。

③ 起连接作用的导线和起控制、保护作用的其他器件(如开关、熔断器)等[如图1-2(a)中的铁皮和开关]。

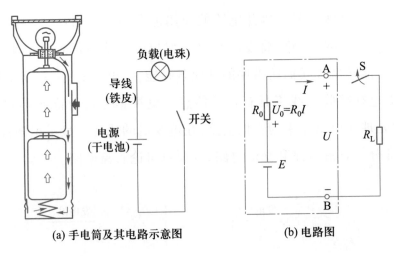

(a) 手电筒及其电路示意图　　　　(b) 电路图

图 1-2　手电筒电路

二、电路的基本物理量

（一）电流

电荷在导体中的定向移动形成了电流。电流用字母 I 表示。电流的大小等于单位时间 t 内流过导体横截面的电荷 q，即

$$I = \frac{q}{t}$$

式中，电流的单位是 A（安），其他常用的电流单位还有 mA（毫安）和 μA（微安）；电荷的单位是 C（库）；时间的单位是 s（秒）。电流单位的换算关系如下

$$1\ \text{A} = 10^3\ \text{mA} = 10^6\ \mu\text{A}$$

电流是有方向的，习惯上规定正电荷移动的方向为电流的实际方向。如果电流的方向不随时间变化，则称为直流电流；如果电流的方向随时间做周期性的变化，则称为交流电流。

在进行电路的分析计算时，往往预先标注出一个电流方向，称为参考方向。如果按照参考方向计算出来的电流值为正值，则说明实际方向与参考方向相同；如果计算出来的电流值为负值，则说明实际方向与参考方向相反。

（二）电压

在电源内具有电能，如果用导线将电源与用电负载相连接，就会有电流流过负载（例如，负载是照明灯，电流通过就会使照明灯发光），负载两端就会有一定的电压。

电压用字母 U 表示。电压的单位是 V（伏），其他常用的单位还有 mV（毫伏）。电压单位的换算关系如下

$$1\ \text{V} = 10^3\ \text{mV}$$

（三）电位

就像空间的每一点都有一定的高度一样,电路中的每一点也都有一定的电位。正如空间高度的差异才使液体从高处往低处流动一样,电路中电流的产生也必须有一定的电位差。在电源外部通路中,电流从高电位点流向低电位点。电位用字母 V 表示,加注下标表示不同点的电位值,如 V_A、V_B 分别表示电路中 A、B 两点的电位值。

就像衡量空中的高度要有一个计算的起点(如海平面)一样,衡量电路中电位的高低也要有一个计算的起点,称为零电位点,该点的电位规定为 0 V。原则上零电位点是可以任意指定的,但在电气系统中习惯上规定大地为零电位点,在电子设备中经常以金属底板或外壳作为零电位点。零电位点确定之后,电路中任何一点的电位就都有了确定的数值,这就是该点与零电位点之间的电位差(电压)。已知各点的电位,就能求出任意两点之间的电位差(电压)。例如,已知 $V_A = 5$ V,$V_B = 3$ V,则 A、B 两点之间的电压为 $U_{AB} = V_A - V_B = (5-3)$ V $= 2$ V。

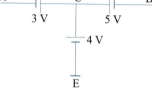

例 1-1　电路如图 1-3 所示。(1) 若 $V_E = 0$ V,求 V_A、V_B、V_C 和 U_{AB}、U_{CB}、U_{EA};(2) 若 $V_B = 0$ V,求 V_A、V_C、V_E 和 U_{AB}、U_{CB}、U_{EA}。

图 1-3　例 1-1 图

解:(1) 若 $V_E = 0$ V,则 $V_A = (4-3)$ V $= 1$ V,$V_B = (4-5)$ V $= -1$ V,$V_C = 4$ V;

$U_{AB} = V_A - V_B = [1-(-1)]$ V $= 2$ V,$U_{CB} = V_C - V_B = [4-(-1)]$ V $= 5$ V,$U_{EA} = V_E - V_A = (0-1)$ V $= -1$ V。

(2) 若 $V_B = 0$ V,则 $V_A = (5-3)$ V $= 2$ V,$V_E = (5-4)$ V $= 1$ V,$V_C = 5$ V;

$U_{AB} = V_A - V_B = (2-0)$ V $= 2$ V,$U_{CB} = V_C - V_B = (5-0)$ V $= 5$ V,$U_{EA} = V_E - V_A = (1-2)$ V $= -1$ V。

由例 1-1 可见:如果参考点(零电位点)改变,电路中各点的电位也随之改变,但电路中两点之间的电压不变。

三、电阻和欧姆定律

（一）电阻

导体对电流的通过具有一定的阻碍作用,称为电阻。电阻用字母 R 表示。导体的电阻大小可以用下式计算

$$R = \rho \frac{l}{A}$$

式中,电阻 R 的单位为 Ω(欧);ρ 为导体的电阻率,单位为 $\Omega \cdot m$,不同导体的电阻率是不同的;l 为导体的长度,单位为 m(米);A 为导体的横截面积,单位为 m^2。由此可见,导体越长,电阻率越大,电阻值就越大;而导体越粗(横截面积越大),其电阻值就越小。

（二）欧姆定律

欧姆定律是反映电路中电压、电动势、电流、电阻等物理量内在关系的一个极为重要的定律，也是电工技术中一个最基本的定律。用公式表示为

$$I = \frac{U}{R} \tag{1-1}$$

式中，U 的单位为 V；I 的单位为 A；R 的单位为 Ω。其他常用的电阻单位还有 kΩ 和 MΩ，换算关系如下

$$1\ M\Omega = 10^3\ k\Omega = 10^6\ \Omega$$

（三）电阻元件

1. 线性电阻和非线性电阻

如果在欧姆定律公式中电阻 $R = U/I =$ 常数，即电阻值不随电压、电流的变化而变化，称为线性电阻。线性电阻的电压电流关系曲线（即伏安特性曲线）为一条通过坐标原点的直线，如图 1-4（a）所示。通常使用的电阻器（如图 1-5 所示）都是线性电阻。如果电阻值随电压、电流的变化而变化，则称为非线性电阻，其伏安特性曲线为一条曲线，如图 1-4（b）所示。半导体器件就属于非线性电阻。

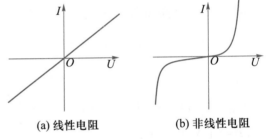

(a) 线性电阻　　　　(b) 非线性电阻

图 1-4　电阻的伏安特性曲线

2. 常用电阻器及其主要性能参数

常用电阻器如图 1-5 所示。

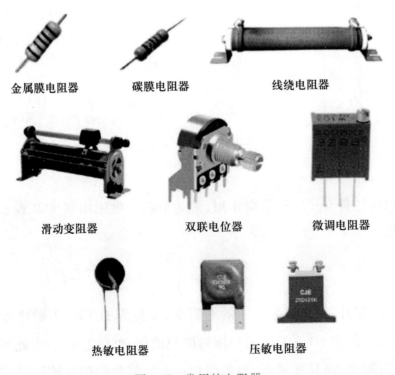

金属膜电阻器　　　　碳膜电阻器　　　　线绕电阻器

滑动变阻器　　　　双联电位器　　　　微调电阻器

热敏电阻器　　　　压敏电阻器

图 1-5　常用的电阻器

电阻器的主要性能参数包括标称电阻值、允许偏差、额定功率等。电阻器的标称电阻值和允许偏差一般直接标注在电阻上,标注方法包括直接标注和文字符号标注、色环标注。色环标注法的颜色规定见表1-1。

表 1-1　色环标注法的颜色规定

颜色	有效数字	乘数	允许偏差
银	—	10^{-2}	±10%
金	—	10^{-1}	±5%
黑	0	10^{0}	—
棕	1	10^{1}	±1%
红	2	10^{2}	±2%
橙	3	10^{3}	—
黄	4	10^{4}	—
绿	5	10^{5}	±0.5%
蓝	6	10^{6}	±0.25%
紫	7	10^{7}	±0.1%
灰	8	10^{8}	—
白	9	10^{9}	+50%/-20%
无	—	—	±20%

采用色环标注法有2位有效数字和3位有效数字两种方法,如图1-6所示。例如,有一只电阻上有4条色环,颜色依次为橙、蓝、红、金色,则可由表1-1和图1-6(a)计算该电阻的阻值为 $36 \times 10^{2}\ \Omega = 3.6\ \text{k}\Omega$,允许偏差为±5%。

第1条为第1位有效数字
第2条为第2位有效数字
第3条为乘数
第4条为允许误差

第1条为第1位有效数字
第2条为第2位有效数字
第3条为第3位有效数字
第4条为乘数
第5条为允许误差

(a)2位有效数字法　　　　　　　　　(b)3位有效数字法

图 1-6　电阻色环标注法示例

四、电路的 3 种状态

(一)开路状态

如果图1-2中的开关S没有闭合,负载 R_L 与电源 E 断开,电路中没有电流流过,此时电源与负载之间没有能量的转换和传输,电路的这种状态称为开路。在开路时,电路中电流 $I =$ 0。电源的两个输出端 A、B 之间的电压等于电源电动势 E。电动势的方向由低电位端指向高电位端。在开路状态下,电源两端电压 U 等于电动势 E,即

$$U = E$$

（二）工作状态

当图 1-2 中的开关 S 闭合时,电路接通,电流在回路中流过,进行能量的转换和传输,电路处于工作状态(也称为通路状态)。根据能量守恒定律,在电源内部所产生的电能应等于负载所消耗的电能加上电源内部(内电阻)和线路所消耗的电能。在工作状态下,电路的电流 I 与电动势 E 及负载电阻 R_L、电源内阻 R_0 之间的关系为

$$I = \frac{E}{R_L + R_0} \tag{1-2}$$

式(1-2)称为全电路欧姆定律,而式(1-1)也称为部分电路欧姆定律。

（三）短路状态

短路状态如图 1-7 所示,用一根导线将电源的输出端短接,电流不再流过负载。此时电源两端电压 $U = 0$,电路中的电流 $I = E/R_0$,因为电源的内电阻 R_0 一般很小,所以电路中的电流比正常工作时要大得多,会引起电源和导线过热而烧毁,为避免短路造成的危险可以在电路中接入起保护作用的元件(如熔断器、断路器等),在发生短路时能自动及时地切断电路。

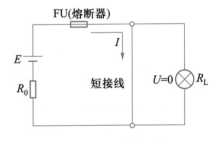

图 1-7　短路状态

五、电源的外特性、电功率和电能

（一）电源的外特性

在电路的通路状态下,由式(1-2)可知电源输出端电压 U 为

$$U = R_L I = E - R_0 I$$

随着电源输出电流的增大,电流在电源内电阻上的电压降增加,U 不断下降,这种电源输出端电压随输出电流增大而下降的特性称为电源的外特性,如图 1-8 所示。

在实际应用中,总希望电源有稳定的输出电压而不受负载的影响,如图 1-8 中的虚线所示。通过采用专门的技术措施(如稳压技术)可以基本实现这一目标。

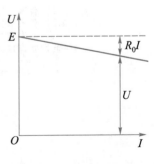

图 1-8　电源的外特性

（二）电功率

电能在单位时间内所做的功称为电功率,如果在元件或设备两端的电压为 U,通过的电流

为 I，经推导可以得出元件或设备的电功率为

$$P = UI \tag{1-3}$$

式中，电压 U 单位为 V；电流 I 单位为 A；电功率 P 单位为 W（瓦）。电功率常用的单位还有 kW 和 mW，换算关系如下

$$1 \text{ kW} = 10^3 \text{ W} = 10^6 \text{ mW}$$

由式（1-3）以及欧姆定律可推导出

$$P = UI = RI^2 = \frac{U^2}{R} \tag{1-4}$$

例 1-2　有一台电炉的额定电压为 220 V，测量出电阻值为 40 Ω，其额定功率为多大？

解：由式（1-4）可知

$$P = \frac{U^2}{R} = \frac{220^2}{40} \text{ W} = 1\ 210 \text{ W} = 1.21 \text{ kW}$$

（三）电能

如果元件或设备的电功率为 P，电流通过的时间为 t，则电能 W 为电功率 P 与时间 t 的乘积

$$W = Pt \tag{1-5}$$

式中，电功率 P 单位为 W；时间 t 单位为 s；电能 W 单位为 J（焦）。而在实际生产、生活中，电能常用的单位是千瓦·时（kW·h），俗称度。

当加在电气设备（负载）上的电压为额定电压，流过电气设备的电流为额定电流时，该设备消耗的功率为额定功率，此时该设备工作在额定状态下，也称为该设备满载运行。如果电气设备所加的电压太高或流过的电流过大，很可能损坏或烧毁设备，这称为过载运行；反之，如果电气设备的电压与电流比额定值小很多，则不能达到合理的工作状态，也不能充分利用电气设备的工作能力，这称为轻载运行。

为使电气设备工作在合理的状态下，就应该使设备工作在额定状态（或者接近额定状态）下。因此，电气设备的制造厂商都为其产品标明了额定值，以供用户正确使用该产品。有的额定值直接标注在产品上，有的则印在铭牌上（如电动机或变压器），所以电气设备的额定值也称为铭牌值。

例 1-3　有一台 55 英寸的彩色电视机，额定功率为 130 W，如果每度电的电费为 0.5 元，试问每月电费为多少（设平均每天电视机开 3 h，每月按 30 天计）？

解：每月电费 = 电视机额定功率 × 每月使用时间 × 每度电电费 = （0.13 × 3 × 30 × 0.5）元 = 5.85 元

六、负载的连接

（一）负载的串联

负载的连接这里主要以电阻为例介绍,推导出的公式和结论一般适用于其他负载,如果有特殊情况再进行说明。电阻没有分支地一个接一个地依次相连接称为串联,如图1-9所示。

在串联电路中,通过各电阻的电流 I 均相同,图1-9中各电阻两端的电压分别为

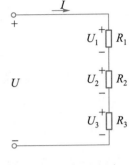

图1-9 串联电路

$$U_1 = R_1 I \quad U_2 = R_2 I \quad U_3 = R_3 I$$

电路的总电压等于各段电压之和,即

$$U = U_1 + U_2 + U_3 = R_1 I + R_2 I + R_3 I = (R_1 + R_2 + R_3) I$$

所以串联电路的等效电阻为

$$R = U/I = R_1 + R_2 + R_3$$

图1-9是3个电阻的串联举例,可以推算出,如果有 n 个电阻串联,则其等效电阻为

$$R = R_1 + R_2 + R_3 + \cdots + R_n \, (n = 1, 2, \cdots) \tag{1-6}$$

即串联电路的等效电阻等于各电阻之和。

例1-4 有一盏额定电压为40 V,额定电流为5 A的弧光灯,要接入220 V电路中,问应串联一只阻值和额定功率为多大的电阻分压。

解: 弧光灯的额定电压为40 V,要接入220 V电路中,所串联的分压电阻两端的电压为

$$U_R = (220 - 40) \text{ V} = 180 \text{ V}$$

电阻值为 $R = \dfrac{U_R}{I} = \dfrac{180}{5} \, \Omega = 36 \, \Omega$

电阻的额定功率为 $P = U_R I = 180 \times 5 \text{ W} = 900 \text{ W}$

可见当电路两端的电压一定时,电阻串联可以起到分压的作用。两个电阻 R_1 和 R_2 串联时,各电阻上分得的电压为

$$U_1 = U \frac{R_1}{R_1 + R_2} \qquad U_2 = U \frac{R_2}{R_1 + R_2}$$

即电阻越大,分得的电压越高。下面将介绍的万用表测量电压电路就是利用电阻串联的分压作用以获得不同的电压量程。

（二）负载的并联

电阻的两端均接在两个端点上,这样的连接方式称为并联,如图1-10所示。

在并联电路中,各电阻两端的电压 U 均相同,通过各电阻的电流分别为

$$I_1 = \frac{U}{R_1} \qquad I_2 = \frac{U}{R_2} \qquad I_3 = \frac{U}{R_3}$$

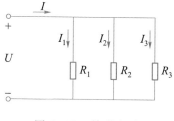

电路的总电流等于各电阻支路的电流之和,即

$$I = I_1 + I_2 + I_3 = U\left(\frac{1}{R_1} + \frac{1}{R_2} + \frac{1}{R_3}\right)$$

图 1-10 并联电路

所以并联电路的等效电阻为

$$\frac{1}{R} = \frac{1}{R_1} + \frac{1}{R_2} + \frac{1}{R_3}$$

同理,如果有 n 个电阻并联,则其等效电阻为

$$\frac{1}{R} = \frac{1}{R_1} + \frac{1}{R_2} + \cdots + \frac{1}{R_n}(n = 1, 2, \cdots) \tag{1-7}$$

即并联电路等效电阻的倒数等于各电阻的倒数之和。

例 1-5 有两只电阻并联,$R_1 = 2\ \text{k}\Omega$,$R_2 = 3\ \text{k}\Omega$,求等效电阻。

解:根据式(1-7)有

$$R = \frac{1}{\dfrac{1}{R_1} + \dfrac{1}{R_2}} = \frac{R_1 R_2}{R_1 + R_2} = \frac{2 \times 3}{2 + 3}\ \text{k}\Omega = 1.2\ \text{k}\Omega$$

电阻并联电路对总电流有分流作用。如两个电阻 R_1 和 R_2 并联,则

$$I_1 = I\frac{R_2}{R_1 + R_2} \qquad I_2 = I\frac{R_1}{R_1 + R_2}$$

即电阻越小,分得的电流越大。万用表测量电流电路就是利用电阻并联的分流作用以获得不同的电流量程。

七、指针式万用表的结构、原理和使用方法

(一) 指针式万用表的结构

万用表是一种多功能、多量程的常用便携式电工仪表。万用表最基本的功能是测量直流电流、电压,交流电压,电阻,有的还可以测量交流电流、电感、电容和三极管参数等。万用表有指针式和数字式两种。MF-47 型指针式万用表如图 1-11 所示,指针式万用表的结构主要包括表头、转换开关和测量电路等三部分:

1. 表头

万用表的表头实际上是一个高灵敏度的直流电流表,万用表的主要性能指标取决于表头的性能。表头的性能参数主要是表头灵敏度 I_C 和内电阻 R_C。I_C 指表头指针满刻度偏转时流

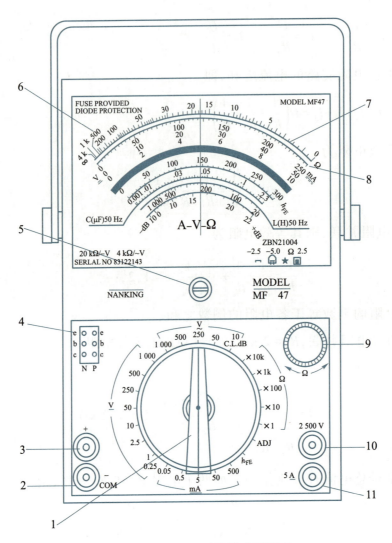

图 1-11　MF-47 型指针式万用表

1—转换开关；2—负表笔插座；3—正表笔插座；4—测量三极管插座；5—机械调零螺钉；
6—表盘；7—电阻挡读数标度尺；8—电流、电压挡读数标度尺；9—电阻调零旋钮；
10—测量 2 500 V 高电压插座；11—测量 5 A 大电流插座

过表头线圈的直流电流值，I_C 越小，表头的灵敏度就越高；R_C 指表头线圈的直流电阻。I_C 越小，R_C 越高，万用表的性能就越好。一般万用表的 I_C 在数十至数百微安之间，高档的万用表可达到几微安；R_C 在数百欧至 20 kΩ 之间。如 MF-47 型万用表表头的 I_C 为 46.2 μA，$R_C \leqslant$ 1.7 kΩ（注：各厂家的产品略有差异）。

MF-47 型万用表的表盘上共有 6 条刻度线，由上至下分别为：电阻挡读数标度尺，直流电流和交、直流电压挡读数标度尺，三极管共射极直流放大系数 h_{EF} 读数标度尺和电容、电感、音频电平的读数标度尺。

2. 转换开关和插孔

转换开关和插孔用来转换不同的测量功能和量程。如图 1-11 所示，MF-47 型万用表的面板上有一个转换开关，还有 4 个插孔：左下角红色"+"和黑色"-"分别为正、负表笔插孔；右下角"2 500 V"为测量(交、直流)2 500 V 高电压插孔,"5 A"为测量(直流)5 A 大电流插孔。此外,面板上还有电阻调零旋钮和测量三极管的插座。

MF-47 型万用表的转换开关共有 24 个挡位,配合插孔可以进行交流电压、直流电压、直流电流、电阻和三极管(共射极直流放大系数 h_{EF})、电容、电感、音频电平共 8 个测量项目、30 个量程,见表 1-2。

表 1-2　MF-47 型万用表的挡位和量程

挡位	量程
交流电压挡	10 V、50 V、250 V、500 V、1 000 V、2 500 V
直流电压挡	0.25 V、1 V、2.5 V、10 V、50 V、250 V、500 V、1 000 V、2 500 V
直流电流挡	0.05 mA、0.5 mA、5 mA、50 mA、500 mA、5 A
电阻挡	$R\times1$、$R\times10$、$R\times100$、$R\times1\ \text{k}$、$R\times10\ \text{k}$
三极管(共射极直流放大系数 h_{EF})挡	$0\sim300$
电容挡	$0.001\sim0.3\ \mu\text{F}$
电感挡	$20\sim1\ 000\ \text{H}$
音频电平挡	$-10\sim+22\ \text{dB}$

3. 测量电路

要实现万用表各种测量项目和量程,就要依靠测量电路的转换,通过测量电路将各种被测量转换成表头能测量的直流电流。

(二)万用表的基本原理

图 1-12 所示为 MF-47 型万用表电路原理图,它主要由 5 部分电路组成:表头电路和直流电流、直流电压、交流电压、电阻的测量电路。表头电路的核心是一个 $I_c=46.2\ \mu\text{A}$、$R_c\leqslant1.7\ \text{k}\Omega$ 直流电流表头,电位器 R_{P2} 用于调节表头的电流,VD3、VD4 两个二极管反向并联并与电容 C_1 并联,对表头起限电压和限电流的保护作用。

下面主要介绍指针式万用表测量直流电流、直流电压、交流电压和电阻的基本原理。

1. 测量直流电流

因为万用表的表头就是一个直流电流表,可以直接用来测量直流电流,但量程很小;按照并联电路分流的原理,需要给表头并联分流电阻来扩大量程。并联的电阻越小,量程越大。万用表直流电流挡原理电路如图 1-13 所示,由图可见:

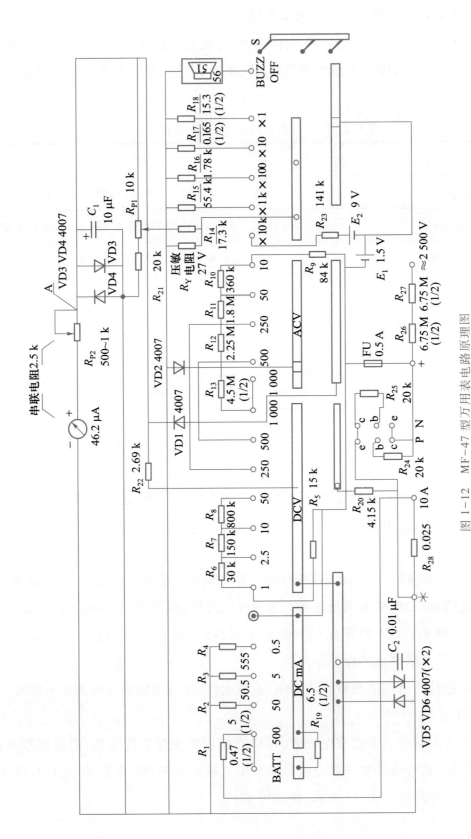

图 1-12　MF-47 型万用表电路原理图

注：图中电阻值单位 kΩ 表示 kΩ，M 表示 MΩ，未注明阻值的单位均为 Ω；未注明功率的均为 1/4 W。

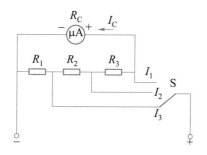

图 1-13　万用表直流电流挡原理电路

① 当转换开关置于 I_1 挡，电阻 R_3、R_2、R_1 串联后与表头并联作为分流电阻，由于分流电阻较大（$R_3+R_2+R_1 \gg$ 表头内电阻 R_C），所以分流电流较小，被测电流大部分流入表头，量程较小

$$I_C = \frac{R_1+R_2+R_3}{(R_1+R_2+R_3)+R_C}I_1 \qquad I_1 = \frac{R_1+R_2+R_3+R_C}{R_1+R_2+R_3}I_C$$

② 当转换开关置于 I_2 挡，电阻 R_3 与表头串联，而电阻 R_2 与 R_1 串联后与表头并联作为分流电阻。分流电阻小了，增大了分流电流，所以扩大了量程

$$I_C = \frac{R_1+R_2}{(R_1+R_2)+(R_3+R_C)}I_2 \qquad I_2 = \frac{R_1+R_2+R_3+R_C}{R_1+R_2}I_C$$

③ 当转换开关置于 I_3 挡，电阻 R_2、R_3 与表头串联，只有电阻 R_1 作为分流电阻，分流电阻更小了，量程进一步扩大

$$I_C = \frac{R_1}{R_1+(R_2+R_3+R_C)}I_3 \qquad I_3 = \frac{R_1+R_2+R_3+R_C}{R_1}I_C$$

所以量程应该是 $I_3 > I_2 > I_1$。

2. 测量直流电压

电流流过万用表表头，在表头内电阻上形成电压降 $U_C = R_C I_C$，但 U_C 很小，量程有限；按照串联电路分压的原理，需要给表头串联分压电阻来扩大量程。串联的电阻越大，量程越大。万用表直流电压挡原理电路如图 1-14 所示，由图可见：

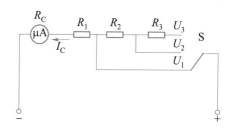

图 1-14　万用表直流电压挡原理电路

① 当转换开关置于 U_1 挡，只有电阻 R_1 与表头串联，分压较小，所以电压量程也较小

$$U_C = \frac{R_C}{R_1+R_C}U_1 \qquad U_1 = \frac{R_1+R_C}{R_C}U_C$$

② 当转换开关置于 U_2 挡，电阻 R_2+R_1 与表头串联，分压大了，所以扩大了量程

$$U_C = \frac{R_C}{R_1+R_2+R_C}U_2 \qquad U_2 = \frac{R_1+R_2+R_C}{R_C}U_C$$

③ 当转换开关置于 U_3 挡，有 3 个分压电阻 R_1、R_2、R_3 与表头串联，电压量程进一步扩大

$$U_C = \frac{R_C}{R_1 + R_2 + R_3 + R_C} U_3 \qquad U_3 = \frac{R_1 + R_2 + R_3 + R_C}{R_C} U_C$$

所以量程应该是 $U_3 > U_2 > U_1$。

3. 测量交流电压

在测量直流电压电路的基础上，通过整流把交流电压变换成直流电压（交流电的相关知识将在后面介绍），万用表就可以测量交流电压了。采用桥式整流测量交流电压原理电路如图 1-15 所示。

4. 测量电阻

万用表电阻挡原理电路如图 1-16 所示，图中的 U 为电阻挡的专用电池。在接入被测电阻 R_x 后，流过表头的电流为

$$I = \frac{U}{R_C + R + R_x} (R_O \text{ 未接})$$

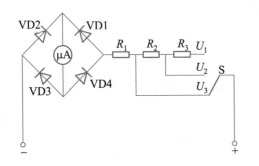

图 1-15　采用桥式整流测量交流电压原理电路

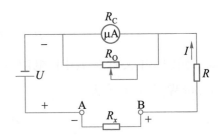

图 1-16　万用表电阻挡原理电路

可见当电池电压 U 不变时，表头电流 I 与被测电阻 R_x 成反比：R_x 越大 I 越小。当表笔两端（A、B 端）开路时，R_x 为无穷大，$I = 0$；当表笔两端短路时，$R_x = 0$，流过表头的电流 I 应该等于表头的满偏转电流 I_C，即

$$I_C = \frac{U}{R_C + R}$$

串联在测量电路中的限流电阻 R 应能满足上式的要求。

当被测电阻 R_x 在 $0 \sim \infty$ 之间变化时，表头指针在满刻度与零刻度之间变化，可见电阻挡的读数标度尺与电流挡、电压挡的读数标度尺方向相反；而且由于电流 I 与被测电阻 R_x 不成线性关系，所以电阻挡读数标度尺的分度是不均匀的，如图 1-11 所示。

在上述测量电阻的原理分析中，假定电池电压 U 恒定不变，但实际上电压 U 不可能保持不变。为此在表头两端并联了一个可调电阻 R_O（如图 1-16 所示）。当 U 变化时，可旋转万用表面板上的电阻调零旋钮来调节 R_O，使两表笔短路（$R_x = 0$）时表针指在电阻挡读数标度尺的零位上。因此，在每次使用万用表测量电阻前以及换挡后，都要调节 R_O 进行零位较准。

（三）万用表的基本使用方法

1. 测量前的准备工作

① 万用表可以水平放置和竖直放置，需要时还可以斜放，但表盘的左右方向应当保持水平，否则会影响读数的准确性。

② 将万用表水平放置，观察指针是否指在刻度盘左边的原位。如果不在原位，可用螺丝刀轻轻旋动调零螺钉将指针调回原位。

③ 检查两支表笔，看有无断线、破损或与表笔插座接触不良的故障。

2. 测量方法

① 用转换开关选择测量挡位。

② 选择量程。为观察方便和使读数准确，应当使测量值为满刻度值的 $\frac{2}{3}$ 左右。如果事先难以准确估计测量值，可由高量程挡逐渐过渡到低量程挡。

③ 注意表笔与待测电路（元件）的正确连接。如测量电流时应将万用表串联在电路中，测量直流电流应将正表笔（红色）接电流流入点，负表笔（黑色）接电流流出点；测量电压时应将万用表并联在待测电路（元件）两端，测量直流电压应正表笔接电源的正极（电路中的高电位点），负表笔接电源的负极（电路中的低电位点），如测量交流电压可不分表笔的极性。

④ 正确读数。指针式万用表要通过观察表针在刻度盘上的位置来读取测量值，所以掌握读数的方法很关键。因为万用表有多种功能，所以在表盘上有多条刻度，要根据测量种类和量程来正确选择刻度。有时指针不是正好指在刻度线上，这时就需要根据指针相对于左右刻度线的位置来判断测量值。

例如，在图 1-11 中，如果转换开关置于直流电流 500 mA 量程挡，则应该选取表盘（由上至下）的第 2 条刻度指针的位置在 120 mA 与 125 mA 的刻度格之间（约为 123 mA），又因为满量程值为 500 mA，可以判断测量值约为 $123 \times \dfrac{500}{250}$ mA = 246 mA。

MF-47 型万用表在表盘上还有一块条形反光镜，在读数时应使指针与在反光镜中的影像重叠，此时的读数才准确。

3. 注意事项

① 使用指针式万用表切忌将表笔接反和超量程，因为这样很容易损坏表头（如将指针打弯），甚至会烧毁表头。

② 为保证安全和测量精确，在测量时手尽量不要接触表笔头的金属部分。

③ 如果需要旋动转换开关，应习惯将表笔离开测量电路或元件。

④ 每次使用完毕，都要将表笔拔下，并将转换开关置于空挡或交流电压的最高量程挡。

以上事项都要注意遵守，从一开始就要养成良好、规范的操作习惯。

工作步骤

步骤一：认识实训室和准备器材

① 由指导教师讲解实训室的规章制度和操作规程、安全规则。

② 观察实训室的布置,如实验台上电源的类型、仪表的种类、电源开关的位置等。

③ 熟悉实训使用的有关仪表和工具。完成学习任务 1.1 所需要的设备、工具、器材见表 1-3(推荐器材,仅供参考,下同)。检查和认识实训室提供的工具与器材、设备。可先由指导教师介绍、讲解和示范操作这些工具、仪表的使用方法和注意事项。

表 1-3 完成学习任务 1.1 所需要的设备、工具、器材明细表

序号	名称	符号	型号/规格	单位	数量
1	单相交流电源		220 V、36 V、6 V		
2	直流稳压电源		0~12 V(连续可调)		
3	万用表		MF-47 型	个	1
4	小电珠	HL		个	2
5	单掷开关	S	220 V/5 A	个	1
6	各种电阻	R	几欧至几百欧,几欧至几百千欧	只	若干
7	接线				若干
8	电工与电子技术实训通用工具		验电笔、锤子、螺丝刀(一字和十字)、电工刀、电工钳、尖嘴钳、剥线钳、镊子、小刀、小剪刀、活动扳手等	套	1

步骤二：认识万用表

1. 熟悉万用表的面板结构

观察实训室提供的万用表的面板结构,熟悉其表盘、旋钮、转换开关和各插孔,并将相关内容记录于表 1-4 中。

表 1-4 万用表的面板结构记录

表型	指针式□ 数字式□	型号	
主要挡位		量 程	
交流电压挡			
直流电压挡			
直流电流挡			
电阻挡			
插孔			

2. 表盘标度尺读数练习

按图1-17所示,设万用表的指针在a、b、c三个位置,将表盘标度尺读数练习结果记录于表1-5中。

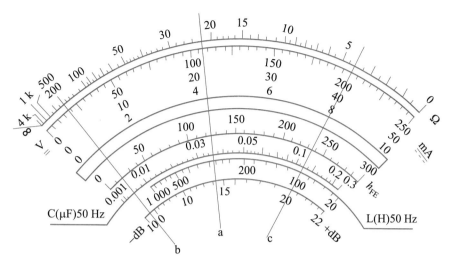

图 1-17　万用表表盘标度尺

表 1-5　万用表标度尺读数练习记录

挡位	量程	估读值
交流电压挡	500 V	
	250 V	
直流电压挡	50 V	
	10 V	
直流电流挡	1 mA	
	0.5 mA	
电阻挡	$R \times 100$	
	$R \times 1$ k	

步骤三:使用万用表

1. 测量直流电压和电流

测量直流电压和电流的电路如图1-18所示,按图接线(电源使用实验台上的直流稳压电源,将电压调为6 V,HL1和HL2可用两个手电筒用的小电珠),然后合上开关S,分别测量电压和电流 U_1、U_2、U_{AB}、I,将结果记录于表1-6中。

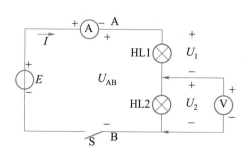

图 1-18　测量直流电压和电流的电路

表 1-6 用万用表测量直流电压和电流记录

电量	测量挡位	量程	估读值
I			mA
U_1			V
U_2			V
U_{AB}			V

【注意】

① 测量电流时将万用表串联在电路中,而测量电压则应将万用表并联在待测量的两点之间。

② 注意表笔的极性:测量电流时正表笔接电流流入点;测量电压时正表笔接高电位点,负表笔接低电位点。

③ 注意适当选择万用表的挡位与量程。

2. 测量交流电压

使用万用表的交流电压挡测量实验台上的交流电压(可由交流调压器输出高、低两挡电压,如 50 V、220 V),将结果记录于表 1-7 中。

表 1-7 万用表测量交流电压记录

交流电压	测量挡位	量程	估读值
低电压(调为 50 V)			V
高电压(调为 220 V)			V

【注意】

首次操作应在指导教师指导下进行,注意安全操作并适当选择万用表的挡位与量程。

3. 测量电阻

测量电阻操作步骤如下:

① 选择量程。一般万用表的电阻挡都有 $R\times1$、$R\times10$、$R\times100$、$R\times1$ k、$R\times10$ k 共 5 挡,其刻度一般为刻度盘上最上面的一条刻度线,如图 1-11 所示。

一般较常用的电阻挡是 $R\times100$ 和 $R\times1$ k 挡。

② 调零。在选择挡位后,将正负表笔短接,旋转电阻调零旋钮(如图 1-11 所示),将指针调至刻度线最右边的零位。有别于前面介绍的机械调零,此调零过程称为电气调零。注意每一次使用前或改变量程后都要重新调零。

③ 将表笔正确连接在电阻两端,如图 1-19(a)所示。图 1-19(b)所示是不正确操作,因为这样会将人体的电阻与被测量的电阻并联而导致测量误差。如果是测量电路中的电阻,还应注意断开电源并将大电容器短路放电,以保证测量安全和测量值的准确。

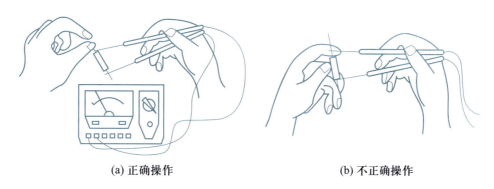

(a) 正确操作 (b) 不正确操作

图 1-19 用万用表测量电阻

④ 读取测量值。电阻挡的测量值为刻度线上的读取值再乘以该挡的倍数。例如,如果读数为 15,若转换开关置于 $R\times10$ 挡,测量值为 $15\times10\ \Omega=150\ \Omega$;如果是 $R\times1$ k 挡,则测量值为 $15\times1\ 000\ \Omega=15\ 000\ \Omega=15\ k\Omega$。

⑤ 按上述测量方法测量 3 只电阻的电阻值,以及图 1-19 的两个小电珠 HL1、HL2 的电阻值,将结果记录于表 1-8 中。

表 1-8 万用表测量电阻值记录

电阻	测量挡位	量程	估读值
			Ω
			Ω
			kΩ
小电珠 HL1			Ω
小电珠 HL2			Ω

相关链接 数字式万用表

与前面介绍的指针式万用表相比,数字式万用表具有测量准确度高、分辨率高、抗干扰能力强、功能齐全、操作方便,以及读数迅速、准确等优点。常用的 DT-830 型数字式万用表外观如图 1-20 所示,其面板由液晶显示屏取代了指针式万用表的表盘,其他如转换开关、插孔等用途与指针式万用表大致相同。下面以该型号数字式万用表为例,介绍其主要技术性能、测量范围和使用方法。

1. 主要技术性能

① 位数。液晶显示屏上显示 4 位数字,最高位只能显示 1,其他 3 位均能显示 $0\sim9$,所以该型号万用表称为"3 位半"数字式万用表。最大显示值为 ±1999。

② 极性。可正负极性自动变换显示。

③ 归零调整。具有自动高速归零的功能。

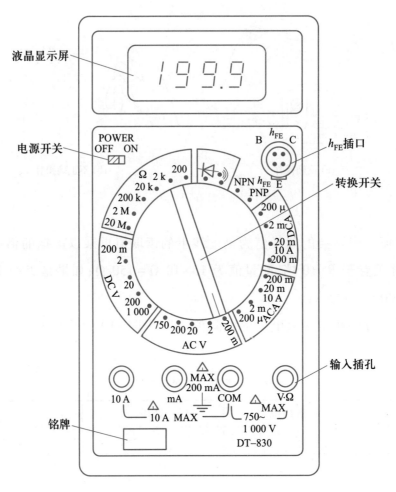

图 1-20　DT-830 型数字式万用表外观

④ 过负载输入。当超过量程时,最高位显示"1"或"-1",其他位消隐。

⑤ 电源。使用 9 V 干电池。

2. 测量范围

① 直流电压(DCV)。有 200 mV、2 V、20 V、200 V、1 000 V 共 5 挡,输入阻抗为 10 MΩ。

② 交流电压(ACV)。有 200 mV、2 V、20 V、200 V、750 V 共 5 挡,输入阻抗为 10 MΩ,并联电容小于 100 pF。

③ 直流电流(DCA)。有 200 μA、2 mA、20 mA、200 mA、10 A 共 5 挡,满量程仪表电压降为 250 mV。

④ 交流电流(ACA)。有 200 μA、2 mA、20 mA、200 mA、10 A 共 5 挡,满量程仪表电压降为 250 mV。

⑤ 电阻(Ω)。有 200 Ω、2 kΩ、20 kΩ、200 kΩ、2 MΩ、20 MΩ 共 6 挡,满量程仪表电压降为 250 mV。

⑥ 三极管共发射极直流放大系数 h_{FE}。可测量 NPN 或 PNP 型三极管,$U_{CE} = 2.8$ V,$I_B = 10$ μA。

3. 基本使用方法

① 使用时,将负表笔(黑色)插入"COM"插孔,正表笔(红色)在测量电压或电阻时插入"V·Ω"插孔,在测量小电流时插入"mA"插孔,在测量大电流时插入"10 A"插孔。

② 根据被测量选择挡位及量程。

③ 将电源开关置于"ON"位置,即可开始测量;使用完毕,要将电源开关置于"OFF"位置。

④ 在读数时,应等待液晶显示屏上显示的数字稳定后再读数。

⑤ 不同型号的数字式万用表有不同的使用方法,在使用前应仔细阅读其说明书。

学习任务 1.2　组装与调试万用表

基础知识

一、基尔霍夫定律

基尔霍夫电流定律

在学习任务 1.1 中讨论的简单电路可以用电阻串、并联的方法及欧姆定律进行计算,但在实际中遇到的电路比较复杂,电源和元器件之间不是简单的串并联关系,用欧姆定律无法求解。下面介绍的基尔霍夫定律是反映电路中各部分电流、电压之间相互关系的基本定律,可以用于求解复杂电路。基尔霍夫定律由电流定律和电压定律组成。在介绍基尔霍夫定律之前,先介绍几个电路的基本概念:

① 支路。一段没有分支的电路称为支路。如图 1-21 所示的电路中有 3 条支路,由左至右依次为:R_1 与 E_1 的支路、R_2 与 E_2 的支路、R_3 的支路。

② 节点。3 条或 3 条以上的支路的交汇点称为节点,如图 1-21 中的节点 A 和 B。

③ 回路。电路中任意一个闭合路径称为回路。如

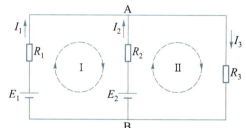

图 1-21　具有 2 个节点的电路

图 1-21 中有 3 个回路:回路 I、回路 II 和回路 III,回路 III 的路径如下:A→R_3→B→E_1→R_1→A。

(一)基尔霍夫第一定律——电流定律(KCL)

基尔霍夫第一定律指出:流入一个节点的电流之和恒等于流出这个节点的电流之和,即

$$\sum I_{入} = \sum I_{出} \tag{1-8}$$

例如,在图 1-21 中,流入节点 A 的电流为 I_1 和 I_2,流出的电流为 I_3,则根据基尔霍夫第一定律有

$$I_1 + I_2 = I_3$$

（二）基尔霍夫第二定律——电压定律（KVL）

基尔霍夫第二定律指出：对于任一闭合回路，所有电动势的代数和等于所有电压降的代数和，即

$$\sum E = \sum U \tag{1-9}$$

例如，假设在图 1-21 中沿回路 I 的绕行方向为顺时针，则当电动势的方向与绕行的方向相一致时为正，反之为负；当电流的方向与绕行的方向相一致时，该电流在电阻上产生的电压降为正，反之为负。则根据式（1-9）有

$$E_1 - E_2 = R_1 I_1 - R_2 I_2$$

如果取逆时针方向绕行，则有

$$E_2 - E_1 = R_2 I_2 - R_1 I_1$$

可见结果是一样的，即选取的回路绕行方向与计算结果无关。

用 KCL 和 KVL 求解电路时应注意：要保证所列的方程是独立方程，必须在每个方程中包含一条未列过方程的支路。

（三）支路电流法

支路电流法是求解复杂电路较普遍运用的方法之一，运用支路电流法求解复杂电路的一般步骤为：

① 在电路图中标注出各支路电流的方向及任意假设的回路绕行方向。

② 用 KCL 和 KVL 列出独立的方程组。

③ 求解联立方程组，求取未知量。

例 1-6 图 1-21 所示电路中，R_1 为 E_1 的内电阻；R_2 为 E_2 的内电阻。现设 $E_1 = 14$ V，$R_1 = 0.5$ Ω，$E_2 = 12$ V，$R_2 = 0.2$ Ω，$R_3 = 4$ Ω。求 I_1、I_2 和 I_3。

解：（1）由 KCL，对节点 A 可得

方程①：$I_1 + I_2 = I_3$

（2）由 KVL，对回路 I（顺时针方向绕行）可得

方程②：$E_1 - E_2 = R_1 I_1 - R_2 I_2$

（3）由 KVL，对回路 II（顺时针方向绕行）可得

方程③：$E_2 = R_2 I_2 + R_3 I_3$

（4）代入数据求解①②③三个联立方程可得：$I_1 = 3.72$ A，$I_2 = -0.69$ A，$I_3 = 3.03$ A。

求解结果为负值，说明电流的实际方向与参考方向相反。即 E_2 此时不是作为电源向负载（R_3）供电，而是作为负载由 E_1 对它进行充电。

二、电路元件

由于在电路的分析计算中,一般只分析电源与负载之间的能量相互转换的关系,因此可以把理想电路的元件按负载和电源而分为理想无源元件和理想电源元件两大类。

(一)理想无源元件

理想无源元件包括理想的电阻元件、电容元件和电感元件 3 种,简称电阻元件(电阻)、电容元件(电容)和电感元件(电感)。其中电阻是表征电路中消耗电能的元件,电容是表征电路中储存电场能量的元件,电感是表征电路中储存磁场能量的元件。

(二)理想电源元件

理想电源元件是从实际电源中抽象出来的。当实际电源本身的功率损耗可以忽略不计而只考虑其电源作用时,可视为一个理想的电源。理想的电源分为理想电压源和理想电流源两种。

1. 理想电压源(恒压源)

理想电压源的图形和文字符号如图 1-22(a)所示,其特点是输出电压恒定不变,即不随输出电流的变化而变化,故其伏安特性是一条与 I 轴平行的直线,如图 1-23(b)所示。

在前面介绍全电路欧姆定律时[式(1-2)],将一个直流电源用电动势 E 和电源内阻 R_0 来表示,当 R_0 小到可以忽略不计时,其输出电压 U 就近似等于电源电动势 E,其电源的外特性就为一条近似于水平的直线,即可近似看作理想电压源。如常用的直流稳压电源就可近似视为理想电压源。

2. 理想电流源(恒流源)

理想电流源的图形和文字符号如图 1-23(a)所示,其特点是输出电流恒定不变,即伏安特性是一条与 U 轴平行的直线,如图 1-23(b)所示。

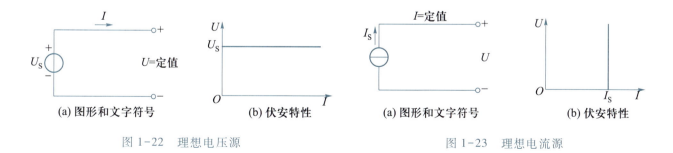

| (a)图形和文字符号 | (b)伏安特性 | (a)图形和文字符号 | (b)伏安特性 |

图 1-22 理想电压源   图 1-23 理想电流源

在实际的电源中,如光电池在一定的光线照射下,其产生的电流可近似视为理想电流源。

3. 实际电压源与实际电流源

在进行电路的分析和计算时,通常用理想的电源元件与电阻元件的组合来表征实际的电源:如电源的输出电压比较稳定(即基本不随输出电流的变化而变化)时,可用理想电压源 U_S 与电源内电阻 R_0 相串联的电压源模型来表示;如电源的输出电流比较稳定(即基本不随输出电压的变化而变化)时,可用理想电流源 I_S 与电源内电阻 R_0 相并联的电流源模型来表示,如图 1-24 所示。

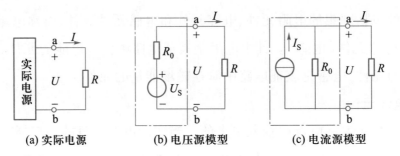

(a) 实际电源　　　　　(b) 电压源模型　　　　　(c) 电流源模型

图 1-24　实际电源的模型

4. 实际电压源与实际电流源的等效变换

如果图 1-24(b)、(c)中的端电压 U 及通过的电流 I 相同,则对于负载而言,两者之间是等效的,因此可以相互变换。

经过推算可以推出实际电压源与电流源等效变换的条件为

$$U_S = R_0 I_S \tag{1-10}$$

式中,U_S 与 I_S 的参考方向相一致,且电压源的 R_0 与电流源的 R_0 相等。

例 1-7　已知图 1-25 中电压源的 $U_S = 24$ V,$R_0 = 0.2$ Ω,求等效为电流源时的 I_S 和 R_0。

解:由式(1-10),$R_0 = 0.2$ Ω,得

$$I_S = \frac{U_S}{R_0} = \frac{24}{0.2} \text{ A} = 120 \text{ A}$$

在求解复杂电路时,有时可以用电源的等效变换来简化解题步骤。但在进行变换时应注意两点:

① 等效变换的关系仅对外电路而言,对电源内部是不等效的。

② 理想电压源与理想电流源之间不具备等效变换的关系。

工作步骤

步骤一:实训准备

完成学习任务 1.2 所需要的设备、工具、器材见表 1-9,电路原理图如图 1-12 所示。

表 1-9　完成学习任务 1.2 所需要的设备、工具、器材明细表

序号	名称	符号	型号/规格	单位	数量	备注
1	单相交流电源		220 V、36 V、6 V			
2	直流稳压电源		0～12 V(连续可调)			
3	万用表		MF-47 型	个	1	
4	电烙铁		15～25 W	支	1	
5	焊接材料		焊锡丝、松香助焊剂、烙铁架等,连接导线若干	套	1	
6	电工与电子技术实训通用工具		验电笔、榔头、螺丝刀(一字和十字)、电工刀、电工钳、尖嘴钳、剥线钳、镊子、小刀、小剪刀、活动扳手等	套	1	
7	电阻器	$R_1 \sim R_{27}$	$R_1 = 0.47$ kΩ,$R_2 = 5$ Ω,$R_3 = 50.5$ Ω,$R_4 = 555$ Ω,$R_5 = 15$ kΩ,$R_6 = 30$ kΩ,$R_7 = 150$ kΩ,$R_8 = 800$ kΩ,$R_9 = 84$ kΩ,$R_{10} = 360$ kΩ,$R_{11} = 1.8$ MΩ,$R_{12} = 2.25$ MΩ,$R_{13} = 4.5$ MΩ,$R_{14} = 17.3$ kΩ,$R_{15} = 55.4$ kΩ,$R_{16} = 1.78$ kΩ,$R_{17} = 0.165$ Ω,$R_{18} = 15.3$ Ω,$R_{19} = 6.5$ Ω,$R_{20} = 4.15$ kΩ,$R_{21} = R_{24} = 20$ kΩ,$R_{22} = 2.69$ kΩ,$R_{23} = 141$ kΩ,$R_{25} = 20$ kΩ,$R_{26} = R_{27} = 6.75$ MΩ	只	各 1	体积相对较大的功率为 1/2 W,其余均为 1/4 W
8	分流器	R_{28}	0.025 Ω	只	1	
9	压敏电阻	YM1	27 V	只	1	
10	电位器	R_{P1}	10 kΩ	只	1	电阻挡调零
11	电位器	R_{P2}	1 kΩ	只	1	
12	电解电容器	C_1	10 μF/16 V	只	1	
13	涤纶电容器	C_2	0.01 μF	只	1	
14	二极管	VD1～VD6	1N4007	只	6	
15	熔断器及固定脚	FU	0.5～1 A	套	1	内阻小于 0.5 Ω
16	三极管插座及插片			套	1	1 个插座 6 个插片
17	V 形电刷			个	1	
18	表笔输入插管			支	4	
19	电位器旋钮			个	1	

序号	名称	符号	型号/规格	单位	数量	备注
20	电路板			块	1	
21	电池夹片			个	4	
22	一体化面板			块	1	
23	后盖			块	1	
24	表笔			支	2	红、黑色各1
25	连接导线			根	5	4长1短
26	螺钉			只	2	

注:序号7~26为MF-47型万用表组装套件。

① 领取MF-47型万用表组装套件,然后对照器材清单一一核对,核对器材时应注意记住每个元器件的名称与外形,并检查外观是否完好;打开器材袋时要注意不要将塑料袋撕破,以免材料丢失。有些小元器件(如小螺钉、电池夹和三极管插座的插片等)需要特别注意。

② 检查表头是否有机械方面的故障:轻轻晃动表头,看表针能否自由摆动;用一字螺丝刀调节表头的机械调零螺钉,看表针能否在零位附近跟随转动。

③ 检查电阻、电解电容、二极管等元器件,核对电阻阻值,认清电解电容和二极管的正负极。

④ 检查电路板,看是否有断裂、缺线和短路等问题存在。

步骤二:焊接

按照图1-12所示的电路原理图和图1-25所示的装配图将元器件焊接在电路板上,注意电路板有黄绿色两面,绿面用于焊接,黄面用于安装元器件。焊接顺序是先焊接紧贴在电路板上的元器件(如电阻、二极管、分流器等),再焊接高出电路板的元器件(如电容、压敏电阻、电位器等),其顺序和要点如下:

① 焊接连接线。

② 焊接二极管(注意二极管的极性)。

③ 焊接电阻(注意电阻的阻值)和电容器等(电解电容注意极性)。

④ 焊接分流器R_{28}时要注意位置,最高不要超过电路板面2 mm,最低则以刚好能保证焊接牢固为妥。

⑤ 焊接4支表笔输入插管。焊接时要注意将输入插管从焊接(铜箔)面插入电路板下部相应的插孔,并使输入插管垂直于电路板方可焊牢。

⑥ 焊接电位器R_{P1}。焊接时注意将R_{P1}从焊接(铜箔)面插入电路板右上角相应的插孔,焊接时间一般不要超过5 s,以免印制电路板过热造成R_{P1}的3个铆合点接触不良。

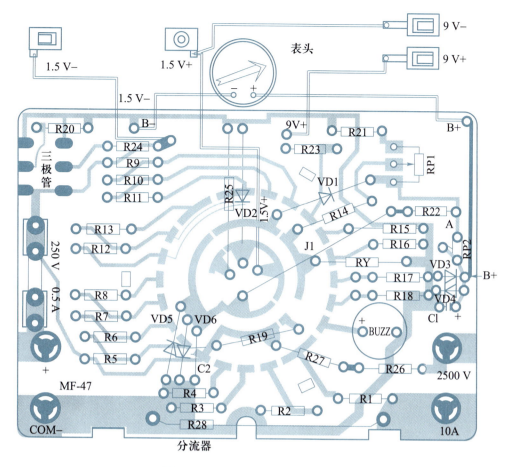

图 1-25　MF-47 型万用表装配图

⑦ 焊接三极管插座。方法是先将 6 只三极管引脚插入插座后,再安装到电路板左上角的相应位置,露出插座的引脚部分,分别再穿入电路板的 6 个孔中,并将下部伸出部分折弯,将折弯部分紧贴电路板焊牢固,如图 1-26 所示。

(a) 引脚　　　　　　　　　(b) 固定效果

图 1-26　三极管引脚弯制与固定示意图

⑧ 安装和焊接熔断器夹。焊接好的电路板侧面图如图 1-27(a)所示,立体图如图 1-27(b)所示。

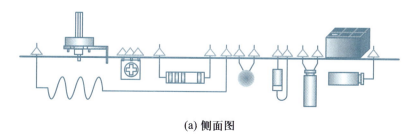

(a) 侧面图

(b) 立体图

图 1-27　MF-47 型万用表电路板焊接与安装示意图

步骤三:整机装配

在 MF-47 型万用表组装套件中,面板、表头和转换开关等已经组装成一体(即表 1-9 中的"一体化面板"),不需要再进行组装。焊接好电路板后,可按以下步骤进行整机装配:

① 将 V 形电刷片放入电刷旋钮的方框内,方向是正对挡位转换开关旋钮的白色指示箭头,如图 1-28 所示。

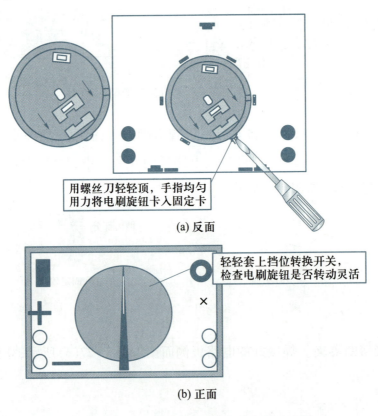

图 1-28　电刷片和转换开关旋钮安装示意图

② 安装 1.5 V 电池夹,将一根红导线和一根黑导线分别焊在 1.5 V 的两个电池夹的焊位上(注意极性),两电池夹卡在面板的卡槽内。

③ 焊接 9 V 电池扣以及与其连接的两根导线（注意红色为正、黑色为负），装好的电池夹如图 1-29 所示。

④ 安装电路板。将焊接好的电路板卡在面板背面的 3 个卡钩里，并焊接电池夹与表头的引线（焊接时注意电池与表头的正负极）。

⑤ 安装调零电位器旋钮。

⑥ 安装万用表提把。

⑦ 安装后盖，用两只螺钉将后盖固定好。

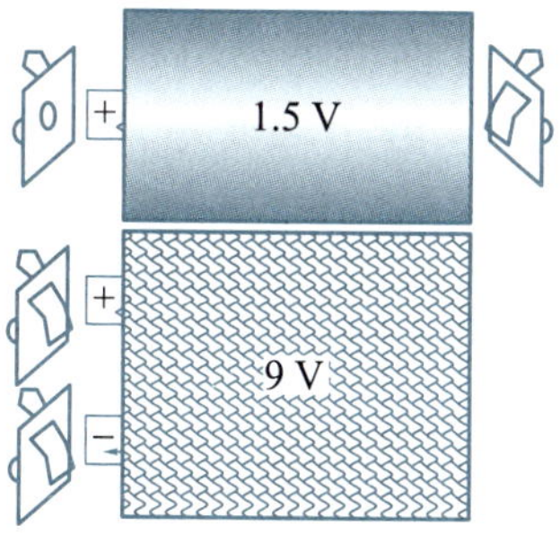

图 1-29 电池极板的安装

步骤四：调试与排障

组装好后，应先仔细地检查线路安装是否正确，焊点是否焊牢，然后再进行调试和排故。

在进行调试与排故时，可按照学习任务 1.1 的操作步骤，用一个正常的万用表（称为标准表）与刚装好待调试的万用表（称为被调表）对应进行直流电流、交流电压、直流电压和电阻的测量。

1. 表头电路常见故障及原因

① 表针没任何反应。原因可能是：表头损坏；表笔损坏或接线断开；熔断器没装或损坏；电池极板装错，或电池与极板接触不良；电刷装错。

② 指针反偏。测量直流电流、电压时指针反偏，这种情况一般是由于表头引线极性接反。

2. 直流电流挡常见故障及原因

① 标准表有指示，被调表各挡均无指示。可能是表头接线脱焊或与表头串联的电阻损坏、脱焊等。

② 被调表某一挡误差很大，而其余挡正常。可能是该挡分流电阻与邻挡分流电阻接错。

3. 直流电压挡常见故障及原因

① 标准表工作，而被调表各量程均不工作。可能是最小量程分压电阻开路或公共的分压电阻开路；也可能是转换开关接触点或连线断开。

② 某一量程及以后各量程都不工作，而以前各量程都工作。可能是该量程的分压电阻断开。

③ 某一量程误差突出，而其余各量程误差合格。可能是该挡分压电阻与相邻挡分压电阻接错。

4. 交流电压挡常见故障及原因

由于交、直流电压挡共用分压电阻，所以应在排除直流电压挡故障后，再去检查交流电压挡，以使故障范围缩小。

① 被调表各挡无指示，而标准表工作。可能是最小电压量程的分压电阻断路或转换开关的接触点、连线不通，也可能是交流电压用的与表头串联的电阻断路。

② 被调回路虽然通,但指示值极小,甚至只有 5%,或者指针只是轻微摆动。可能是整流二极管被击穿。

5. 电阻挡常见故障及原因

① 全部量程都不工作。可能是电池与接触片接触不良或连线不通。也可能转换开关没有接通。

② 个别量程不工作。可能是该量程的转换开关的触点或连线没有接通,或该量程专用的串联电阻断路。

③ 全部量程调不到零位。可能是电池的电能不足或者调零电位器中心接点没有接通。

④ 调到零位后指针跳动,可能是调零电阻接触不良。

⑤ 个别量程调不到零位。可能是该量程的限流电阻的问题。

万用表调试好后就可以使用了,它将是今后进行电工与电子技术实训最有用的工具之一。

相关链接 焊接工具和材料

(一) 电烙铁

电烙铁是焊接电子元器件的主要工具。按电烙铁的结构来分类,可分为外热式和内热式两种,一般内热式电烙铁功率较小,外热式电烙铁功率较大,如图 1-30 所示。

(a) 外热式电烙铁   (b) 内热式电烙铁

图 1-30 电烙铁

按电烙铁的功率来分类,通常有 15 W、20 W、25 W、35 W、50 W、75 W 和 100 W 等。一般焊接半导体及小型元器件,应选用 15~25 W 的电烙铁;对于焊接较特殊的元器件(如 MOS 电路),应选用 20~25 W 的电烙铁,且电烙铁的外壳要有良好接地;焊接大型元器件或焊接面积较大,可选用 40 W 的电烙铁;焊接金属底板、粗地线等热容量大的元器件,则需用 75 W 及以上的电烙铁。因此,根据焊接任务的不同,应选用不同功率的电烙铁。

新电烙铁使用前应将烙铁头锉干净,可按照工作需要锉成一定形状,如楔形、圆锥形、角锥形、斜面形、平顶形等。待通电加热后,先上层松香,再挂一层锡,防止长时间加热因氧化而被"烧死",不再"吃锡"。长时间使用的电烙铁,不焊接时可将电源电压调低一些,避免烙铁头"烧死"。

（二）焊锡

焊锡是一种"铅锡合金"材料，它比纯锡的熔点要低，约为 190 ℃，而机械强度要高于锡、铅。熔化后其表面张力和黏度降低，增加了流动性；焊接后有较强的抗氧化能力。

常用的焊锡有焊条和焊锡丝；焊条在使用前应先加工成小块或焊锡丝。目前焊锡主要采用焊锡丝，如图 1-31（a）所示，而且大多已加入松香等助焊剂，所以使用比较方便。

(a) 焊锡丝　　　　　　　　　　　　(b) 松香等助焊剂

图 1-31　焊锡丝和松香等助焊剂

（三）助焊剂

焊接过程中常需要使用助焊剂。常用的助焊剂有松香、松香酒精溶液、焊油、焊锡膏等。松香和松香酒精溶液属中性焊剂，不腐蚀电路元器件，不影响电路板的绝缘性能，助焊效果好，因此使用较多。

为了去除焊点处的锈渍，确保焊点质量，有时也采用少量焊油或焊锡膏。因它们属于酸性助焊剂。对金属有腐蚀作用，因此焊接后一定要用酒精将焊点擦洗干净，以防损害印制电路板和元器件引脚。

评价反馈

根据学习任务完成情况进行自我评价、小组互评和教师评价，评分值记录于表 1-10 中。

表 1-10　评　价　表

项目内容	配分	评分标准	自评	互评	师评
1. 选配器材	20 分	（1）元器件选配错误，每项扣 5 分 （2）元器件选配不合适，每项扣 2~3 分 （3）出现人为损坏元器件，每个扣 5 分			
2. 安装与接线	30 分	（1）焊接质量差，影响电路功能，酌情每处扣 1~2 分 （2）因焊接质量造成电路不能实现基本功能，酌情每处扣 2~3 分 （3）安装质量差，酌情每处扣 2~3 分 （4）安装错误，酌情每处扣 3~5 分 （5）安装时损坏元器件，全扣分			

项目内容	配分	评分标准	自评	互评	师评
3. 调试、排故与测量	30分	（1）操作不正确，未能实现电路功能或未能达到测量要求，酌情每次扣2~3分 （2）违反操作规程，但经纠正能满足基本要求，酌情每次扣3~5分 （3）违反操作规程造成事故，全扣分			
4. 安全、文明操作	20分	（1）违反操作规程，产生不安全因素，可酌情扣7~10分 （2）着装不规范，可酌情扣3~5分 （3）迟到、早退、工作场地不清洁，每次扣1~2分			
总评分（自评分×30%+互评分×30%+师评分×40%）					

阅读材料　非线性电阻和超导技术的应用

（一）非线性电阻简介

如前所述，常用的电阻基本是线性电阻，其电阻值不随电压、电流的变化而变化，伏安特性为一条直线，如图1-4（a）所示。如果电阻值随着电压、电流的变化而变化，其伏安特性是一条曲线，如图1-4（b）所示，则称为非线性电阻。光敏电阻、湿敏电阻、热敏电阻和压敏电阻均属于非线性电阻，如图1-32所示。

| (a) 光敏电阻 | (b) 湿敏电阻 | (c) 热敏电阻 | (d) 压敏电阻 |

图1-32　非线性电阻

一般导体的电阻值随温度升高而增大，有的材料（如康铜、锰铜合金）在温度变化时电阻值变化很小，因此适宜用来制造标准电阻器；而有的材料在温度变化时电阻值变化很大，可以做成热敏电阻。

热敏电阻分为正温度系数和负温度系数两类：有的金属材料其电阻值随温度升高而急剧

增大,可以用来制造出正温度系数的热敏电阻(简称 PTC 电阻)。PTC 电阻可用于小范围的温度测量、过热保护和延时开关。另外还有一些材料(如某些半导体、碳导体材料等)在温度升高时电阻值反而减小,可以用来制造出负温度系数的热敏电阻(简称 NTC 电阻)。NTC 电阻可用于温度测量和温度调节,或在电子电路中作为温度补偿元件使用。

（二）超导现象和超导技术应用简介

人们在实践中发现有些金属材料的电阻值随温度下降而不断减小,当温度降到一定值(称为临界温度)时,其电阻值突然降为零,这种现象称为超导现象,具有上述性质的材料称为超导材料。

超导现象虽然在 1911 年就被发现,但由于没有找到合适的超导材料以及低温技术的限制,长期以来没有得到应用。直到 20 世纪 60 年代起人们才开始积极研究,主要是寻找临界温度较高的超导材料。目前超导技术已广泛地应用于信息通信、强稳恒磁场、工业加工、无损耗输电、生物医学、磁悬浮运输和航空航天等领域。例如将超导技术应用于输电系统,可以大大降低输电系统的损耗(如我国在输电线路上每年损耗的电能占年发电量的 2%～4%)。如采用超导输电,对直流电传输可能做到无损耗,对交流电的传输也可以使损耗降到很小的程度。用超导材料来制作变压器的线圈,可以极大地减小变压器的体积和损耗。又如利用超导现象制造的磁悬浮列车,可以使列车行驶时悬浮于轨道之上,列车的运行速度可达 500 km/h 以上。

项 目 小 结

1. 电路是指电流通过的路径,电路由 3 个基本部分组成:电源、负载、起连接作用的导线和起控制、保护作用的其他器件。电路的主要作用包括传输和转换电能、传递和处理信号。电路有开路、通路(工作)和短路 3 种状态。

2. 电路的主要物理量包括电流、电压、电位、电动势、电功率和电阻。

（1）电荷的定向移动形成电流,电流的基本单位是 A(安)。

（2）电压的基本单位是 V(伏)。

（3）电位是指在电路中某一点相对于参考点的电压,该参考点为零电位点。电路中某两点之间的电压就是这两点的电位差。

（4）各种电源是将非电能形态的能量转换成电能的供电设备。

（5）电阻是指导体对电流的阻碍作用,电阻的基本单位是 Ω(欧)。

电阻分为线性电阻和非线性电阻。如果电阻值不随电压、电流的变化而变化,为线性电阻;否则为非线性电阻。

欧姆定律描述了电路中电流、电压和电阻三者之间的关系,其基本公式为

$$I = \frac{U}{R}$$

在包括电源内、外电路的完整电路中,电流与电动势、电阻的关系式为

$$I = \frac{E}{R_L + R_0}$$

式中的 R_0 为电源内电阻,R_L 为负载电阻。

由于电源都存在着内阻,因此在通路状态下,电源的端电压等于电源电动势减去输出电流在电源内电阻上的电压降。输出电流越大,电源的端电压就越低,这一特性称为电源的外特性。

（6）电功率是指电能在单位时间内所做的功,电功率的基本单位是 W（瓦）。

如果知道电气设备的电功率和设备通电的时间,则消耗电能为电功率与时间的乘积;电能的基本单位是 J（焦）,常用单位 kW·h（千瓦·时）,也称为度。

电路中主要物理量、基本单位以及不同单位的换算关系见表 1-11。

表 1-11　电路中主要物理量、基本单位以及不同单位的换算关系

物理量	基本单位	不同单位的换算关系
电流 I	A（安）	$1\ A = 10^3\ mA = 10^6\ \mu A$
电压 U	V（伏）	$1\ kV = 10^3\ V = 10^6\ mV$
电功率 P	W（瓦）	$1\ kW = 10^3\ W = 10^6\ mW$
电阻 R	Ω（欧）	$1\ M\Omega = 10^3\ k\Omega = 10^6\ \Omega$

3. 电气设备的额定工作状态是指处于最为经济合理和安全可靠,并能保证其有效使用寿命的工作状态。

4. 串联和并联是电气设备两种基本的连接方法,电阻串、并联电路中的电流、电压、电功率关系以及等效电阻见表 1-12。

表 1-12　电阻串、并联电路中的电流、电压、电功率关系以及等效电阻

	串联电路	并联电路
电压	总电压等于各电阻电压之和	各电阻的电压相同
电流	各电阻的电流相同	总电流等于各支路电流之和
电功率	总的电功率等于各电阻的电功率之和	
等效电阻	等效电阻等于各电阻之和	等效电阻的倒数等于各电阻的倒数之和
两个电阻串、并联的等效电阻计算公式	$R = R_1 + R_2$	$R = \dfrac{R_1 R_2}{R_1 + R_2}$

简单电路可以用串、并联等效电路的方法化简,然后用欧姆定律进行分析计算。不能用串、并联等效电路化简的电路称为复杂电路。复杂电路的分析计算需要用基尔霍夫电流和电

压定律。

5. 如果只从负载消耗和转换能量的方式来看,负载的基本类型包括电阻、电容和电感 3 种。其中电阻是表征电路中消耗电能的元件,电容是表征电路中储存电场能量的元件,电感是表征电路中储存磁场能量的元件。

6. 一个实际的电源可以用理想电压源 U_S 与电源内电阻 R_0 相串联的电压源模型来等效,也可以用理想电流源 I_S 与电源内电阻 R_0 相并联的电流源模型来等效。两种电源模型之间可以进行等效变换,其变换公式为

$$U_S = R_0 I_S$$

式中,U_S 与 I_S 的参考方向相一致,且电压源的内阻与电流源的内阻相等(同为 R_0)。

 练习题

一、填空题

1. 电路的 3 个基本组成部分是_____、_____ 和_____。

2. 如果人体的最小电阻 $R = 800\ \Omega$,当通过人体的电流达到 $I = 50\ \text{mA}$ 时就可能有生命危险,则人体能够接触的安全电压 $U =$_____ V。

3. 如果两只电阻的阻值相差悬殊,在近似计算其串、并联的等效电阻时可将其中一个忽略不计。如果 $R_1 = 10\ \Omega$,$R_2 = 10\ \text{k}\Omega$,则在串联时可忽略_____,在并联时可忽略_____。

4. 有一只电阻上有 4 条色环,其电阻值为 $(1 \pm 10\%)$ 39 Ω,则电阻上色环的颜色为_____、_____、_____、_____。

5. 有一只电阻上有 4 条色环,颜色依次为蓝、灰、橙、银色,该电阻的阻值为_____ Ω,允许偏差为 ±_____%。

6. 4 只等值的电阻串联,如果总电阻是 1 kΩ,则各电阻的阻值是_____ Ω。

7. 4 只等值的电阻并联,如果总电阻是 1 kΩ,则各电阻的阻值是_____ Ω。

8. 5 只等值的电阻,如果串联后的等效电阻是 1 kΩ,若将其并联,则等效电阻为_____ Ω。

9. 5 只等值的电阻,如果并联后的等效电阻是 5 Ω,若将其串联,则等效电阻为_____ Ω。

10. 3 只一样的灯接在 12 V 的电源上,每只灯的电压为_____ V。

11. 1 只 1 kΩ、0.5 W 的电阻,允许通过的最大电流是_____ A,允许加在它两端的最高电压是_____ V。

12. 2 只电阻并联使用,其中 $R_1 = 300\ \Omega$,通过电流为 0.2 A,通过整个并联电路的总电流为 0.8 A。则 R_2 的电阻值为_____ Ω,通过的电流为_____ A。

13. 有 1 个电流表表头,量程 $I_C = 50\ \mu\text{A}$,表头内电阻 $R_C = 1\ \text{k}\Omega$,要将该电流表表头改装为量程 $U = 1\ \text{V}$ 的电压表,应该与表头串联 1 个_____ kΩ 的电阻。

14. 图 1-21 所示电路有_____条支路，_____个节点，_____个回路。

15. 如图 1-33(a)所示，对于节点 P 根据 KCL 列出的表达式为_____。

16. 如图 1-33(b)所示，利用 KVL 列出回路电压方程为_____。

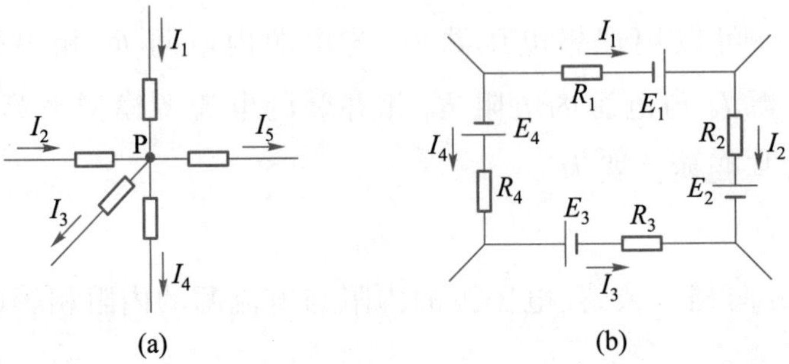

图 1-33　填空题 15、16 附图

17. 1 A = _____ mA = _____ μA，1 kW = _____ W = _____ mW。

18. 1 MΩ = _____ kΩ = _____ Ω。

19. 1 只 100 kΩ 的电阻接在电路中，一端的电位为 50 V，另一端的电位为 -50 V，则流过该电阻的电流为_____ mA。

二、选择题

1. 线性电阻的伏安特性曲线为(　　)。

A. 直线　　　　　　　　　　B. 通过坐标原点的直线　　　　　　　C. 曲线

2. 1 只电阻的阻值为(1±5%)2 Ω，则电阻上的色环为(　　)。

A. 红、黑、金　　　　　　　B. 红、金　　　　　　　　　　　　　C. 红、黑、银

3. 2 只电阻值不等的电阻，如果串联接到电源上，则电阻值小的电阻其电功率(　　)；如果并联接到电源上，则电阻值小的电阻其电功率(　　)。

A. 大　　　　　　　　　　　B. 小　　　　　　　　　　　　　　　C. 一样

4. 1 只阻值为 100 Ω，额定功率为 4 W 的电阻接在 20 V 的电源上使用，(　　)；如果接在 40 V 的电源上使用，(　　)。

A. 电阻的功率小于其额定功率，可正常使用

B. 电阻的功率等于其额定功率，可正常使用

C. 电阻的功率大于其额定功率，不能正常使用

5. 额定电压都是 220 V 的 36 W、24 W 两只灯串联接在 220 V 电源上，则(　　)。

A. 36 W 的灯较亮　　　　　B. 24 W 的灯较亮　　　　　　　　　C. 两只灯一样亮

6. 电功率的单位是(　　)。

A. J　　　　　　　　　　　　B. W　　　　　　　　　　　　　　　C. kW·h

7. 在电源电压不变的条件下,如果电路的电阻减小,就是负载(   );如果电路的电阻增大,就是负载(   )。

    A. 减小   B. 增大   C. 不变

8. 在开路状态下电源的端电压等于(   )。

    A. 零   B. 电源电动势   C. 通路状态的电源端电压

9. 电路中某一节点接有4条支路,其中由2条支路流入该节点的电流分别为2 A和-1 A,第3条支路流出该节点的电流为3 A,问流出第4条支路的电流为(   )。

    A. -2 A   B. -1 A   C. 2 A

10. 有一电流表表头,量程 $I_C = 1$ mA,表头内电阻 $R_C = 180$ Ω,要将该电流表表头改装为量程 $I = 10$ mA 的电流表,应(   )。

    A. 与表头串联一个 20 Ω 的电阻

    B. 与表头并联一个 20 Ω 的电阻

    C. 与表头并联一个 1 980 Ω 的电阻

三、判断题

1. 导体中自由电子定向移动的方向,就是导体中电流的方向。   (   )

2. 电路中必须形成闭合回路才有电流通过。   (   )

3. 电阻在串联时,电阻值越大,所消耗的电功率越大;电阻在并联时,电阻值越大,所消耗的电功率越小。   (   )

4. 在电路中,电源的作用是将其他形式的能量转换为电能。   (   )

5. 一根粗细均匀的电阻丝,其阻值为 4 Ω,将其等分成两段,再并联使用,其等效电阻为 2 Ω。   (   )

6. 电路中某一点的电位具有相对性,当参考点变化时,该点的电位将随之变化。 (   )

7. 当参考点变化时,电路中两点间的电压也将随之变化。   (   )

8. 如果电路中某两点的电位都很高,则该两点间的电压一定也很大。   (   )

9. 如果电路中某两点的电位为零,则该两点间的电压也一定为零。   (   )

10. 如果电路中某两点间的电压为零,则该两点间的电流也一定为零。 (   )

11. 在短路状态下,电源内电阻上的电压降为零。   (   )

12. 在短路状态下,电源电动势等于零。   (   )

13. 在开路状态下,电源的端电压等于电源电动势。   (   )

14. 1 只 220 V/36 W 的灯接在 110 V 电源上,因为电压减半,所以其电功率也减半,为 18 W。   (   )

15. 电源的内电阻越小越好。   (   )

16. 2 只电阻串联,则等效电阻的阻值恒大于任意 1 只电阻;如果 2 只电阻并联,则等效电

阻的阻值恒小于任意 1 只电阻。 （　　）

四、综合题

1. 1 只 110 V/8 W 的指示灯，接在 380 V 电源上，应串联多大阻值和功率的电阻指示灯才能正常工作？

2. 1 个电热水壶额定电压为 220 V，电阻为 24.2 Ω，平均每天使用 2 小时，问 1 个月（以 30 天计）消耗多少度电？ 如果每度电的电费为 0.5 元，问 1 个月要多少电费？

3. 用电压表测量某电源开路时的电压，读数为 10 V；用电流表测量该电源短路电流时，电流表的读数为 20 A，试求该电源的电动势和内电阻。

4. 1 只满量程为 1 mA 的电流表，表头内电阻为 500 Ω，如果需要用其测量 10 V 电压，应该串联 1 只电阻值为多大的电阻？ 如果还需要再测量 100 V 的电压，应该再串联 1 只电阻值为多大的电阻？

5. 电路如图 1-34 所示，已知 $E = 10$ V，$R_0 = 0.1$ Ω，$R = 9.9$ Ω，试求开关 S 在不同位置时电压表和电流表的读数。（注：开关在“2”的位置为开路。）

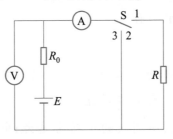

图 1-34　综合题 5 附图

6. 在图 1-35 所示电路中，电流表 A1 的读数为 9 A，电流表 A2 的读数为 3 A，$R_1 = 4$ Ω，$R_2 = 6$ Ω，试计算 R_3 的电阻值、总的等效电阻 R_{AB} 的电阻值。

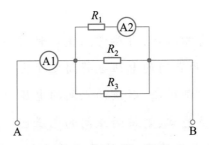

图 1-35　综合题 6 附图

7. 试求图 1-36 所示各电路中的等效电阻 R_{AB}。

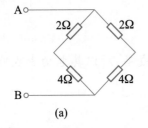

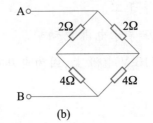

（a）　　　　　　　　（b）　　　　　　　　（c）

图 1-36　综合题 7 附图

8. 在图 1-37 所示电路中，已知 $R_1 = R_2 = R_3 = R_4 = 300\ \Omega$，$R_5 = 600\ \Omega$，试分别计算当开关 S 断开与闭合时电路 AB 两端的等效电阻 R_{AB}。

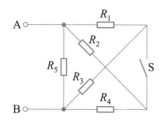

图 1-37　综合题 8 附图

9. 试列出图 1-21 所示电路中节点 B 的节点电流方程式。

10. 试列出图 1-21 所示电路中回路 Ⅱ、回路 Ⅲ 的回路电压方程式。

五、学习记录与分析

1. 复习表 1-4~表 1-8 中记录的内容，小结使用万用表测量交流电压、直流电压、直流电流和电阻的方法和要求。

2. 记录万用表组装完成后调试与排故的过程。

3. 如何结合本项目基础知识的学习，认识与理解万用表测量电路的基本原理？

项目2 交流电路——安装室内配电线路

引导门

在项目 1 中，我们认识了直流电；在本项目中，我们将学习交流电。交流电和直流电有什么不同？我们平常说的 220 V 和 380 V 电压，指的是交流电的什么值？为什么交流电又分单相和三相？

学习目标

通过对本项目的学习，学会安装室内配电电路。

应知

① 了解交流电的基本概念，正弦交流电的三要素及其表示方法。

② 掌握电路的 3 种基本元件——电阻 R、电感 L、电容 C 在交流电路中的特征，纯电阻、纯电感、纯电容和 RL 串联电路的分析计算方法。在此基础上，建立阻抗、有功功率、无功功率和功率因数等基本概念。

③ 掌握三相交流电路的基本概念和分析、计算方法。

应会

① 掌握电工与电子技术实训常用工具和仪表的使用方法。

② 学会安装荧光灯电路；学会测量交流电路的电压、电流和功率。

③ 学会安装室内配电电路，掌握基本的安装方法与工艺要求。

学习任务 2.1　认识交流电路的基础知识

基础知识

一、什么是交流电

图 2-1 所示是几种电流的波形:图 2-1(a)所示直流电的电流大小和方向都不随时间变化;图 2-1(b)所示脉动直流电的大小随时间周期性变化,但是方向不变,也属于直流电;图2-1(c)~图 2-1(f)所示电流变化的规律不同,但有一个共同之处,就是电流的大小和方向都随时间周期性变化,且在一个周期内平均值为零,这样的电流(或电压、电动势)统称为交流电。

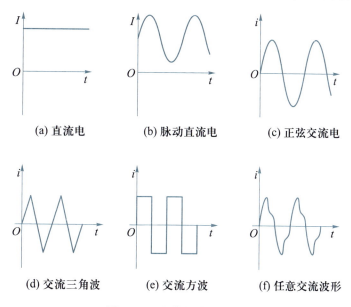

图 2-1　几种电流的波形

在日常生产和生活中使用的大多数是交流电,即使对于需要直流电能供电的设备,一般也是将交流电转换成直流电供电,只有功率较小且需要经常移动的设备才使用前面介绍的纯直流电源,如电池供电。

交流电之所以被广泛应用是因为它有着独特的优势:首先,交流发电设备的性能好、效率高,生产交流电的成本较低;其次,交流电可以用变压器变换电压,有利于通过高压输电实现电能大范围集中生产、统一输送与控制;最后,使用三相交流电的三相异步电动机结构简单、价格低廉、使用维护方便,是工业生产的主要动力源。

二、正弦交流电

目前广泛使用的交流电是正弦交流电,下面如果没有特别说明,提及的交流电都是指正弦交流电。随时间按正弦规律变化的交流电称为正弦交流电,其波形如图 2-2 所示。

（一）正弦交流电的三要素

正弦交流电的变化快慢可以用频率来表示,变化幅度可以用幅值来表示,而变化起始点则可用初相位来表示。只要知道频率、最大值和初相位这 3 个因素,就可以充分地表示一个正弦交流电随时间变化的规律,所以把这 3 个因素称为正弦交流电的三要素。

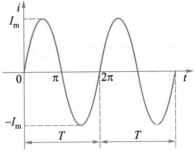

图 2-2　交流电的周期

1. 周期、频率和角频率

（1）周期

周期是指正弦交流电变化一个完整的循环所需要时间,用 T 表示,单位是 s(秒),如图 2-2 所示。

（2）频率

频率是指在单位时间内变化的周期数,用 f 表示,单位是 Hz(赫)。频率与周期关系如下

$$f = \frac{1}{T} \tag{2-1}$$

（3）角频率

角频率是指在单位时间内变化的角度(以弧度为单位),用 ω 表示,单位是 rad/s。角频率与频率、周期之间的关系如下

$$\omega = 2\pi f = 2\pi/T \tag{2-2}$$

例如,我国的工业标准频率(简称工频)为 50 Hz,其周期为 $T = \frac{1}{f} = \frac{1}{50}$ s = 0.02 s,角频率为 $\omega = 2\pi f = 2\pi \times 50 \approx 100 \times 3.14$ rad/s = 314 rad/s。

2. 瞬时值、最大值和有效值

（1）瞬时值

正弦交流电在变化过程中每一瞬时所对应的值称为瞬时值。瞬时值用小写的英文字母表示,如 i、u 等。由图 2-2 可见,交流电的大小和方向是随时间变化的,所以每个瞬时值的大小和方向可能都不相同,可能为正值,可能为负值,也可能为零。

（2）最大值

正弦交流电在一个周期内的最大瞬时值称为最大值,又称为幅值或峰值。最大值用带下标 m 的大写的英文字母表示,如 I_{m}、U_{m} 等。

由图 2-2 可见,交流电的最大值有正有负,但习惯用绝对值来表示。

（3）有效值

交流电的瞬时值随时改变,那么交流电的大小用什么值来表示更适合呢？在实际应用中,交流电的大小用有效值来表示,有效值用大写的英文字母表示,如 I、U 等。

有效值是指如果一个交流电流通过一个电阻,在一个周期内所产生的热量与某一个直流电流在同样时间内在电阻上所产生的热量相等,就将此直流电流的数值定义为该交流电流的有效值。经过计算推导,正弦交流电的有效值与最大值之间的关系为

$$I = \frac{I_m}{\sqrt{2}} \approx 0.707 I_m$$

$$U = \frac{U_m}{\sqrt{2}} \approx 0.707 U_m \qquad (2-3)$$

在一般情况下所讲的交流电压和电流的大小,以及电器铭牌上标注的、电气仪表上所指示的数值都是有效值。

例如,我国的生活用电是 220 V 交流电,其最大值为 $U_m \approx \frac{220}{0.707} \text{ V} \approx 311 \text{ V}$。

【思考】

① 把一盏灯分别接在有效值为 220 V 的交流电源和 220 V 直流电源上,灯的亮度一样吗？

② 一只耐压为 220 V 的电容器能否接在有效值为 220 V 的交流电源上使用？

3. 相位、初相位和相位差

（1）相位

一个正弦交流电流完整的函数表达式为

$$i = I_m \sin(\omega t + \varphi_i)$$

式中,i 为瞬时值,I_m 为最大值,ω 为角频率,$(\omega t + \varphi_i)$ 代表了交流电流的变化进程,称为相位角,简称相位。

（2）初相位

在计时的起点,即 $t = 0$ 时的相位 φ_i 称为初相位。图 2-3 中的 i_1、i_2 分别表示两个不同初相位的正弦交流电流。

（3）相位差

相位差是指两个同频率的正弦交流电的相位之差。如图 2-3 所示,电流 i_1 的相位为 $(\omega t + \varphi_{i1})$,初相位为 φ_{i1}；电流 i_2 的相位为 $(\omega t + \varphi_{i2})$,初相位为 φ_{i2},两者之间的相位差为

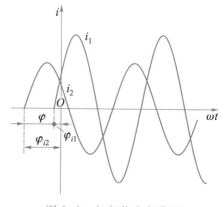

图 2-3　初相位和相位差

$$\varphi = (\omega t + \varphi_{i2}) - (\omega t + \varphi_{i1}) = \varphi_{i2} - \varphi_{i1} \qquad (2-4)$$

相位、初相位和相位差的单位一般用弧度(rad)。

由图 2-3 可见:

① i_1 和 i_2 的初相位不同,即它们达到正的(或负的)幅值与零值的时刻不同,说明它们随时间变化的步调不一致。

② 当两个同频率正弦量的计时起点改变时,它们的相位和初相位随之改变,但两者之间的相位差并不改变。这和当参考电位点改变时电路中各点的电位随之改变,而两点间的电压(电位差)并不改变的道理是一样的。

③ $\varphi_{i2} > \varphi_{i1}$(即 $\varphi > 0$),所以 i_2 较先到达正幅值,称为 i_2 超前于 i_1 φ 角,或者说 i_1 滞后于 i_2 φ 角。

④ 如果两个正弦量初相位相同,即相位差 $\varphi = 0$,则称为这两个正弦量同相,如图 2-4(a)所示。

⑤ 如果两个正弦量的相位差 $\varphi = \pi$,则称为这两个正弦量反相,如图 2-4(b)所示。

(二) 正弦交流电的矢量表示法

正弦交流电的表示方法一般有 3 种,即波形图、解析式和矢量图表示法。前两种表示方法在前面已经介绍了,在交流电路的分析与计算中,使用矢量表示法更加方便、直观。

绘制矢量表明其关系的图称为矢量图,如图 2-5 所示。该矢量代表电流 i,其长度为电流的最大值 I_m,矢量与 x 轴正向的夹角为该电流的初相位 φ_i(设 $\pi/2 > \varphi_i > 0$),并设矢量以角速度 ω 绕坐标原点按逆时针方向旋转。这样,一个正弦交流量的 3 个要素都可以用矢量图直观地表达出来。

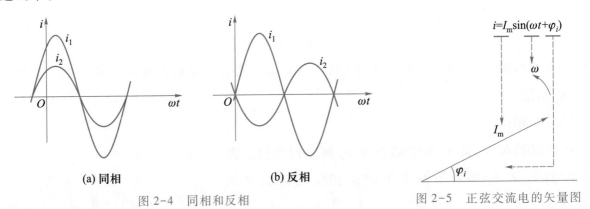

(a) 同相　　　　　　(b) 反相

图 2-4　同相和反相　　　　　　图 2-5　正弦交流电的矢量图

关于矢量图的几点说明:

① 由于矢量以角速度 ω 绕坐标原点按逆时针方向旋转,所以矢量图也称为旋转矢量图。但在实际应用中,由于在同一矢量图中所表示的各正弦量频率相同,它们按逆时针方向旋转的角速度相等,各矢量之间的相对位置(即相位差)不变,所以可将旋转矢量视为在 $t = 0$ 时刻的相对静止的矢量。

② 在实际作图时,不需要画出直角坐标系的坐标轴。规定矢量与 x 轴正向的夹角为正弦量的初相位,并规定逆时针方向的角度为正,顺时针方向的角度为负。

③ 矢量的长度可以表示正弦量的最大值,也可以表示有效值。

④ 注意矢量仅是正弦量的表示方法,并不是真正的正弦量。

例 2-1 有两个正弦交流电流,$i_1 = 3\sin(100\pi t - \pi/6)\,\mathrm{A}$,$i_2 = 4\sin(100\pi t + \pi/3)\,\mathrm{A}$,其波形图如图 2-6(a)所示,试画出它们的矢量图并求其相位差。

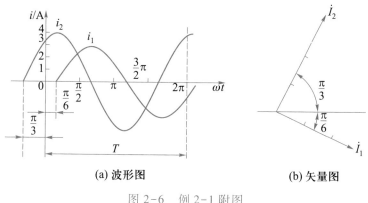

(a) 波形图   (b) 矢量图

图 2-6　例 2-1 附图

解: ① 按照波形图和解析式画出 i_1 和 i_2 的矢量图,如图 2-6(b)所示。

② $\varphi = \varphi_{i2} - \varphi_{i1} = \dfrac{\pi}{3} - \left(-\dfrac{\pi}{6}\right) = \dfrac{\pi}{2}$,由图 2-6 可见两个矢量的夹角为直角。

③ 由波形图和矢量图均可见 i_2 超前于 $i_1 \dfrac{\pi}{2}$。

三、电阻、电感和电容在交流电路中的特性

下面分析电阻、电感和电容这 3 种元件在交流电路中的特性。注意:所谓"纯××电路"是指只考虑该元件的主要电磁性质而忽略其他性质。例如,纯电感电路中的实际的电感元件含有电阻和分布电容,但在分析时将电阻和分布电容均忽略,只考虑其电感元件的性质。

（一）纯电阻电路

1. 电流与电压的关系

接在交流电源上的灯和电炉等用电设备,都可以看成是纯电阻电路,如图 2-7(a)所示。设电流的初相位为零(称为参考矢量)

$$i = I_{\mathrm{m}} \sin \omega t \tag{2-5}$$

根据欧姆定律有

$$u = Ri = RI_{\mathrm{m}} \sin \omega t = U_{\mathrm{m}} \sin \omega t \tag{2-6}$$

可见在纯电阻电路中有:

① 电流与电压的频率和相位均相同，如图 2-7(b)、(c)所示。

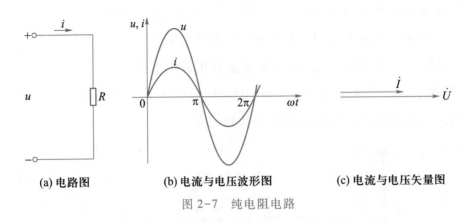

(a) 电路图　　　(b) 电流与电压波形图　　　(c) 电流与电压矢量图

图 2-7　纯电阻电路

② 电流与电压的最大值和有效值均符合欧姆定律

$$\frac{U_{\mathrm{m}}}{I_{\mathrm{m}}}=\frac{U}{I}=R \tag{2-7}$$

2. 电功率

（1）瞬时功率

瞬时功率就是元器件在每一瞬间所吸收（消耗）的电功率，瞬时功率为电压与电流瞬时值的乘积

$$p=ui=U_{\mathrm{m}}\sin\omega t \cdot I_{\mathrm{m}}\sin\omega t=U_{\mathrm{m}}I_{\mathrm{m}}\sin^2\omega t=UI\left(\frac{1-\cos 2\omega t}{2}\right) \tag{2-8}$$

如图 2-8 所示，由波形可见纯电阻电路的瞬时功率虽然随时间变化，但始终为正值（其波形始终在横坐标轴的上方），说明纯电阻电路总是吸收功率。

（2）平均功率

在工程上用瞬时功率的平均值来计算电路消耗的功率

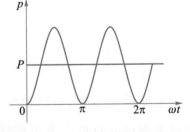

$$P=\frac{U_{\mathrm{m}}I_{\mathrm{m}}}{2}=UI=\frac{U^2}{R}=I^2R \tag{2-9}$$

图 2-8　纯电阻电路的功率

平均功率也称为有功功率，其单位是 W（瓦）。由式（2-7）和式（2-9）可见，在纯电阻的交流电路中，有功功率 P、电压与电流的有效值 U 和 I 的表现形式及计算公式表面上均与直流电路中一样，但应注意其物理意义有所不同。

（二）纯电感电路

1. 电流与电压的关系

纯电感电路如图 2-9(a)所示。设电流为参考矢量

$$i=I_{\mathrm{m}}\sin\omega t$$

经过理论推导可以得到

$$u = \omega L I_{\mathrm{m}} \sin(\omega t + \pi/2) = U_{\mathrm{m}} \sin(\omega t + \pi/2) \qquad (2-10)$$

可见在纯电感电路中：

① 电流与电压的频率相同。

② 电压在相位上超前于电流 $\pi/2$，如图 2-9(b)、(c)所示。

③ 电流与电压的最大值（或有效值）之间的关系为

$$\frac{U_{\mathrm{m}}}{I_{\mathrm{m}}} = \frac{U}{I} = \omega L = X_L \qquad (2-11)$$

式中，$X_L = \omega L = 2\pi f L$ 为电感的电抗，简称感抗。感抗 X_L 与频率 f（或 ω）、自感系数 L 成正比，感抗的单位是 Ω（欧）。

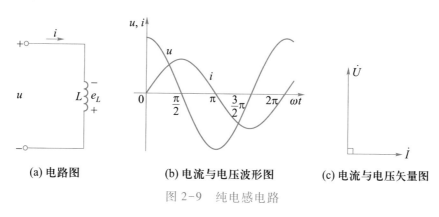

(a) 电路图　　　(b) 电流与电压波形图　　　(c) 电流与电压矢量图

图 2-9　纯电感电路

2. 电功率

（1）瞬时功率

纯电感电路的瞬时功率为

$$p = ui = U_{\mathrm{m}} \sin(\omega t + \pi/2) I_{\mathrm{m}} \sin \omega t = U_{\mathrm{m}} I_{\mathrm{m}} \cos \omega t \sin \omega t = UI \sin 2\omega t \qquad (2-12)$$

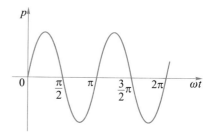

纯电感电路的瞬时功率波形如图 2-10 所示，由图可见在横坐标轴上方和下方的波形面积相等，说明电感元件并不消耗电能，是储能元件。当瞬时功率 $p > 0$ 时（波形在横坐标轴上方），电感从电源吸收电能并转换成磁场能量储存在电感中；当瞬时功率 $p < 0$ 时（波形在横坐标轴下方），电感将储存的磁场能量释放转换成电能送回电源；如此周而复始。

图 2-10　纯电感（纯电容）电路的瞬时功率波形

（2）平均功率

从波形图直观观察以及根据理论推导都可以知道：纯电感电路的平均功率（有功功率）$P = 0$。

（3）无功功率

在工程上用电感元件能量互换（瞬时功率）的最大值来衡量互换功率的大小，称为无功功率，用 Q 来表示

$$Q = UI = \frac{U^2}{X_L} = I^2 X_L \qquad (2-13)$$

为了与有功功率相区别,无功功率的单位采用 var(乏)或 kvar(千乏)。

例 2-2 有一只 500 mH 的线圈,接到 220 V 的工频交流电源上,求线圈的电流(有效)值和无功功率。

解:工频交流电源的频率 $f = 50\text{Hz}$,由此可得

$$X_L = \omega L = 2\pi f L = 2\pi \times 50 \times 0.5 \ \Omega \approx 157.1 \ \Omega$$

$$I = \frac{U}{X_L} = \frac{220}{157.1} \ \text{A} \approx 1.4 \ \text{A}$$

$$Q = UI = 220 \times 1.4 \ \text{var} = 308 \ \text{var}$$

(三)纯电容电路

1. 电流与电压的关系

电容器在一般情况下可以视为纯电容,将其接在交流电源上就构成纯电容电路,如图 2-11(a)所示。设电压为参考矢量

$$u = U_m \sin \omega t$$

经过理论推导可以得到

$$i = \omega C U_m \sin(\omega t + \pi/2) = I_m \sin(\omega t + \pi/2) \qquad (2-14)$$

可见在纯电容电路中:

① 电流与电压的频率相同。

② 电流在相位上超前于电压 $\pi/2$,如图 2-11(b)、(c)所示。

③ 电流与电压的最大值(或有效值)之间的关系为

$$\frac{U_m}{I_m} = \frac{U}{I} = \frac{1}{\omega C} = X_C \qquad (2-15)$$

式中,$X_C = \dfrac{1}{\omega C} = \dfrac{1}{2\pi f C}$ 为电容的电抗,简称容抗。容抗 X_C 与频率 f(或 ω)、电容量 C 成反比,容抗的单位也是 Ω(欧)。

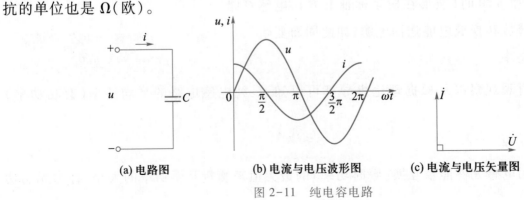

(a)电路图　　　　(b)电流与电压波形图　　　　(c)电流与电压矢量图

图 2-11　纯电容电路

2. 电功率

（1）瞬时功率

纯电容电路的瞬时功率为

$$p = ui = U_m \sin \omega t I_m \sin(\omega t + \pi/2) = U_m I_m \sin \omega t \cos \omega t = UI \sin 2\omega t \qquad (2-16)$$

比较式（2-16）与式（2-12）可见，纯电容电路与纯电感电路的瞬时功率的表达式是一样的，因此其波形也与图 2-10 所示的一致。可见电容元件也是不消耗电能的储能元件。

（2）平均功率

与纯电感电路一样，纯电容电路的平均功率（有功功率）$P = 0$。

（3）无功功率

$$Q = UI = \frac{U^2}{X_C} = I^2 X_C \qquad (2-17)$$

其单位也是 var(乏)或 kvar(千乏)。

例 2-3 有一只电容量为 50 μF 的电容器，接到 220 V 的工频交流电源上，求电容的电流（有效）值和无功功率。

解：工频交流电源的频率 $f = 50$ Hz，由此可得

$$X_C = \frac{1}{\omega C} = \frac{1}{2\pi f C} = \frac{1}{2\pi \times 50 \times 50 \times 10^{-6}} \ \Omega \approx 64 \ \Omega$$

$$I = \frac{U}{X_C} = \frac{220}{64} \ A \approx 3.4 \ A$$

$$Q = UI = 220 \times 3.4 \ \text{var} = 748 \ \text{var}$$

四、电阻与电感串联电路

（一）电流与电压关系

电阻与电感的串联电路如图 2-12(a)所示。

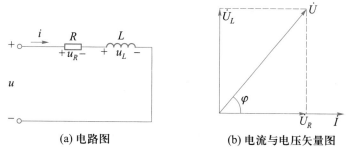

(a) 电路图　　　　(b) 电流与电压矢量图

图 2-12　电阻与电感串联电路

设电流为参考矢量

$$i = I_m \sin \omega t$$

根据推导可以得到

$$u_R = U_{Rm} \sin \omega t \tag{2-18}$$

$$u_L = U_{Lm} \sin(\omega t + \pi/2) \tag{2-19}$$

$$u = u_R + u_L = U_m \sin(\omega t + \varphi) \tag{2-20}$$

总电压的矢量为电阻电压矢量与电感电压矢量相加,如图 2-12(b)所示。总电压、电阻电压和电感电压的 3 个矢量组成一个直角三角形,电阻电压和电感电压的矢量分别为两条直角边,总电压的矢量为直角三角形的斜边,其长度为

$$U = \sqrt{U_R{}^2 + U_L{}^2} \tag{2-21}$$

与电阻电压矢量的夹角为

$$\varphi = \arctan \frac{U_L}{U_R} \tag{2-22}$$

由 3 个电压矢量构成的直角三角形称为电压三角形,如图 2-13(a)所示。

(二)阻抗

由式(2-21)可得

$$U = \sqrt{U_R{}^2 + U_L{}^2} = \sqrt{R^2 + X_L{}^2} \cdot I = ZI \tag{2-23}$$

式中,$Z = U/I = \sqrt{R^2 + X_L{}^2}$ 称为电阻和电感串联电路的阻抗,单位为 Ω(欧)。阻抗 Z、电阻 R 与感抗 X_L 也构成一个直角三角形,如图 2-13(b)所示,而且与电压三角形是相似三角形,称为阻抗三角形,R 与 X_L 的夹角也是 φ 角

$$\varphi = \arctan \frac{X_L}{R} \tag{2-24}$$

构成阻抗三角形的 3 条边不是矢量,所以阻抗三角形不是矢量三角形。

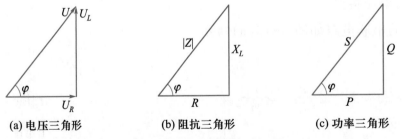

(a) 电压三角形　　　　(b) 阻抗三角形　　　　(c) 功率三角形

图 2-13　电阻与电感串联电路的 3 个三角形

(三)电功率

1. 有功功率

在电阻与电感串联电路中,只有电阻是消耗电能的元件,所以电路的有功功率就是电阻的有功功率

$$P = U_R I = UI\cos\varphi = UI\lambda \tag{2-25}$$

式中，$\lambda = \cos\varphi$ 称为电路的功率因数，φ 称为电路的功率因数角。

2. 无功功率

电路的无功功率就是电感的无功功率

$$Q = U_L I = UI\sin\varphi \tag{2-26}$$

3. 视在功率

电路中电流和总电压的乘积既不是有功功率，也不是无功功率，称为视在功率，用 S 来表示

$$S = UI \tag{2-27}$$

根据式（2-25）、式（2-26）和式（2-27）可以推导出

$$S = \sqrt{P^2 + Q^2} \tag{2-28}$$

由式（2-28）可见，S、P、Q 三个功率也构成一个功率三角形，如图 2-13（c）所示。它和阻抗三角形一样，也不是矢量三角形。而且功率三角形与电压三角形、阻抗三角形都是相似三角形，3 个三角形的夹角 φ 是一样的

$$\varphi = \arctan\frac{U_L}{U_R} = \arctan\frac{X_L}{R} = \arctan\frac{Q}{P} \tag{2-29}$$

视在功率表征的是电源的总容量，负载消耗的实际功率（有功功率）一般小于视在功率，由式（2-25）和功率三角形得

$$P = UI\lambda = S\lambda，即\ P/S = \lambda$$

可见有功功率在视在功率中的比例取决于负载的功率因数。

为了与有功功率和无功功率相区别，视在功率的单位采用 V·A 或 kV·A。

五、功率因数

（一）功率因数的概念

由式（2-25）和式（2-27）可得，功率因数 $\lambda = \cos\varphi = P/S$。由 $P = S\cos\varphi$ 可见，当视在功率一定时，提高功率因数就可以提高有功功率。

（二）提高功率因数的意义

提高功率因数的意义主要表现在两个方面：

1. 可以提高供电设备的利用率

提高功率因数，从而提高有功功率，可以使供电设备的容量得到充分利用。在理想状态下，$\cos\varphi = 1$，$S = P$，电源的容量得到完全利用；如果 $\cos\varphi = 0$，则 $S = Q$。功率因数一般在 0~1 之间，表 2-1 给出了常用负载的功率和功率因数。由表可见，各种负载接上电网使用后，整个电网的功率

因数就不可能等于 1。因此对于电源设备来说,就必须在输出有功功率的同时输出无功功率;输出总的电功率中,有功功率和无功功率各占多少,取决于负载的功率因数。因此在总功率 S 一定的情况下,负载的功率因数越高,电源输出的有功功率就越大,设备的利用率就越高。

表 2-1 常用负载的功率和功率因数

负载	功率 P/W	功率因数 $\cos\varphi$
荧光灯	6~40	0.34~0.52
音响设备	几至几十	0.7~0.9
电视机	几十至几百	0.7~0.9
400 mm 吊扇	66	0.91
电冰箱	60~130	0.24~0.4
家用洗衣机	90~650	0.5~0.6
家用空调器	1 000~3 000	0.7~0.9
电饭锅	300~1 400	1
Y 系列三相异步电动机	500~300 000	0.75~0.9

2. 可以减少在电源设备及输电线路上的电压降和功率损耗

在电源的额定电压 U 和电源输出的有功功率 $P = UI\cos\varphi$ 一定时, $\cos\varphi$ 越高,输电线路中的电流 I 就越小,则在电源设备及输电线路上的电压降和功率损耗也就越小。

(三)提高功率因数的方法

通过上面的分析知道,功率因数是供电系统中一个很重要的参数,因此提高功率因数对于供电系统有很重要的实际意义。常用的提高功率因数的方法有:

① 由于电网的大多数负载(如电动机)都是电感性负载,因此通常采用在电路中并联电容器的方法来提高电路的功率因数。应当指出,在实际应用中并不需要将功率因数提高到理想状态下的 1,一般只需要提高到 0.9~0.95 即可。因为再往上提高所需的电容量很大,设备的投资大而效益并不显著。另外当整个电路的功率因数接近于 1 时,可能会使电路产生谐振,危及电路的安全。

② 对于功率较大,转速不要求调节的生产机械(如大型水泵、空气压缩机、矿井通风机等),可采用同步电动机拖动。因为同步电动机在过励磁状态下工作时呈电容性,可以使电路的功率因数得到提高。

③ 设法提高负载自身的功率因数。如荧光灯的功率因数低主要是因为使用电感式镇流器,如果改用电子式镇流器,则其功率因数可以提高到 0.95 以上。

【思考】 电感性负载功率因数较低,采用并联补偿电容器的方法来提高功率因数,是否提高了负载本身的功率因数?

六、荧光灯电路的组成和工作原理

荧光灯是一种低压汞放电灯具,因为所发出的光接近于自然光,所以也称为日光灯。实际上荧光灯有日光色、冷白色和暖白色 3 种,除了直管形外还可以制成环形和 U 形等各种形状。荧光灯电路由灯管、镇流器和启辉器三部分组成,其中灯管如图 2-14(a)所示。

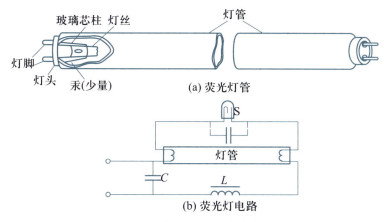

图 2-14　荧光灯管及荧光灯电路

1. 灯管

荧光灯的灯管一般是一支细长的玻璃管,灯管的两端各有一个密封的电极,灯管内充有低压汞蒸气及少量帮助启辉的氩气,灯管内壁涂有一层荧光粉。当灯管通电且灯丝加热到一定温度时发射电子,电子在电场的作用下高速碰撞汞原子,使其电离产生紫外线,紫外线激励管壁上的荧光粉使之发出大量可见光。

2. 镇流器

镇流器是一个带铁心的电感线圈,镇流器的作用一是与启辉器配合产生瞬间高电压使灯管点亮,二是在荧光灯正常工作时起限流作用。

3. 启辉器

在启辉器中有一个内充有氖气的小玻璃泡,里面装有一对电极:一个是固定的静触点,另一个是由双金属片制成的 U 形动触点。当启辉器通电后产生辉光放电使双金属片受热,由于双金属片的热膨胀系数不同,使之频繁地通、断电,起到自动开关的作用。与电极并联的小电容(电容量 0.005~0.02 μF)的作用一是保护两个电极(触点),二是减少启辉器频繁通、断产生的电磁波对附近的无线电设备的干扰。电容器往往容易击穿,可以去掉不用,不会影响荧光灯的正常工作。

4. 荧光灯的工作原理

荧光灯的点亮过程和工作原理如下:当如图 2-14(b)所示的电路接通电源时,电源电压几乎全部加在启辉器两端,启辉器两电极间产生辉光放电使双金属片受热膨胀而与静触点接触,电流经镇流器、灯丝和启辉器构成回路使灯丝预热。由于启辉器的两个电极接触使辉光放电停止,经过 1~3 s 后双金属片冷却,又与静触点分离;分离后又产生辉光放电使双金属片受热膨胀而与静触点接触……由此频繁地通、断电,可在镇流器两端产生较高的自感电动势(可达400~600 V),这个自感电动势与电源电压共同加在已预热的灯丝上,使灯丝发射大量的电子,并使灯管内的气体电离而放电,产生大量的紫外线激发灯管壁的荧光物质发出近似日光的光线。

荧光灯点亮后,启辉器不再动作,整个荧光灯电路可以等效为一个电阻(包括灯管的电阻和镇流器线圈绕组的电阻)和一个电感(镇流器)的串联电路。镇流器串联在电路中起降低灯管两端电压和稳定电流的作用,由于镇流器的电感较大,所以荧光灯电路的功率因数较低(一般低于 0.5,见表 2-1),可以采用并联电容器的方法来提高电路的功率因数。现在的电感镇流器已多被电子镇流器取代。

例 2-4 荧光灯电路是典型的电阻与电感串联电路,如果电路中灯管的电阻 R_1 为 250 Ω,镇流器的内电阻 R_2 为 50 Ω,电感为 1.42 H,电源为 220 V 工频交流电源,求电路的阻抗、电流,灯管两端的电压和镇流器两端的电压(可用感抗近似计算)、视在功率、有功功率、无功功率和功率因数。

解: 工频交流电源的 $f = 50$ Hz,电感 $L = 1.42$ H,电阻 $R = R_1 + R_2 = (250+50)\,\Omega = 300\,\Omega$

感抗:$X_L = \omega L = 2\pi f L = 2\pi \times 50 \times 1.42\ \Omega \approx 446.1\ \Omega$

阻抗:$Z = \sqrt{R^2 + X_L^2} = \sqrt{300^2 + 446.1^2}\ \Omega \approx 537.5\ \Omega$

电流:$I = \dfrac{U}{Z} = \dfrac{220}{537.5}\ \text{A} \approx 0.409\ \text{A}$

灯管两端电压:$U_1 = R_1 I = 250 \times 0.409\ \text{V} = 102.25\ \text{V}$

用感抗近似计算镇流器两端的电压:$U_2 = X_L I = 446.1 \times 0.409\ \text{V} \approx 182.45\ \text{V}$

视在功率:$S = UI = 220 \times 0.409\ \text{V} \cdot \text{A} = 89.98\ \text{V} \cdot \text{A}$

有功功率:$P = RI^2 = 300 \times 0.409^2\ \text{W} \approx 50.18\ \text{W}$

无功功率:$Q = X_L I^2 = 446.1 \times 0.409^2\ \text{var} \approx 74.62\ \text{var}$

功率因数:$\lambda = \cos\varphi = \dfrac{P}{S} = \dfrac{50.18}{89.98} \approx 0.558$

【思考】 为什么在例 2-4 中,$U_1 + U_2 \neq U$? $P + Q \neq S$?

七、常用电工工具的使用

(一)验电笔

验电笔是用于检验电路和电气设备是否带电的工具,一般有钢笔式和螺丝刀式两种,如

图 2-15 所示。使用时,注意手要接触到金属笔挂(钢笔式)或笔顶部的金属螺钉(螺丝刀式),使电流由被测带电体经验电笔和人体与大地构成回路(如图 2-16 所示)。只要被测带电体与大地之间的电压超过 60 V,验电笔的氖管就会启辉发光。

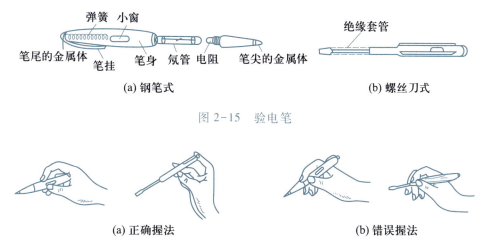

(a) 钢笔式   (b) 螺丝刀式

图 2-15　验电笔

(a) 正确握法   (b) 错误握法

图 2-16　验电笔的使用方法

使用验电笔应注意:

① 在每次使用前,应先在确认有电的带电体上检验验电笔能否正常验电,以免因氖管损坏造成误判,危及人身或设备安全。

② 手不要接触笔头的金属裸露部分,以免触电。

③ 观察时应将氖管窗口背光并面向操作者。

④ 螺丝刀式验电笔可以作为旋具使用,但注意不要用力过大以免损坏。

(二)螺丝刀

螺丝刀(也称为螺钉旋具)主要用于紧固或拆卸螺钉,也用于旋转电器的调节螺钉。螺丝刀的刀口有一字形和十字形两种,如图 2-17 所示,每种都有不同的规格。

(a) 一字形   (b) 十字形

图 2-17　螺丝刀

使用螺丝刀应注意:

① 应按螺钉的规格选择适当规格的螺丝刀。

② 注意用力平稳,推压与旋转应同时进行。

③ 在旋转带电的螺钉时,注意螺丝刀的金属杆不要接触人体及邻近的带电体,因此应在金属杆上套上绝缘套管。

④ 不能用螺丝刀进行凿、撬等操作,以免损坏。

（三）钢丝钳

钢丝钳的外形与结构如图 2-18(a) 所示,是电工最常用的工具之一,又称为电工钳或平口钳。钢丝钳的钳口可用于弯铰和钳夹电线头或其他物体,齿口用于旋动螺钉,刀口用于剪切电线、起拔铁钉或剥削电线的绝缘层等,铡口则用于铡断钢丝、铁丝等,如图 2-18(b)~(e) 所示。

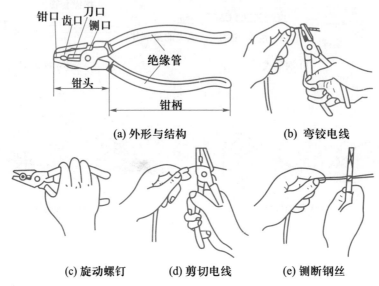

(a) 外形与结构　　　(b) 弯铰电线

(c) 旋动螺钉　　(d) 剪切电线　　(e) 铡断钢丝

图 2-18　钢丝钳的构造及使用

使用钢丝钳应注意:

① 电工用钢丝钳的手柄上套有耐压为 500 V 的塑料绝缘套,使用前应注意检查绝缘套是否完好,如果绝缘套有破损绝对不能使用。

② 在剪切电线时,不能将相线和中性线(或不同的相线)同时在同一个钳口切断,以免造成短路。

③ 不能把钢丝钳(或尖嘴钳、斜口钳、剥线钳)当作锤子使用。

电工使用的钳类工具还有尖嘴钳、斜口钳和剥线钳等,如图 2-19 所示。尖嘴钳还分为普通型和长嘴型两种,适宜在较狭窄的空间操作;斜口钳主要用于剪断线径较细的电线和电子元器件的引脚;剥线钳用于剥削电线的绝缘层。

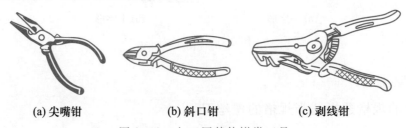

(a) 尖嘴钳　　　　(b) 斜口钳　　　　(c) 剥线钳

图 2-19　电工用其他钳类工具

（四）电工刀

电工刀是用于剖削或切割的常用工具,其外形和使用方法如图 2-20 所示,使用电工刀应注意:

① 其刀柄没有绝缘保护,所以不能带电操作。

② 应将刀口向外进行剖削,如图 2-20(b)所示。

③ 可在刀口的单面上磨出呈圆弧状的刀刃。在剖削电线的绝缘层时,应先以约 45°角度切入,如图 2-20(c)所示。然后在贴近金属线芯时再用其圆弧状刀面以约 15°角贴在线心上剖削,如图 2-20(d)所示,这样就不容易损伤线芯。

④ 不能将刀刃和刀尖作为螺丝刀使用或进行凿、撬操作,以免损坏。

⑤ 使用完毕应将刀身折入刀柄内。

常用的电工工具还有锤子(榔头)、固定扳手和活动扳手、剪刀、钢锯、台虎钳、台钻、冲击钻等。

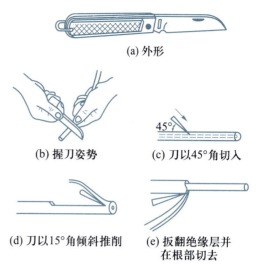

(a) 外形

(b) 握刀姿势　(c) 刀以45°角切入

(d) 刀以15°角倾斜推削　(e) 扳翻绝缘层并在根部切去

图 2-20　电工刀的外形及使用

工作步骤

步骤一:实训准备

完成学习任务 2.1 所需要的工具与器材、设备见表 2-2。

表 2-2　完成学习任务 2.1 所需要的工具与器材、设备明细表

序号	名称	型号	规格	单位	数量
1	单相交流电源		220 V、36 V、6 V		
2	直流稳压电源		0~12 V(连续可调)		
3	万用表	MF-47 型		个	1
4	交流电流表		0~0.5~1 A	个	1
5	单相功率表(低功率因数功率表)			个	1
6	功率因数(单相相位)表			个	1
7	30 W 荧光灯元件			套	1
8	电容器		400 V,2 μF;400 V,3.75 μF;400 V,4.75 μF	只	各1
9	一字形与十字形螺钉		各种规格		若干
10	接线				若干
11	电工电子实训通用工具		验电笔、锤子、螺丝刀(一字和十字)、电工刀、电工钳、尖嘴钳、剥线钳、镊子、小刀、小剪刀、活动扳手等	套	1

步骤二：常用电工工具的识别和使用

1. 认识电工工具

识别实训室提供的各种常用电工工具并了解其使用方法。

2. 验电笔的使用

① 用于识别相线和中性线。用验电笔测试通电的交流电路,使氖管发亮的是相线;在正常情况下,中性线是不会使氖管发亮的。

② 用于判断电压的高低。在测试时,可根据氖管发亮的亮度来估计电压的高低(实训时可用实验台上的交流调压器提供高、低不同的电压供测试)。

③ 用于识别直流电与交流电。当交流电流通过验电笔时,氖管里的两个电极同时发亮;当直流电流通过验电笔时,氖管里的两个电极只有一个发亮。由此可区分直流电与交流电。

④ 用于识别直流电的正、负极。把验电笔连接在直流电的正负极之间,使氖管发亮的一端即为正极。

3. 螺丝刀的使用

在废木板上使用螺丝刀紧固和拆卸不同规格的一字形和十字形螺钉,要求:

① 根据螺钉的种类和规格正确选择螺丝刀。

② 注意操作姿势,用力要均匀。

③ 注意安全操作,例如,在一只手旋动螺丝刀时,另一只手不要放在螺钉旁边,以免螺丝刀滑出不慎将手划伤。

4. 钢丝钳、尖嘴钳、斜口钳和剥线钳的使用

① 按图 2-18(b)、(c)、(d)、(e)所示进行弯铰电线、紧固螺母、剪切电线和铡切电线的练习。

② 使用尖嘴钳和斜口钳进行剪切线径较细的电线的练习。

③ 使用钢丝钳、尖嘴钳、斜口钳和剥线钳进行剥削电线绝缘层的练习。

④ 使用尖嘴钳将直径为 1~2 mm 的单股电线弯成直径为 4~5 mm 的圆弧形"接线鼻子"。

5. 电工刀的使用

① 按图 2-20(b)、(c)、(d)、(e)所示,使用电工刀对废旧塑料单芯硬电线进行剥削绝缘层的练习。

② 操作时要注意自己和他人的安全。

步骤三：荧光灯电路的安装与测量

① 在实验桌上按图 2-21 所示接线(在虚线处串入电流表),自行检查并经教师检查无误后方可接通电源,点亮荧光灯。

② 在灯管点亮时,测量电路的电流、电源电压和灯管与镇流器两端的电压,记录于表2-3中。

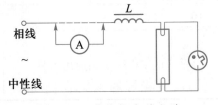

图 2-21　荧光灯实验电路

表 2-3　荧光灯电路电流与电压测量记录表

测量值				计算值		
U/V	U_R/V	U_L/V	I/A	Z/Ω	R/Ω	L/H

③ 按图 2-22 接入功率表(注意接法),接通电源待荧光灯点亮后,测量电路的有功功率,计算有功功率、总功率和功率因数并记录于表 2-4 中。

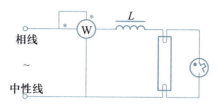

图 2-22　荧光灯功率测量电路

表 2-4　荧光灯功率测量记录表

测量值	计算值		
P/W	P/W	$S/(V \cdot A)$	$\cos\varphi$

步骤四:提高荧光灯电路的功率因数

按图 2-23 接入电流表和功率因数表(注意接法),接通电源待荧光灯点亮后,分别测量当并联 3 只不同的电容时,电路的电流和功率因数,并记录于表 2-5 中。

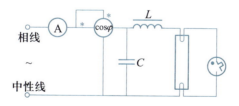

图 2-23　荧光灯功率因数测量电路

表 2-5　荧光灯功率因数测量记录表

$C/\mu F$	I/A	$\cos\varphi$	相位判断
2			
3.75			
4.75			

注意事项:

① 荧光灯的镇流器现一般已使用电子镇流器,但在本实训中为观察功率补偿的效果,仍使用电感式镇流器。

② 从本次实训的结果可以看出：在实际应用中并不需要将功率因数提高到理想状态的 1，一般只需要提高到 0.95 左右即可。由表 2-5 的实训记录可见，当分别并联上 2 μF 和 3.75 μF 的电容时，电路的功率因数逐步提高，电流逐步减小（想一想，为什么?）；而当并联上 4.75 μF 的电容时，功率因数反而（比并联 3.75 μF 电容时）下降，电流反而上升（想一想，为什么?）。实际上此时电路已处于过补偿的状态，电路呈电容性（相位上电流超前于电压）。

③ 接线后要认真检查电路，电路的元件和电表都不要接错。

④ 荧光灯在启动时电流较正常工作时要大，注意电流表的量程并注意观察电流表指针偏转的情况。

⑤ 在本次实训中，测量交流电压、电流、功率和功率因数时，除万用表外，交流电流表、功率表（低功率因数功率表）和功率因数表都是第一次使用。在使用中，应注意正确选用这 3 种电表的量程，正确接线（注意同名端的连接）和读数。

三相交流电
动势的产生

学习任务 2.2　安装室内配电线路

基础知识

一、三相交流电路

电力系统目前普遍采用的是三相交流电源供电，由三相交流电源供电的电路称为三相交流电路。所谓三相交流电路，是指由 3 个频率与最大值（有效值）均相同，在相位上互差 $\frac{2}{3}\pi$ 的单相交流电动势组成的电路。

（一）三相交流电源

1. 三相交流电动势

三相交流电路中的三相交流电动势表示如下

$$e_U = E_m \sin \omega t$$
$$e_V = E_m \sin(\omega t - 2\pi/3)$$
$$e_W = E_m \sin(\omega t + 2\pi/3)$$

（2-30）

三相交流电动势的波形图和矢量图如图 2-24 所示。

2. 三相四线制供电

如果将上述 3 个对称的三相交流电动势采用如图 2-25 所示的方式进行星形（也称 Y 形）

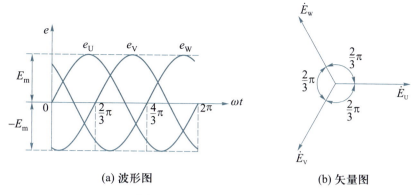

(a) 波形图   (b) 矢量图

图 2-24　三相交流电动势

联结,即 U、V、W 三相电源(可以是三相交流发电机或三相变压器的绕组)的首端 U1、V1、W1 以及 3 个末端 U2、V2、W2 接在一起的 N 端,共有 4 条引出线,这样的供电形式称为三相四线制。3 个首端的引出线称为相线(俗称火线);3 个末端的公共引出线用 N 表示,称为中性线(俗称零线)。如果只将 3 条相线引出而不引出中性线,这样的供电方式称为三相三线制。

采用三相四线制供电的好处是可以给负载提供两种电压:

① 相电压。如果将负载接在相线与中性线之间,负载得到的电压是相电压,用 U_P 表示,其参考方向规定为由相线指向中性线。3 个相电压分别为 U_U、U_V、U_W。

② 线电压。如果将负载接在任意两条相线之间,负载得到的电压是线电压,用 U_L 表示。3 个线电压分别为 U_{UV}、U_{VW}、U_{WU}。

3 个相电压和 3 个线电压均符合对称三相交流电的条件[即频率与最大值(有效值)均相同,相位上互差 $\dfrac{2\pi}{3}$],并且可以推算出:线电压的有效值为相电压有效值的 $\sqrt{3}$ 倍,在相位上分别超前于所对应的相电压 $\dfrac{\pi}{6}$,如图 2-26 所示。

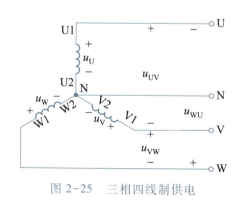

图 2-25　三相四线制供电

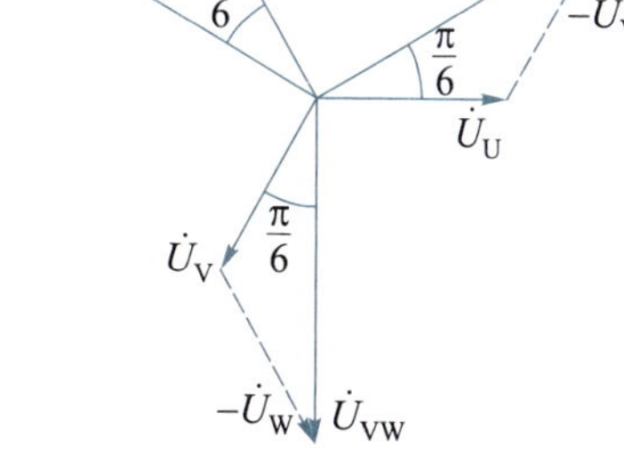

图 2-26　相电压与线电压的矢量图

例 2-5　目前普遍采用的三相四线制供电的线电压为 380 V,试求相电压。

解:

$$U_P = \frac{U_L}{\sqrt{3}} = \frac{380}{\sqrt{3}} \text{ V} \approx 220 \text{ V}$$

（二）三相负载及其连接

1. 三相负载

凡接到三相交流电路上的负载都称为三相负载。在实际应用中,三相负载分为两类:一类是必须使用三相电源的负载(如三相交流电动机、三相变压器等),这些三相负载每一相的阻抗都是完全相同的,所以称为三相对称负载;另一类是使用单相电源的负载(如各种日用电器和照明设备等),这类负载按照尽量使三相均衡的原则接入三相交流电路,但是三相负载的阻抗不可能做到完全相同,所以称为三相不对称负载。

2. 三相负载的星形联结

三相负载的星形联结如图 2-27 所示,图中 3 个单相负载 Z_1、Z_2 和 Z_3 分别接在 3 个相电压上,代表三相不对称负载;三相电动机接在 3 条相线上,代表三相对称负载。

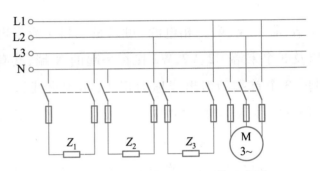

图 2-27　三相负载的星形联结示意图

先分析三相对称负载星形联结的情况,从图 2-28(a)所示的电路图可以看出:

① 每一相负载上承受的电压为相电压,已知相电压与线电压的数值关系为

$$U_{\mathrm{L}} = \sqrt{3}\, U_{\mathrm{P}} \tag{2-31}$$

② 通过每一相负载的电流(称为相电流 I_{P})等于对应相线上的电流(称为线电流 I_{L}),即

$$I_{\mathrm{P}} = I_{\mathrm{L}} \tag{2-32}$$

③ 因为是三相对称负载,各相的阻抗相同,所以各相的电流以及相电流与相电压之间的相位差 φ 也完全相同,即

$$I_{\mathrm{P}} = U_{\mathrm{P}} / Z \tag{2-33}$$

$$\varphi = \arctan X_{\mathrm{P}} / R_{\mathrm{P}} \tag{2-34}$$

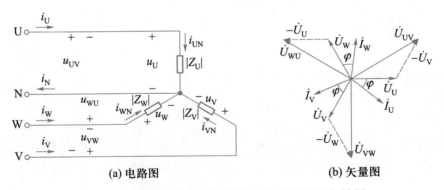

(a) 电路图　　　　　　　　　　(b) 矢量图

图 2-28　三相对称负载星形联结的电路图和矢量图

所对应的 U_{L}、U_{P} 与 I_{P} 的矢量图如图 2-28(b)所示。通过分析、计算以及矢量图可以知道,三相电流也是完全对称的。根据基尔霍夫电流定律,通过中性线的电流 I_{N} 应该是三相电流

之和(矢量和),当三相电流对称时,其矢量和为零,即中性线的电流 $I_N = 0$。

例2-6 有一台三相电动机采用星形联结,接到线电压为380 V的三相电源上,已知电动机每相绕组的等效电阻为80 Ω,电抗为60 Ω,试求相电流和功率因数。

解: 由例2-5可知,$U_L = 380$ V,$U_P = 220$ V

$$Z_P = \sqrt{R^2 + {X_L}^2} = \sqrt{80^2 + 60^2} \ \Omega = 100 \ \Omega$$

$$I_P = \frac{U_P}{Z_P} = \frac{220}{100} \text{A} = 2.2 \ \text{A}$$

$$\lambda = \cos\varphi = \frac{R_P}{Z_P} = \frac{80}{100} = 0.8$$

实际上,许多用电负载都是单相负载,尽管在设计与安装时,尽可能将这些单相负载均衡地分配在各相电源上,但因为各相负载的使用情况不可能完全一致(例如,各相负载的使用时间不一致,还可能接上临时性的负载等),所以常见的还是三相不对称负载。

三相不对称负载采用星形联结,因为负载的不对称,造成三相电流不对称,所以中性线电流就不为零,中性线的作用就是保证星形联结的不对称三相负载能保持基本对称的相电压。中性线要保证不会断开,因此不允许在中性线上安装开关和熔断器等装置,中性线本身的强度要比较好,接头也要比较牢固。

3. 三相负载的三角形联结

三相负载的三角形联结,就是将各相负载的首端与末端相连形成一个闭合回路,然后将3个连接点接到三相电源的3条相线上,如图2-29所示。

按照图2-29,并经过分析与推算可知,当对称的三相负载作三角形联结时:

① 各相负载所承受的电压为线电压,即

$$U_P = U_L \tag{2-35}$$

② 3个线电流 I_L 也是对称的,在相位上 I_L 滞后于对应的 $I_P \dfrac{\pi}{6}$,在数值上为 I_P 的 $\sqrt{3}$ 倍,即

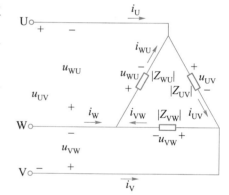

图2-29 三相负载的三角形联结

$$I_L = \sqrt{3} I_P \tag{2-36}$$

例2-7 如果例2-6中的三相电动机采用三角形联结接到线电压为380 V的三相电源上,试求相电流和线电流。

解: $U_P = U_L = 380$ V,由例2-6可知 $Z_P = 100$ Ω

$$I_P = \frac{U_P}{Z_P} = \frac{380}{100} \text{A} = 3.8 \ \text{A}$$

$$I_L = \sqrt{3} I_P = \sqrt{3} \times 3.8 \text{ A} \approx 6.6 \text{ A}$$

比较例 2-6 和例 2-7 结果可见,当三相电动机采用三角形联结时,相电压为星形联结时的 $\sqrt{3}$ 倍,相电流也为星形联结时的 $\sqrt{3}$ 倍,因为三角形联结时线电流又是相电流的 $\sqrt{3}$ 倍,因此采用三角形联结时的线电流是星形联结时的 3 倍。

（三）三相电功率

由于三相交流电路可以视为 3 个单相交流电路的组合,所以无论三相负载采用什么连接方式,也不论三相负载是否对称,三相电路的有功功率和无功功率都是各相电路的有功功率和无功功率之和,即

$$P = P_U + P_V + P_W \tag{2-37}$$

$$Q = Q_U + Q_V + Q_W \tag{2-38}$$

三相交流电路的视在功率为

$$S = \sqrt{P^2 + Q^2}$$

如果三相负载是对称的,则各相的有功功率、无功功率和视在功率都相等,则有

$$P = 3U_P I_P \cos\varphi$$

$$Q = 3U_P I_P \sin\varphi$$

根据三相负载的星形和三角形联结时相电压与线电压、相电流与线电流的关系,可以推算出

$$P = \sqrt{3} U_L I_L \cos\varphi \tag{2-39}$$

$$Q = \sqrt{3} U_L I_L \sin\varphi \tag{2-40}$$

$$S = \sqrt{P^2 + Q^2} = \sqrt{3} U_L I_L \tag{2-41}$$

由此得出结论:三相对称交流电路不论负载采用星形还是三角形联结,全电路的有功功率、无功功率和视在功率都可以用式(2-39)、式(2-40)和式(2-41)来计算。

例 2-8　例 2-7 中三相电动机采用星形联结和三角形联结时,计算其有功功率,从中可以得出什么结论?

解:（1）星形联结

$$U_L = 380 \text{ V}, \quad I_L = I_P = 2.2 \text{ A}$$

$$P = \sqrt{3} U_L I_L \cos\varphi = \sqrt{3} \times 380 \times 2.2 \times 0.8 \text{ W} \approx 1\ 158.4 \text{ W}$$

（2）三角形联结

$$U_L = 380 \text{ V}, \quad I_L = 6.6 \text{ A}$$

$$P = \sqrt{3} U_L I_L \cos\varphi = \sqrt{3} \times 380 \times 6.6 \times 0.8 \text{ W} \approx 3\ 475.2 \text{ W}$$

由此可见,在同样的线电压下,负载三角形联结所消耗的功率是星形联结的 3 倍(无功功

率和视在功率也是如此）。因此要注意正确连接负载,否则负载可能会因过载烧毁,也可能会因功率不足而无法正常工作。

二、室内配电线路的安装

（一）室内配线

1. 室内配线的基本知识

所谓室内配线是指对室内用电器具的供电电路的安装,包括室内线路的敷设、线路的固定与支持以及用电器具的安装等。

室内配线的分类有:

① 按结构要求分,可分为明敷设和暗敷设。明敷设是指线路沿着建筑物的墙壁、天花板等表面进行敷设;暗敷设是指线路在建筑物的地面、楼板和墙壁泥灰层下的敷设。

② 按敷线所用的材料分,可分为塑料护套线配线、线槽配线和线管配线等。下面将简单介绍线槽和线管配线的方法。

③ 按照用电设备分,可分为照明线路和动力线路的配线,这里主要介绍照明线路。

2. 线槽配线

线槽配线属于明敷设,是采用塑料槽板（PVC 槽板）配线,将导线敷设在线槽板内而固定在建筑物的墙壁或天花板表面。线槽配线要比塑料护套线配线和线管配线更美观、方便。由于线槽板是用阻燃材料制成的,所以还提高了线路的绝缘性能和安全防火性能。一般用于家居和办公场所的室内配线。

（1）选材

塑料线槽有多种,室内配电线路的明敷线一般采用矩形截面的线槽,如图 2-30 所示。线槽板还有几种宽度规格,可根据需要选用。

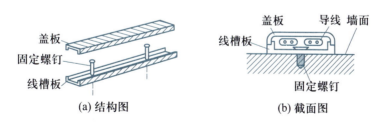

图 2-30　矩形线槽

（2）配线

采用线槽配线时,先按设计的线路走向将线槽板固定到建筑物的表面上,一般每隔 1 m 左右用一枚钢钉钉牢,如图 2-30(a)所示。如果是在大理石或瓷砖等不易钉钉子的墙面上布线,则可用强力胶将线槽板粘牢在墙壁上。固定线槽板时,要保持横平竖直、整齐美观。在导线

90°转向处,应将线槽板裁切成45°进行拼接,如图2-31(a)所示。同方向的并行走线可放入同一条线槽板内,转向时再分出。图2-31(b)所示为线槽板的分支连接。当线槽板与插座(开关、灯座等)盒连接时,在衔接处应无缝隙,如图2-32所示。在线槽板固定好、导线已置于槽板内,才将盖板盖到线槽板上并卡牢,布线即告完成。

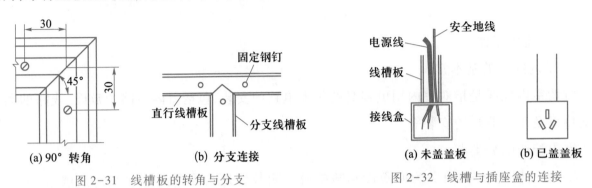

(a) 90°转角   (b) 分支连接   (a) 未盖盖板   (b) 已盖盖板

图 2-31　线槽板的转角与分支   图 2-32　线槽与插座盒的连接

3. 线管配线

线管配线可以是暗敷线,也可以是明敷线,这也是一种较常使用的室内配线方法。

（1）选材

线管配线可选用钢管,现在较多地选用硬塑料管(PVC管)。聚乙烯或聚氯乙烯硬塑料管具有良好的弹性和机械强度,便于弯曲,且具有阻燃性能,已被普遍应用在线管配线中。

选用硬塑料管管壁厚度一般不小于 3 mm。管径由所穿入的导线来决定,要求穿入管中的所有导线(含绝缘外层)的总截面积不能超过管子内截面积的40%,如图2-33所示。

（2）弯管与敷设

线管配线应尽量减少线管弯曲。如确需弯曲,弯管的角度一般不应小于90°,以便于线管穿线。硬塑料管可以局部加热弯曲,方法是将线管待弯曲部位靠近热源,旋转并前后移动局部加热,待管子略软后靠在木模上进行弯曲;如果没有木模也可将管子靠在较粗的木柱上进行弯曲,如图2-34所示。也可以徒手进行弯曲,或取一根直径比管径略小的弹簧(如拉力器上的长弹簧)插入管内,弯管后再抽出弹簧。不论采用什么方法,前提是不能将管子弯扁,造成穿线困难。

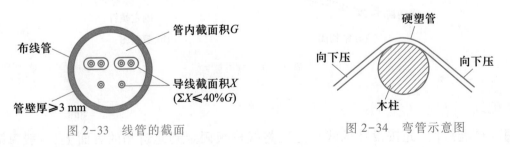

图 2-33　线管的截面   图 2-34　弯管示意图

如果是明敷线,可用管或管夹将线管固定,如图2-35(a)所示。如果是暗敷线,先按布线要求在建筑物墙壁表面开凿线槽,其宽度与深度应稍大于线管的直径,然后将穿好导线的线管埋入线槽并固定,最后用水泥或灰浆抹平线槽恢复墙面,如图2-35(b)所示。

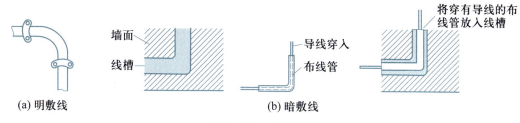

图 2-35　线管布线

4. 对导线接点的要求

为保证布线质量和用电安全,在线槽或线管中的导线不能有接头。对于必需的接头,可安排在插座、开关、灯头或接线盒内,如图2-36所示。

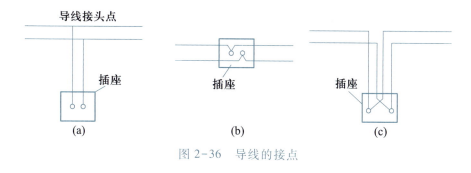

图 2-36　导线的接点

(二) 室内电器的安装

1. 平灯座的安装

平灯座有两个接线端,应该把连接灯座中心簧片面的接线端接到电源的相(火)线上,把连接灯座螺纹圈的接线端正接到中性(零)线上。

2. 开关的安装

① 开关的安装应按照"向上扳动接通电源,向下扳动切断电源"的规范。

② 平开关和拉线开关的安装都应该注意方向,平开关应让色点位于上方,拉线开关的拉线应自然下垂。

③ 照明开关应控制相线。

3. 插座的安装

插座是各种电器和用电设备的供电点,插座一般不用开关控制而直接接入电源,所以是始终带电的。插座有双孔、三孔和四孔 3 种,在室内照明电路中常用双孔和三孔的。插座的安装应注意两点:

① 双孔插座在水平排列时,应右孔接相线,左孔接中性线;双孔垂直排列时,应上孔接相线,下孔接中性线。

② 三孔插座的下面两孔是接电源线的,同样是右孔接相线,左孔接中性线;上孔是接保护接地线的,决不允许将该孔与下面左孔的中性线相连,因为一旦电源的中性线断开(或是电源

的中性线与相线接反)时,会造成电器的外壳等金属部分直接带电,不但起不到保护作用而且可能在正常情况下造成触电事故。单相三孔插座的接线如图2-37所示。

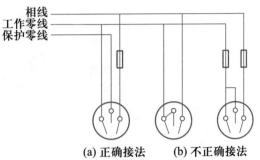

相线
工作零线
保护零线

(a) 正确接法　　(b) 不正确接法

图2-37　单相三孔插座接线法

4. 荧光灯的安装

荧光灯一般有灯座,其安装有吸顶式和悬吊式两种方法,安装时先把灯座装好再装上灯管。荧光灯的光通量在灯管中间部分最高,应注意将灯管中部置于被照面的正上方并尽可能使灯管与被照面保持平行,以获得较高的照度。

采用悬吊式安装时,当灯具的质量大于1 kg且小于3 kg时应采用链吊式,当灯具质量大于3 kg时应采用管吊式(教室里都采用管吊式),链吊式和管吊式都必须采用加固安装措施。

有关室内配线和电器安装的其他工艺及具体要求可查阅相关资料。

工作步骤

步骤一:实训准备

完成学习任务2.2所需要的工具与器材、设备见表2-6。

表2-6　完成学习任务2.2所需要的工具与器材、设备明细表

序号	名称	型号/规格	单位	数量	备注
1	单相交流电源	220 V、36 V、6 V			
2	万用表	MF-47型	个	1	
3	荧光灯组件	20 W 电子镇流器	套	1	带固定螺钉
4	荧光灯	9~13 W	只	1	
5	螺口平灯头	E27	只	1	
6	插座	118型	只	2	
7	开关	118型	只	2	
8	塑料圆台	YM-2型	只	1	4英寸PVC材料
9	明底装盒	118型	只	4	86 mm×118 mm×30 mm
10	PVC线管	ϕ16 mm、ϕ20 mm	根	各1	3 m/根
11	PVC壁疏	ϕ16 mm、ϕ20 mm	只	各6	
12	平头线卡	ϕ16 mm	只	10	
13	PVC线槽	20 mm×10 mmB、39mm×19 mmB、60 mm×40 mmA	根	各1	3 m/根
14	PVC线槽终端头	20 mm×10 mmB、60 mm×40 mmA	只	各1	

序号	名称	型号/规格	单位	数量	备注
15	行线槽	22 mm×30 mm	根	1	2 m/根
16	接线	BVR1.5 mm², BVR1.0 mm², BV1.5 mm²	扎	若干	各种颜色
17	自攻螺钉	φ3 mm×15 mm	只	2	安装螺口平灯头
18	螺钉	φ3 mm×20 mm	只	12	固定开关、插座和白板
19	电工电子实训通用工具	验电笔、榔头、螺丝刀(一字和十字)、电工刀、电工钳、尖嘴钳、剥线钳、镊子、小刀、小剪刀、活动扳手等	套	1	

步骤二:施工单

按照图 2-38、图 2-39 和图 2-40 完成室内配电电路的安装(照明配电箱部分留待项目 3 中完成)。

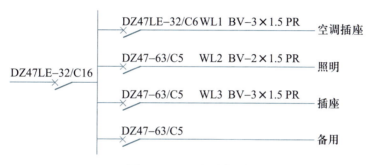

图 2-38 配电系统图

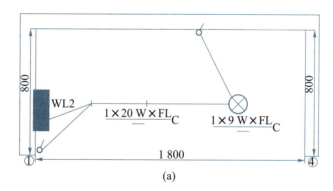

(a)

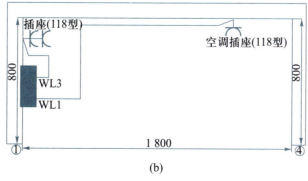

(b)

图 2-39 配电平面图

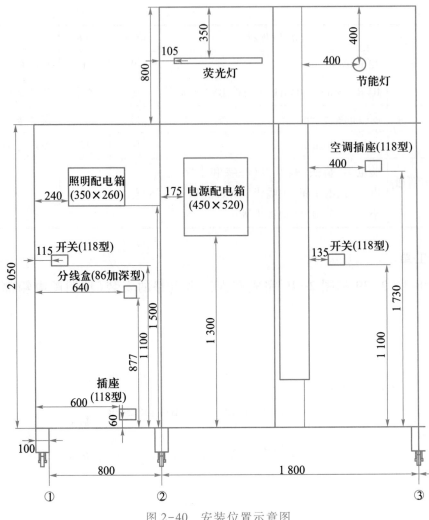

图 2-40　安装位置示意图

工艺要求:

1. 布线

① 按图纸要求布线,线槽和线管安装位置与图纸尺寸误差应小于±0.5 mm。

② 线路牢固、平整,无松脱、跌落现象。线槽固定牢固,全部上盖,末端要用终端头封堵。线管用管卡固定,要完全压入管卡中。

③ 在每段线槽的两端都应有固定点,槽宽 20~40 mm 可用一行螺钉固定,槽宽 60 mm 要用两行螺钉固定(可用并行式或错开式),固定点应呈一直线且间距一致(误差小于 5 mm)。线槽两端固定点与端部边距不小于 20 mm。

④ 线槽的直角转弯处应作 45°拼接;任意角转弯的角度应符合图纸要求,转弯角度偏差应小于 5°。线槽的接缝口均不大于 1 mm。

⑤ 线槽进盒(箱)处,底槽应伸入盒(箱)内并压紧,伸入开关、插座和灯具盒内的长度为 5~15 mm,伸入配电箱内的长度为 10~30 mm。槽盖与盒(箱)边的距离不能大于 1 mm。

⑥ 线管进盒(箱)、进线槽等均应符合有关工艺要求。

⑦ 线管的弯曲角度应≥90°,直角转弯处的偏差角度应小于5°。线管的弯曲处没有褶皱、凹穴和裂缝、裂纹,管的弯曲处弯扁的长度不大于管子外径的10%。

⑧ 直管的两端均有管卡固定,管卡的间距一致且合理。线管转弯处的两端应有对称的管卡固定,管卡对转弯点距离应在50~250 mm之间。

2. 电器安装与接线

① 开关、插座和灯具的安装位置均应符合图纸要求,误差不能超过5 mm,且应安装端正、牢固、不松动。

② 开关、插座和灯具均按图纸要求配线。配线颜色与照明配电箱相同(相线为黄、绿、红色,中性线为蓝色,地线为黄绿混色)。接线均符合安全要求。

3. 功能要求

通电后荧光灯和节能灯受控正常,两个插座电源正常。

步骤三:任务实施

① 以3~5人为一组,按照施工单的工作任务和工艺要求进行施工。

② 完成任务后,先自行检查,再由指导教师进行工艺检查和通电,最后进行功能检查。

拓展训练　三相交流电路的负载连接

步骤一:实训准备

完成本拓展训练所需要的工具与器材、设备见表2-7。

表2-7　完成本拓展训练所需要的工具与器材、设备明细表

序号	名称	规格	单位	数量
1	三相四线交流电源	380 V/220 V		
2	万用表	MF-47型	个	1
3	交流电流表	0、1 A、2 A	个	1
4	三相调压器	3 kV·A	个	1
5	三相电路实训电路板(带相关灯座和开关)		块	1
6	照明灯	220 V、36 W	盏	3
7	照明灯	220 V、24 W;220 V、12 W	盏	各1
8	接线			若干
9	电工实训通用工具	验电笔、榔头、螺丝刀(一字和十字)、电工刀、电工钳、尖嘴钳、剥线钳、活动扳手等	套	1

步骤二：三相负载的星形联结

① 按图 2-41 接线。经检查确保接线无误后,将三相调压器手柄旋至输出电压为零的位置,闭合三相电源闸刀开关 QS1 和 QS2。

② 调节三相调压器的手柄,使输出的相电压 $U_P = 220$ V。

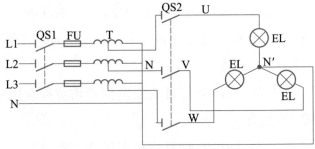

图 2-41　三相负载的星形联结电路图

③ 分别测量对称负载(3 盏照明灯均为 36 W)和不对称负载(3 盏照明灯分别为 36 W、24 W 和 12 W)两种情况下,各盏照明灯两端的电压 $U_{UN'}$、$U_{VN'}$、$U_{WN'}$,以及中性点之间的电压 $U_{NN'}$,各相负载的线电流 I_U、I_V、I_W 及中性线电流 I_N,并观察各种状态下照明灯的亮度(正常、过亮、过暗、不亮),将结果记录于表 2-8。

④ 断开中性线,重复步骤③的过程,将结果也记录于表 2-8 中。

⑤ 将调压器的输出电压降为零,并切断三相电源开关。

表 2-8　三相负载的星形联结测量记录表

电路状态		负载相电压			中性点电压	负载线电流			中性线电流	照明灯亮度		
		$U_{UN'}$ /V	$U_{VN'}$ /V	$U_{WN'}$ /V	$U_{NN'}$ /V	I_U /A	I_V /A	I_W /A	I_N /A	U 相	V 相	W 相
对称负载	有中性线											
	无中性线											
不对称负载	有中性线											
	无中性线											

步骤三：三相负载的三角形联结

① 按图 2-42 接线。经检查确保接线无误后,将三相调压器手柄旋至输出电压为零的位置,闭合三相电源闸刀开关 QS1 和 QS2。

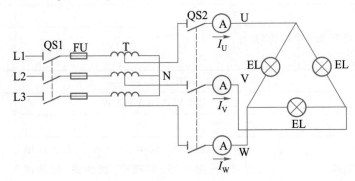

图 2-42　三相负载的三角形联结电路图

② 调节三相调压器的手柄,使输出的相电压 $U_p = 220$ V。

③ 分别测量对称负载(3 盏照明灯均为 36 W)和不对称负载(3 盏照明灯分别为 36 W、24 W和 12 W)两种情况下,各相负载的线电流 I_U、I_V、I_W,并观察各种状态下照明灯的亮度,将结果记录于表 2-9 中。

④ 将调压器的输出电压降为零,并切断三相电源开关。

表 2-9　三相负载的三角形联结测量记录表

电路状态	负载线电流			照明灯亮度		
	I_U/A	I_V/A	I_W/A	U 相	V 相	W 相
对称负载						
不对称负载						

【注意】

① 注意三相调压器要正确接线,调压器的中性点 N′ 必须与电源的中性线 N 连接。

② 本次实训的电压较高,应注意安全操作。接线后要认真检查电路,更换线路应先停电,严禁带电操作。

③ 在三相不对称负载星形联结且无中性线时,有的照明灯上的电压可能会超过 220 V,因此动作要迅速,尽量减少通电的时间,以免照明灯烧毁。

评价反馈

根据实训任务完成情况进行自我评价、小组互评、教师评价,评分值记录于表 2-10 中。

表 2-10　评　价　表

项目内容	配分	评分标准	自评	互评	师评
1. 安装布线工艺与质量	50 分	安装布线工艺与质量不符合要求,每处可酌情扣 1~3 分,例如: (1) 安装位置错误,每处扣 10~20 分;安装位置误差大,每处扣 2~5 分 (2) 电器和线路安装不牢固,线管未压入卡中,松脱;线槽固定不牢固,槽盖没盖好,每处扣 1~5 分 (3) 线管和线槽的固定、转弯、连接等不符合工艺要求,每处扣 3~5 分;误差偏大,每处扣 3~5 分 (4) 线槽的末端要用终端头封堵,缺一个扣 3 分			
2. 电路通电测试	30 分	(1) 通电后若发生跳闸、漏电等现象,可视事故轻重扣 10~20 分 (2) 通电后灯不亮,每处扣 5 分 (3) 通电后开关不起控制作用,每处扣 5 分 (4) 通电后插座电压不正常,每个扣 5 分 (5) 通电后检查插座接线错位,每处扣 3~5 分			

项目内容	配分	评分标准	自评	互评	师评
3. 安全、文明操作	20分	(1) 违反操作规程,产生不安全因素,可酌情扣 7~10 分 (2) 着装不规范,可酌情扣 3~5 分 (3) 迟到、早退、工作场地不清洁,每次扣 1~2 分			
总评分(自评分×30%+互评分×30%+师评分×40%)					

阅读材料　电容和电感元件

1. 电容元件

将两个导体电极中间用绝缘层隔开则构成一个电容器,电容器极板上的电荷量 Q 与其两极板间所加的电压成正比,即 $C=Q/U$。式中电容用大写英文字母 C 表示,电容的国际单位是 F(法),常用的更小的电容单位是 μF(微法)和 pF(皮法):1 F = 10^6 μF = 10^{12} pF。

当电压 U 一定时,电容器的电容量 C 越大,则电容器极板间储存电荷量 Q 就越多,电容器充放电的时间就越长。

常用电容元件分为电容值固定不变的固定电容器(如图 2-43 所示)和电容值可以在一定

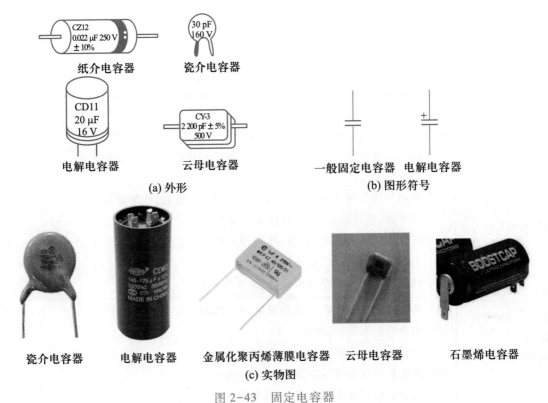

图 2-43　固定电容器

范围内调节的可变电容器(如图 2-44 所示)两大类。按照其介质材料的不同又可分为陶瓷、云母、塑料、纸质和电解电容器等多种。电容器在工程技术中应用很广泛,在电子线路中可用来隔直、滤波、旁路、移相和选频等;在电力系统中可用来提高电网的功率因数;在机械加工中可用作电火花加工。近年出现的石墨烯超级电容器,其单个电容器电容量可达几十到几百法。它比蓄电池体积更小、重量更轻,且不污染环境,是极具发展前途的一种储能元件,可作为超级电容无轨电车的能源,也可作为纯电动汽车的能源。

密封双联电容器　　聚苯乙烯可变电容器　　空气可变电容器

陶瓷微调电容器　　拉线微调电容器　　云母微调电容器

(a) 外形

可变电容器　　同轴可变电容器　　微调电容器

(b) 图形符号

陶瓷真空可变电容器　塑料单联可变电容器　半可变(微调)电容器　空气可变电容器

(c) 实物图

图 2-44　可变电容器

2. 电感元件

通常将一根导线绕制若干圈后构成的元件称为电感元件。电感元件是储能元件,能把电能转变为磁能。电感用大写英文字母 L 表示,电感的国际单位是 H(亨),常用的更小的电感单位是 mH(毫亨)和 μH(微亨):1 H = 10^3 mH = 10^6 μH。

在供电线路中,电感元件(或电感性负载)很多,如各种变压器、电动机和电磁铁等,如图 2-45 所示。电感元件有两大类,绕制在非铁磁性材料上的线圈称为空心电感线圈,如图 2-45(h)所示;在空心线圈内放置铁磁性材料制作成铁心的,称为铁心电感线圈。

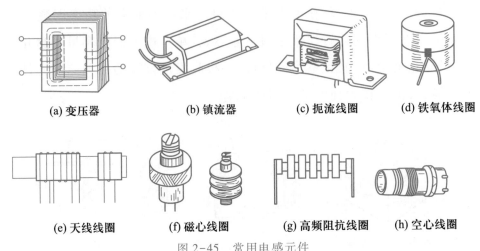

| (a) 变压器 | (b) 镇流器 | (c) 扼流线圈 | (d) 铁氧体线圈 |
| (e) 天线线圈 | (f) 磁心线圈 | (g) 高频阻抗线圈 | (h) 空心线圈 |

图 2-45　常用电感元件

如前所述,如果忽略电感元件的内电阻和分布电容,可视为一个"纯电感"元件,则在交流电路中并不消耗电功率,只是在元件与电源之间进行能量的互换。根据电感元件的这一特性,经常用它作为交流电路中的限流元件(而不采用电阻以避免对电能的损耗),如电焊机和交流电动机中的起动器,以达到既限制了电流又避免(或减少)了能量损耗的目的。

电感性负载在工作时,有相当一部分能量在与电源之间往返传递,所谓"无功功率"就是这部分能量互换的最大速率。这部分能量的互换占用了供电线路的相当容量,而又未能取得电源向负载输送能量的实际效果,因此需要设法减少供电容量中这一"无功"部分的比例。但是不要就此认为无功功率就是"无用"功率,因为在将电能作为能源的应用中,大量的电气设备(如在项目 3 和项目 7 中介绍的各种变压器、电动机等)都是依靠电磁感应的原理工作的,这些设备必须依靠磁场作媒介来传递或转换能量,因此电源必须为它们提供一定的无功功率,以建立起其工作磁场。

项 目 小 结

1. 交流电是指电流的大小和方向都随时间作周期性变化,而正弦交流电是指电流的大小和方向随时间按正弦规律作周期性变化。正弦交流电的三要素是指频率(角频率、周期)、最大值(有效值)和初相位这 3 个要素。

正弦交流电的表示方法有波形图、解析式和矢量图 3 种,在对正弦交流电路进行分析计算时经常用的是矢量图表示法。

2. 纯电阻、纯电感和纯电容的交流电路可称为单一参数电路,电路的基本性质和相互关系可归纳为表 2-11。

表 2-11　单一参数电路的基本性质和相互关系

物理量	纯电阻电路	纯电感电路	纯电容电路	RL 串联电路
电阻或电抗	电阻 R	感抗 $X_L = \omega L$	容抗 $X_C = 1/\omega C$	阻抗 $Z = U/I = \sqrt{R^2 + X_L^2}$
u、i 的大小关系	$U = RI$	$U = X_L I$	$U = X_C I$	$U = \sqrt{U_R^2 + U_L^2} = \sqrt{R^2 + X_L^2}\, I = ZI$
u、i 的相位关系	电压与电流同相	电压超前于电流 $\pi/2$	电流超前于电压 $\pi/2$	电压超前于电流 φ，$\varphi = \arctan \dfrac{X_L}{R}$
有功功率 P	$P = UI = RI^2$ $= U^2/R$	0	0	$P = U_R I = UI\cos\varphi$
无功功率 Q	0	$Q = UI = X_L I^2$ $= U^2/X_L$	$Q = UI = X_C I^2$ $= U^2/X_C$	$Q = U_L I = UI\sin\varphi$
视在功率 S				$S = UI$　$S = \sqrt{P^2 + Q^2}$
功率因数 λ	$\lambda = 1$	$\lambda = 0$	$\lambda = 0$	$\lambda = \cos\varphi = P/S$、$1 > \lambda > 0$

3. 实际的电感元件相当于一个纯电阻与一个纯电感的串联电路。在纯电阻电路中,因为只有耗能元件电阻,所以电压与电流的相位差 $\varphi = 0$(同相),电路只有有功功率,无功功率为零,功率因数 $\lambda = 1$;在纯电感电路中,因为只有储能元件电感,所以电压与电流的相位差 $\varphi = \pi/2$(电压超前于电流),电路只有无功功率,有功功率为零,功率因数 $\lambda = 0$;而在 RL 串联电路中,因为既有耗能元件电阻,又有储能元件电感,所以电压与电流的相位差 $\pi/2 > \varphi > 0$(电压超前于电流),电路既有有功功率又有无功功率,功率因数 $1 > \lambda > 0$。现将 RL 串联电路的特性与基本关系也列入表 2-13 中,以利于比较。

从 $\lambda = \cos\varphi = P/S$ 看,功率因数是有功功率 P 与视在功率 S 的比值,所以在供电设备容量(即视在功率)S 一定的情况下,功率因数越高,有功功率 P 就越大,供电设备的容量越能得到充分利用。因此功率因数是供电系统中一个很重要的参数,提高功率因数对于供电系统有很重要的实际意义。

4. 三相交流电路是由 3 个频率与最大值(有效值)均相同,在相位上互差 $2\pi/3$ 电角度的单相交流电动势所组成的电路。采用三相四线制供电可以使负载得到相电压和线电压两种电压,线电压的有效值为相电压的 $\sqrt{3}$ 倍,在相位上分别超前于所对应的相电压 $\pi/6$。如目前普遍采用的三相四线制供电的线电压为 380 V,相电压为 220 V。

三相负载分为对称负载和不对称负载两类,负载的连接方式也有星形联结和三角形联结两种。本项目介绍了对称和不对称负载的星形联结、对称负载的三角形联结 3 种电路,现列于表 2-12 中进行比较。

表 2-12　三相负载的连接

电量	三相对称负载的星形联结	三相不对称负载的星形联结	三相对称负载的三角形联结
电压	$U_L = \sqrt{3}\,U_P$	$U_L = \sqrt{3}\,U_P$	$U_L = U_P$
电流	$I_L = I_P$，三相电流对称，中性线电流为零	$I_L = I_P$，三相电流不对称，中性线电流不为零	$I_L = \sqrt{3}\,I_P$
有功功率 P	$P = \sqrt{3}\,U_L I_L \cos\varphi$	$P = P_U + P_V + P_W$	$P = \sqrt{3}\,U_L I_L \cos\varphi$
无功功率 Q	$Q = \sqrt{3}\,U_L I_L \sin\varphi$	$Q = Q_U + Q_V + Q_W$	$Q = \sqrt{3}\,U_L I_L \sin\varphi$
视在功率 S	$S = \sqrt{P^2 + Q^2} = \sqrt{3}\,U_L I_L$	$S = \sqrt{P^2 + Q^2}$	$S = \sqrt{P^2 + Q^2} = \sqrt{3}\,U_L I_L$

练习题

一、填空题

1. 正弦交流电的三要素是＿＿＿＿＿＿＿、＿＿＿＿＿＿＿和＿＿＿＿＿＿＿。

2. 我国的供电电源频率（工频）为 50 Hz，其周期为＿＿＿＿，角频率为＿＿＿＿＿＿。

3. 交流电压 $u = 220\sqrt{2}\sin(314t + 60°)$ V，则该交流电压的最大值 $U_m = $＿＿＿V，频率 $f = $＿＿＿Hz，初相位 $\varphi_0 = $＿＿＿＿，用电压表测量该交流电压时，$U = $＿＿＿＿V。

4. 将 $C = 200/\pi$ μF 的电容接入 $f = 100$ kHz 的交流电路，容抗 $X_C = $＿＿＿＿Ω；将 $L = 5$ mH 的线圈接入 $f = 100$ kHz 的交流电路，感抗 $X_L = $＿＿＿＿Ω。

5. 在同一坐标系中表示纯电阻电路电压和电流的有效值矢量，正确的应是图 2-46 中的＿＿＿图。

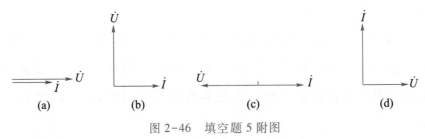

图 2-46　填空题 5 附图

6. 已知一个线圈的电阻为 2 Ω，电感为 4.78 mH，现将其接入 $u = 220\sqrt{2}\sin(314t + 60°)$ V 的交流电路中，则电流 i 的瞬时值表达式为＿＿＿＿＿＿＿＿＿＿＿＿＿＿。

7. 一个电感线圈接到电压为 120 V 的直流电源时，电流为 20 A；接到频率为 50 Hz、电压为 220 V 的交流电源时，电流为 22 A。则线圈的电阻 $R = $＿＿＿Ω，电感 $L = $＿＿＿＿mH。

8. 三相对称的交流电动势是指 3 个交流电动势频率＿＿＿＿＿＿，最大值＿＿＿＿＿＿，在相位上＿＿＿＿＿＿＿。

9. 三相负载的额定电压为 220 V，当电源的额定线电压为 380 V 时，应将三相负载接成

_____形;当电源的额定线电压为 220 V 时,应将三相负载接成_____形。

10. 三相对称负载三角形联结,线电流 I_L 在相位上滞后于对应的相电流 I_P_____,在数值上为 I_P 的____倍。

11. 三相对称负载连接如图 2-47 所示,在图 2-47(a)中,电压表 V1 的读数为 220 V,则电压表 V2 的读数为_____V;在图 2-47(b)中,电流表 A1 的读数为 22 A,则电流表 A2 的读数为_____A。

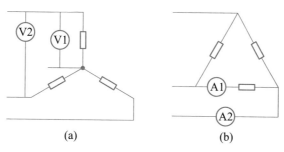

(a)   (b)

图 2-47 填空题 11 附图

二、选择题

1. 交流电是指(   )。

A. 电流的大小和方向都不变化

B. 电流的大小随时间变化,但方向不变化

C. 电流的大小和方向都随时间作周期性变化

2. 有两个同频率的正弦交流电流,i_1 的初相位为 $\pi/4$,i_2 的初相位为 $-\pi/4$,则(   )。

A. i_1 超前 i_2 $\pi/2$ B. i_1 超前 i_2 $\pi/4$ C. i_1 滞后 i_2 $\pi/2$

3. 正弦交流电的最大值是有效值的(   )倍。

A. 2   B. $\sqrt{3}$ C. $\sqrt{2}$

4. 用电表测量正弦交流电路的电压或电流,在表盘上指示的数值是(   )。

A. 最大值   B. 瞬时值   C. 有效值

5. 电路中的储能元件是(   )。

A. 电阻   B. 电感   C. 电容

6. 在正弦交流电路中,纯电容两端的电压与电流的正确关系式是(   )。

A. $I = U\omega C$ B. $I = U/\omega C$ C. $I = U/C$

7. 在纯电容正弦交流电路中,下列关系式正确的是(   )。

A. $i = \dfrac{u}{X_C}$ B. $I = \dfrac{U_m}{X_C}$ C. $I = \dfrac{U}{X_C}$

8. 一个纯电阻与一个纯电感相串联,测得电阻的电压为 40 V,电感电压为 30 V,则串联电路的总电压为(   )。

A. 50 V   B. 60 V   C. 70 V

9. 已知电路的电压 $u=U_m \sin(\omega t + \pi/3)$ V，$i=I_m \sin(\omega t + \pi/6)$ A，则电路的性质为（　　　）。

A. 电感性   B. 电容性   C. 电阻性

10. 电阻、电容和电感元件并联接到正弦交流电源上，当电源的频率升高时，通过电阻的电流（　　），通过电容的电流（　　），通过电感的电流（　　）。

A. 增大   B. 减小   C. 不变

11. 交流电路中有功功率的单位是（　　），无功功率的单位是（　　），视在功率的单位是（　　）。

A. W   B. var   C. V·A

12. 已知某单相交流电路的视在功率为 10 kV·A，无功功率为 8 kvar，则该电路的功率因数为（　　）。

A. 0.4   B. 0.6   C. 0.8

13. 三相对称负载是指每一相的（　　）完全相同。

A. 电阻   B. 电抗   C. 阻抗

14. 三相对称负载星形联结，其线电压 U_L 在数值上为相电压 U_P 的（　　）倍。

A. 3   B. $\sqrt{3}$ C. $\sqrt{2}$

15. 在同样的线电压下，负载三角形联结所消耗的功率是星形联结的（　　）倍。

A. 3   B. $\sqrt{3}$ C. $\sqrt{2}$

16. 对称的三相负载连接在线电压为 380 V 的电源上，如图 2-48 所示。这时每相负载的电压为（　　）。

A. 660 V   B. 380 V   C. 220 V

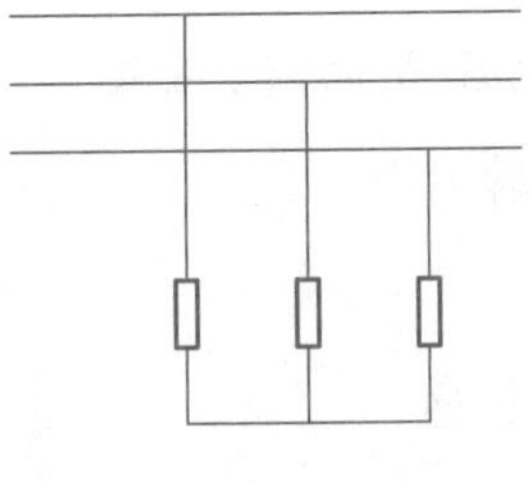

图 2-48　选择题 16 附图

三、判断题

1. 大小随时间作周期性变化但方向不改变的电流也是交流电流。　　　　　　　　　　（　　　）

2. 只有同频率的正弦量才能在同一相量图上表示并用相量进行计算。　　　　　　　（　　　）

3. 只有同频率的正弦量才能讨论它们的相位关系。　　　　　　　　　　　　　　　（　　　）

4. 正弦交流电的最大值是随时间变化的。　　　　　　　　　　　　　　　　　　　（　　　）

5. 用交流电压表测得某元件两端的电压为 10 V，则该电压的最大值为 10 V。　　　（　　　）

6. 将电阻值为 R 的电阻接在电压为 220 V 的直流电源上和接在电压有效值为 220 V 的交流电源上,在相同的时间内,产生的热量是相同的。 （　　）

7. 电阻元件上电压、电流的初相位都一定是零,所以它们是同相的。 （　　）

8. 电感元件在直流电路中不呈现感抗,是因为此时电感量为零。 （　　）

9. 电容元件在直流电路中相当于开路,是因为此时容抗为无穷大。 （　　）

10. 连接在交流电路中的线圈,当交流电压的最大值保持不变时,若交流电的频率越高,通过线圈中的电流就越大。 （　　）

11. 无功功率是平均不做功,即平均功率为零,所以是无用功率。 （　　）

12. 提高电路的功率因数就是提高负载本身的功率因数。 （　　）

13. 在供电线路中,经常用电容器对电感电路的无功功率进行补偿。 （　　）

14. 在 RL 串联的交流电路中,阻抗三角形、电压三角形、功率三角形是相似三角形。 （　　）

15. 对两个电路进行测量,如果电压表、电流表的读数均相等,则此两个电路的有功功率、无功功率及视在功率也一定相等。 （　　）

16. 三相电源电压对称,作星形联结的三相负载也对称时,中性线上的电流为零。（　　）

17. 采用三相四线制供电,作星形联结的三相负载不论对称或不对称,中性线上的电流均为零,因此中性线实际上可以省去。 （　　）

18. 三相不对称负载的总功率也是 $P = \sqrt{3}\, U_\text{L} I_\text{L} \cos\varphi$。 （　　）

四、综合题

1. 电阻与电感串联电路 $R = 3\ \Omega$,$X_L = 4\ \Omega$,交流电路的电压 $u = 50\sqrt{2} \sin 314t$ V,求:

（1）电路电流的有效值 I。

（2）电路的有功功率 P、无功功率 Q 和视在功率 S。

（3）电路的功率因数 $\cos\varphi$。

2. Y-160L-4 型三相异步电动机采用三角形联结,$U_\text{L} = 380$ V,$\cos\varphi = 0.85$,输入功率 $P_1 = 16.95$ kW,求 I_L、I_P。

3. 某台三相异步电动机采用三角形联结,$U_\text{L} = 380$ V,$\cos\varphi = 0.87$,$I_\text{L} = 19.9$ A,求电源供给电动机的有功功率 P_1。如果这台电动机改为星形联结,电源线电压 U_L 不变,求此时电动机的线电流 I_L 和有功功率 P_1。

五、学习记录与分析

复习记录于表 2-3、表 2-4 和表 2-5 中的数据,并进行分析、比较。

项目 3　电能的生产与计量——安装电能表及照明配电箱

引导门

从本项目开始学习电工的应用技术。我们日常使用的电能是如何产生的？如何输送到需要用电的地方？在本项目中了解电能的生产与输送技术。

学习目标

通过学习电能的生产与输送技术,学会安装电能表和照明配电箱。

应知

① 了解电力的生产、输送和分配。

② 掌握变压器的工作原理和主要用途。

应会

认识家用单相电能表;学会安装家用照明配电箱。

学习任务 3.1　认识与安装单相电能表

基础知识

一、电力的生产

(一) 电能的特点

自然界的能源可分为一次能源和二次能源两类,一次能源是指自然界中现成存在的可直接利用的能源,如煤、石油、天然气、风、水、太阳能、地热、核能等能源;二次能源是指由一次能源加工转换而成的能源,包括电能和燃油等。

自然界存在着电能,如打雷闪电时产生的电能,但人们至今还未能直接开发利用自然界存在的电能。人类今天利用的所有电能都是由其他形式的能源转换而来的,因此说电能属于二次能源。电能与其他能量之间的相互转换如图 3-1 所示。

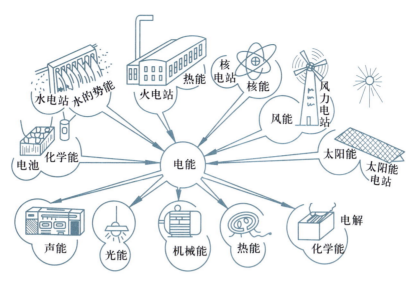

图 3-1　电能与其他能量之间的相互转换

与其他形式的能源比较,电能具有以下几个方面的特点:

① 便于转换。电能可以很方便地由其他形式的能源(如热能、水的势能、各种动能、太阳能、原子能等)转换而成。同时,电能也很容易转换成其他形式的能量而被利用。

② 便于输送。电能可以通过输电线很方便且经济、高效地输送到远方。

③ 便于控制和测量。电能可实现远距离的精确的控制和测量,实现生产的高度自动化。

④ 电能的生产、输送和使用比较经济、高效、清洁、污染少,有利于节能和保护环境。

(二) 电力的生产

目前电力的生产主要有以下 3 种方式:

1. 火力发电

火力发电的基本原理是通过煤、石油和天然气等燃料燃烧来加热水,产生高温、高压的蒸汽,再用蒸汽来推动汽轮机旋转并带动发电机发电。

火力发电的优点是电厂的投资较少,建厂速度快;缺点是耗能大、发电成本高且对环境污染较严重。目前我国仍以火力发电为主,70%以上的电力依靠火力发电产生。

2. 水力发电

水力发电的基本原理是利用水的落差产生的势能和流量去推动水轮机旋转并带动发电机发电。其优点是成本低,没有环境污染。但由于水力发电的条件是要集中大量的水并形成水位的落差,所以受自然条件影响较大,投资较大且建厂速度慢。

3. 核能发电

核能发电的基本原理是利用原子核裂变时释放出来的巨大能量来加热水,产生高温、高压的蒸汽,去推动汽轮机并带动发电机发电。它与火力发电极其相似。只是以核反应堆及蒸汽发生器来代替火力发电的锅炉,以核裂变能代替矿物燃料的化学能。除沸水堆外,其他类型的动力堆都是一回路的冷却剂通过堆心加热,在蒸汽发生器中将热量传给二回路或三回路的水,然后形成蒸汽推动汽轮发电机。沸水堆则是一回路的冷却剂通过堆心加热变成 70 个大气压左右的饱和蒸汽,经汽水分离并干燥后直接推动汽轮发电机。

核能发电消耗的燃料少,发电的成本较低。但建设核电站的技术等各方面条件要求高,投资大且建设周期长,而且还存在着核污染的问题。例如,1986 年 4 月在苏联发生的切尔诺贝利核电站的事故,以及 2011 年 3 月日本福岛核电站由于受地震引发的核泄漏,以遭受核辐射的遇难者及不能再恢复的环境为惨痛代价,促使人们从珍惜生命和保护环境为重的立场出发,认真考虑建设核电站必须首先解决防止核污染、防止核武器转移及处理核废料等问题。

二、电力的输送和分配

(一) 供电系统

供电系统是指从电源线路入端起到高、低压用电设备进线端止的整个电路系统,包括用电设备所有部门内部的变配电所和所有高低压供配电线路。

由于发电厂一般建在能源产地或交通运输比较方便的地方而远离电能消费中心,所以需要通过供电系统进行远距离的输送电能。从输电的角度来看,根据三相电功率的公式 $P = \sqrt{3}\,UI\cos\varphi$ [式(2-39)],在输送功率 P 和负载功率因数 $\cos\varphi$ 一定时,输电线路上的电压 U 越高,则电流 I 就越小,这不仅可以减小输电线的截面积,节约线材,而且可以减小输电线路的功率损耗。因此目前世界各国在输、配电方面都朝建立高电压、大功率的电力网系统方向发展,以便集中输送、统一调度和分配电能。这就促使输电线路的电压由高压(110~220 kV)向超高压(330~750 kV)和特高压(750 kV 以上)不断升级。目前我国高压输电的最高电压等级为 1 100 kV,居世界领先水平。但从用电的角度来看,为了安全和降低设备的成本,则希望电压低一些为好。因此采用高压输电、低压配电的方式。

如图 3-2 所示,大型的用电企业一般采用的是电网 35~110 kV 的进线,设置在总降压变电所的电力变压器把 35~110 kV 的高压降至 6~10 kV 的电压等级,通过高压母线和高压干线输送到下一级的变电所,由电力变压器变换成 380 V/220 V 电压,再经低压母线和干线分别输送到配电室或配电柜上,分配给具体的用电设备。

而对于中、小型用电企事业单位,进线电压一般为 6~10 kV,因此只需要设一个变电所,高

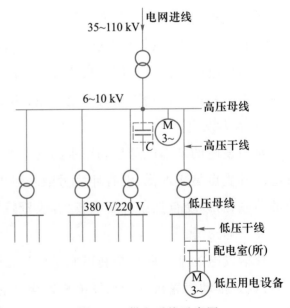

图 3-2 供电系统示意图

一级的变电所由供电部门统一设置和管理。通常为了提高供电的可靠性,可用来自两个不同的高一级的变电所提供的 6~10 kV 电源进线,通过隔离开关后送到电力变压器的输入端。

对于小型用电单位,则一般只设一个简单的降压变电所。而对于用电量在 100 kV·A 以下的单位,供电部门采用 380 V/220 V 低压供电方式,用户只需设一个低压配电室即可。

(二)供电质量

供电质量包括供电的可靠性、电压质量、频率质量及电压波形质量等 4 个方面。

1. 供电的可靠性

供电的可靠性用事故停电到恢复供电所需时间的长短来衡量。供电部门在向用户供电时,根据用户负荷的重要性、用电需求量及供电条件等多方面考虑确定供电的方式,以保证供电质量。电力负荷通常分为三类:

① 一类负荷。一类负荷是指当停电时可能引起人身伤亡、造成重大政治影响、设备损坏、产生事故或混乱的场所,如医院、地铁、重要军事及政府机关部门、重要大型企业、交通枢纽等。它们一般采用两个独立的电源系统供电。

② 二类负荷。二类负荷是指停电时将产生大量废品、减产或造成公共场所秩序严重混乱的部门,如炼钢厂、化工厂、大城市的热闹场所等。它们一般由两路电源线进行供电。

③ 三类负荷。第三类负荷是指不属于上述第一、二类负荷的用户,其供电方式一般为单路。

2. 电压质量

国家关于电压质量的相关规定是 35 kV 及以上供电电压允许偏差为 ±10%,10 kV 及以下的供电电压允许偏差为 ±7%,220 V 单相供电允许偏差为 −10% ~ +5%。若变化幅度超过规定标准,会使用户设备不能正常工作,例如,三相异步电动机在电压降低过多时会使转矩减小、温升增高而导致事故。

3. 频率质量

我国交流电力设备的额定频率为 50 Hz,频率偏差一般不超过 ±0.5 Hz。若电力系统容量达 3 000 MW 以上时,频率偏差不得超过 ±0.2 Hz。若频率偏差超过规定标准,也将影响用户设备正常工作。

4. 电压波形质量

由于大型晶闸管整流装置及一些新零件的使用,导致供电系统中电流、电压波形发生变化,使其他用电设备损耗增大、寿命缩短,过大的畸变还会影响一些电气设备正常工作。

工作步骤

步骤一:实训准备

完成学习任务 3.1 所需要的工具与器材、设备见表 3−1。

表 3-1 完成学习任务 3.1 所需要的工具与器材、设备明细表

序号	名称	型号/规格	单位	数量	备注
1	单相交流电源	220 V			
2	万用表	MF-47 型	个	1	
3	家用单相电能表	DD201-B 型、220 V、3(6) A、1 200 r/kW·h	个	1	
4	照明灯	220 V、36 W	盏	1	带平灯座
5	灯开关	220 V、5 A	个	1	
6	木底板	300 mm×200 mm×20 mm	块	1	
7	螺钉	φ3 mm×20 mm	个	5	固定电能表用
8	接线			若干	
9	电工实训通用工具	验电笔、锤子、螺丝刀（一字和十字）、电工刀、电工钳、尖嘴钳、剥线钳、活动扳手等	套	1	

步骤二:认识家用单相电能表

1. 认识电能表

图 3-3 所示为常见的家用单相电能表(俗称电度表或火表)在转盘下面的铭牌上,标出的"220 V"是电能表的额定电压;"3(6)A"是电能表的标称电流值和最大电流值,标称电流表示电能表在计量电能时的标准计量电流,最大电流是指电能表长期工作在误差范围内所允许通过的最大电流。"1 200 r/kW·h"则表示当设备每消耗 1 kW·h(度)电能时,电能表的转盘转过1 200 r(转)。

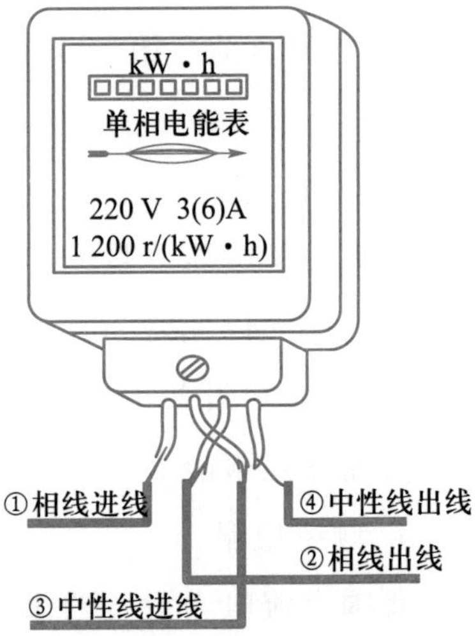

除传统的感应式电能表外,现在越来越多地使用电子式电能表。电子式电能表由于使用了数字电子技术,除计算电能外,还具有分时计费、预付电费、刷卡计费等功能。

图 3-3 家用单相电能表

2. 观察电能表并估算家中电气设备的功率

观察家中的电能表,估算家中电气设备的功率,记录于表 3-2 中。

表 3-2 家中的电能表观察记录

型号	铭牌标志 (额定电压、工作频率、标称电流和最大电流、每千瓦时转数)	转盘转速 /(r/min)	估算家中电气设备功率 /kW

3. 电能表的选用

家用单相电能表的选用要根据家用电器的总功率,再根据式(2-25)可以推算出不同规格

的电能表可容纳家用电器的最大功率(220 V 电压),见表 3-3。

表 3-3　家用电能表规格与家用电器功率对照记录

电能表的规格/A	3	5	10	20	25	30
可容纳家用电器的最大功率/W	660	1 100	2 200	4 400	5 500	6 600

步骤三:家用单相电能表的安装

家用单相电能表的安装步骤为:

① 选用 300 mm×200 mm,厚 15~20 mm 的木板作底板,先在上面按电能表的尺寸确定其安装位置后,用铅笔作记号,然后用螺钉将其固定在板面上。要求安装牢固,不松动;但注意不要将螺钉拧得过紧,以免造成电能表的塑料底座断裂。

② 按图 3-3 接线,接线时注意:单相电能表的接线盒里有 4 个接线柱,从左至右依次按①~④编号,①、③接电源进线,②、④接出线,不要接错。

③ 电路接好后,先自行检查,再经教师检查确认无误后,方可通电试验。在电能表出线端接一个由开关控制的照明灯,接通开关,观察照明灯是否正常发亮,电能表是否正常运转。

学习任务 3.2　安装家用照明配电箱

基础知识

一、变压器的用途和基本结构

(一)变压器的用途

变压器是一种利用电磁感应原理,将某一数值的交变电压变换为同一频率的另一数值的交变电压的静止的电气设备。变压器在电工与电子技术中具有非常广泛的用途。变压器按照用途主要分为以下几类:

1. 电力变压器

电力变压器主要用在输、配电系统中,外形如图 3-4(a)、(b)所示。如前面所介绍,供电系统采用高压输电、低压配电的方式,由于发电机本身的结构及所用绝缘材料的限制,不可能直接发出高压输电所需要的高电压,因此在输电时必须首先通过升压变压器将电压升高再进行输送;而在高压电输送到用电区后,为了保证用电安全和符合用电设备的电压等级要求,还必须利用降压变压器将电压降低。

2. 特种变压器

特种变压器是指在特殊场合使用或具有特别用途的变压器,如作为焊接电源的电焊变压器[如图3-4(c)所示],专供大功率电炉使用的电炉变压器,用于局部照明和控制的控制变压器,将交流电整流成直流电的整流变压器,用于平滑调节电压的自耦变压器[如图3-4(d)所示]等。

3. 仪用互感器

仪用互感器用于仪表测量技术中,如电流互感器、电压互感器等,如图3-4(e)、(f)所示。如后面学习任务中使用的钳形电流表就是利用电流互感器的原理制成的。

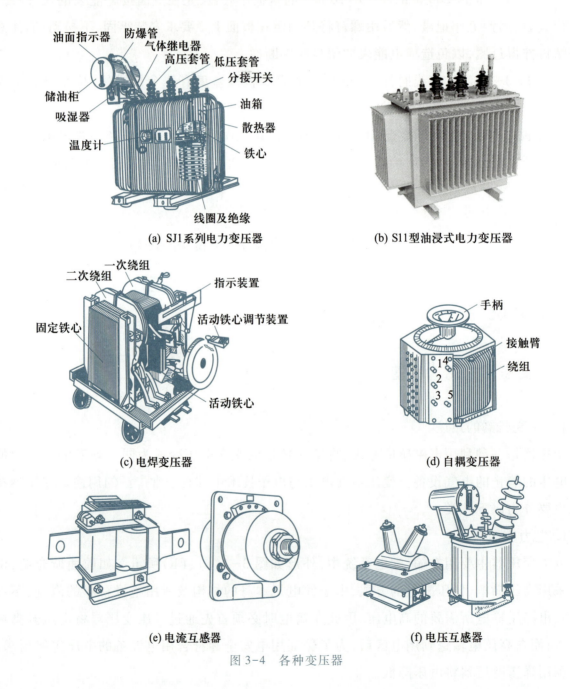

(a) SJ1系列电力变压器

(b) S11型油浸式电力变压器

(c) 电焊变压器

(d) 自耦变压器

(e) 电流互感器

(f) 电压互感器

图 3-4　各种变压器

4. 其他变压器

如试验用的高压变压器、产生脉冲信号的脉冲变压器等。

（二）变压器的基本结构

变压器的基本结构由铁心和绕组两部分所组成，如图3-5所示。

1. 铁心

铁心构成变压器的磁路系统，并作为变压器的机械骨架。为了减小涡流和磁滞损耗，铁心一般用涂有绝缘漆的硅钢片叠压而成，一些专用的小型变压器则采用铁氧体或坡莫合金制成铁心。

根据变压器铁心的结构形式可分为心式和壳式两大类，壳式变压器在中间的铁心柱上安置绕组（线圈），心式变压器在两侧的铁心柱上安置绕组，如图3-5所示。

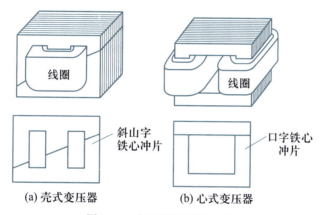

图3-5　变压器的基本结构

2. 绕组

变压器的线圈称为绕组，它是变压器的电路部分。变压器有两个或两个以上的绕组，接电源的绕组称为一次绕组，接负载的绕组称为二次绕组。

变压器在工作时铁心和绕组都会发热，小容量的变压器采用自冷方式，即在空气中自然冷却；中容量的变压器采用油冷式，即将其放置在有散热管（片）的油箱中冷却；大容量的变压器还要用油泵将冷却液在油箱与散热管（片）中作强制循环。

二、变压器的基本工作原理

（一）变压器的空载运行和变压比

所谓变压器的空载运行，是指一次绕组接上电源，二次绕组开路的状态，如图3-6（a）所示。

在一次绕组接上的电源电压 u_1 的作用下，在一次绕组中通过电流 i_0，i_0 称为空载电流，由于产生工作磁通，所以又称为励磁电流。在其作用下，根据电磁感应的原理，在二次绕组两端

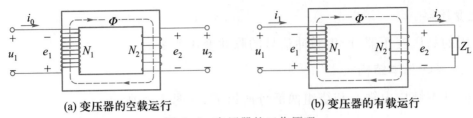

(a) 变压器的空载运行　　　　　(b) 变压器的有载运行

图 3-6　变压器的工作原理

产生感应电动势。由于二次绕组开路，电流 $i_2 = 0$，其端电压与感应电动势相等。在理想状态下，变压器一次与二次绕组的电压关系为

$$\frac{U_1}{U_2} = \frac{N_1}{N_2} = k \tag{3-1}$$

式中，N_1 与 N_2 分别为变压器一次、二次绕组的匝数。该式表明：变压器一次、二次绕组的电压（有效值）与一次、二次绕组的匝数成正比，其比值 k 称为变压比，简称变比。通常把 $k > 1$（即 $U_1 > U_2$）的变压器称为降压变压器，而把 $k < 1$（即 $U_1 < U_2$）的变压器称为升压变压器。

（二）变压器的有载运行和变流比

所谓变压器的有载运行，是指其二次绕组接上负载 Z_L 时的运行状态，如图 3-6(b) 所示。此时变压器一次绕组的电流为 i_1，且二次绕组的电流 $i_2 \neq 0$。在理想的状态下

$$\frac{I_1}{I_2} = \frac{N_2}{N_1} = \frac{1}{k} \tag{3-2}$$

式（3-2）表明：变压器一次、二次绕组的电流（有效值）与一次、二次绕组的匝数成反比。

例 3-1　低压照明变压器的一次绕组匝数 $N_1 = 770$ 匝，一次绕组电压 $U_1 = 220$ V，现要求二次绕组输出电压 $U_2 = 36$ V，求二次绕组的匝数 N_2 和变比 k。

解：根据式（3-1）可得

$$N_2 = \frac{U_2}{U_1} N_1 = \frac{36}{220} \times 770 = 126$$

$$k = \frac{U_1}{U_2} = \frac{220}{36} \approx 6.1$$

（三）变压器的外特性

变压器的外特性是指在电源电压不变的条件下，变压器二次绕组电压 U_2 与电流 I_2 的关系，如图 3-7 所示，在负载变化时，变压器二次绕组的电压 U_2 将会随着电流 I_2 的增大而降低。这是因为在变压器加上负载后，随着负载电流 I_2 的增加，在二次绕组内部的阻抗压降也会增加，使二次绕组的输出电压 U_2 下降；另外，由于一次绕组的电流 I_1 随 I_2 增加，使一次绕组的阻抗压降也增加，造

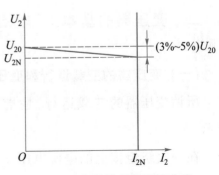

图 3-7　变压器的外特性曲线

成一次绕组电压 U_1 下降,从而也使二次绕组电压 U_2 下降。由图3-7可见,常用的电力变压器从空载到满载,二次绕组的电压会下降 3%~5%(U_{20} 为二次绕组的空载电压)。

(四)变压器的效率

变压器的效率是指输出有功功率 P_o 与输入有功功率 P_i 的比值

$$\eta = \frac{P_o}{P_i} \times 100\% \qquad (3-3)$$

变压器的效率是比较高的,一般供电变压器的 η 都在 95% 左右,大型变压器的 η 可达 98% 以上。但即便如此,因为变压器中存在着功率损耗,所以 $\eta \neq 100\%$,即 $P_o < P_i$。变压器的功率损耗主要由铁损耗和铜损耗两部分构成。铁损耗是指变压器的磁路损耗,它又包括磁滞损耗和涡流损耗。当外加电压一定时,铁损耗是固定的。铜损耗是指变压器的电路损耗,由于变压器的绕组存在着电阻,当电流通过绕组时会在绕组电阻上产生功率损耗,可见铜损耗随着负载变化而变化。

相关链接　各种变压器简介

1. 新型电力变压器简介

如图 3-8 所示,电力变压器是输、配电系统中不可缺少的重要设备。从发电厂发出的电压经升压变压器升压,输送到用户区后,再由降压变压器降压供电给用户,中间一般要经过 4~5 次甚至是8~9次变压器的升降压。资料显示,1 kW 的发电设备需 8~8.5 kV·A 容量的变压器与之配套,由此可见,在电力系统中变压器是容量最多、最大的电气设备。另外,电能在传输过程中会有能量的损耗,这主要是输电线路的损耗和变压器的损耗,占整

图 3-8　新型电力变压器

个供电容量的5%~9%,这是一个相当可观的数字。因此变压器效率的高低成为输配电系统中一个突出的问题。

近年来,随着铁损耗可降低 70% 的非晶合金铁心片和超导材料的出现,大幅度降低变压器损耗已成为可能。

2. 电焊变压器简介

电弧加热是利用电极与电极(或电极与工件)之间产生放电,使空气电离形成电弧发出高温来加热物体。常见的电弧焊机属于此类电器。图 3-4(c)所示为动铁心式交流弧焊机的外形图,其原理图如图 3-9 所示。由该可见,交流弧焊机实际上是一台结构特殊的降压变压器,变压器的铁心分为固定铁心和活动铁心两部分,固定铁心上绕有一次和二次绕组,活动铁心装在固定铁心中间的螺杆上,可以通过摇动手轮来调节,从而调节固定铁心中的磁通以调节焊接

电流,可以适合不同焊接工件和焊条的焊接要求。

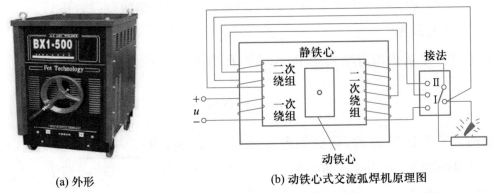

(a) 外形   (b) 动铁心式交流弧焊机原理图

图 3-9　动铁心式交流弧焊机外形及原理图

工作步骤

步骤一:实训准备

完成学习任务 3.2 所需要的工具与器材、设备见表 3-4。

表 3-4　完成学习任务 3.2 所需要的工具与器材、设备明细表

序号	名称	型号/规格	单位	数量	备注
1	单相交流电源	220 V			
2	万用表	MF-47 型	个	1	
3	家用单相电能表	DD201-B 型、220 V、3(6) A、1200 r/kW·h	个	1	
4	漏电型空气断路器	DZ47LE-63/C60	只	1	
5	空气断路器	DZ47-63/C16	只	5	
6	照明配电箱箱体	PZ30-15、350 mm×260 mm	只	1	含接地排、接零排
7	自攻螺钉、螺钉	ϕ3 mm×15 mm、ϕ3 mm×20 mm	只	若干	固定电器用
8	接线	BVR1.5 mm²、BVR1.0 mm²、BV1.5 mm²	扎	若干	各种颜色
9	电工实训通用工具	验电笔、锤子、螺丝刀(一字和十字)、电工刀、电工钳、尖嘴钳、剥线钳、活动扳手等	套	1	

步骤二:家用照明配电箱的安装

一般家用照明配电箱内装有带漏电保护器的空气断路器、单相电能表和单极空气断路器。带漏电保护器的空气断路器的作用有两个:一是作电源总开关,二是起短路保护和漏电保护的作用。单极空气断路器用于控制各分支电路的电器,其个数可根据用户的需要而定,如一般家庭可照明设一路(10 A)、插座设一路(10 A,也可厅房、厨房与卫生间分开设)、空调各设一路(16 A,如使用大功率空调需适当增大)。

家用照明配电箱的安装步骤为:

1. 电器安装

将带漏电保护器的空气断路器和单相电能表布置在箱内的上方,各单极空气断路器在中间,接线排在下方。按各电器的尺寸确定其在箱内的安装位置后,用铅笔作记号,然后用螺钉将其固定。要求安装牢固,不松动;但注意不要将螺钉拧得过紧,以免造成电器的塑料底座断裂。

2. 接线

按图 3-10 接线,接线时注意:

① 按图纸要求配线(1.5 mm²BV 线),配线颜色要求:相线为黄、绿、红色,中性线为蓝色,地线为黄绿混色。

② 接线均应符合安全要求。每个接线端最多只能接 2 根导线;接线端子要压接牢固,无松动。箱内导线应横平竖直,整齐美观。

③ 本学习任务是学习任务 2.2 的延续,各单极空气断路器的输出端与学习任务 2.2 的室内照明电路相连接,如图 2-39 所示。

④ 中性线和接地线集中接到中性线接线排和接地排上。

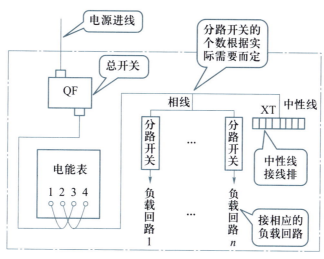

图 3-10 家用照明配电箱接线示意图

3. 通电检测

① 电路接好后,先自行检查,再经教师检查确认无误后,方可通电试验。

② 接通总开关,观察开关有无跳闸。

③ 按学习任务 2.2 检查电器是否正常工作。

④ 观察电能表是否正常运转。

评价反馈

根据实训任务完成情况进行自我评价、小组互评、教师评价,评分值记录于表 3-5 中。

表 3-5 评 价 表

项目内容	配分	评分标准	自评	互评	师评
1. 安装布线工艺与质量	40分	安装布线工艺与质量不符合要求,每处可酌情扣 1~3 分,例如: (1) 安装位置错误,每处扣 10~20 分; (2) 安装位置误差大,每处扣 2~5 分; (3) 电器和线路安装不牢固,接线不正确,如接线松动,接线端子接线超过 2 根,中性线与地线未直接进接零(接地)排等,每处扣 1~5 分			
2. 电路通电测试	40分	(1) 通电后若发生跳闸、漏电等现象,可视事故轻重扣 10~20 分; (2) 通电后灯不亮,每处扣 5 分; (3) 通电后开关不起控制作用,每处扣 5 分; (4) 通电后插座电压不正常,每个扣 5 分; (5) 通电后单相电能表工作不正常,扣 5~10 分			
3. 安全、文明操作	20分	(1) 违反操作规程,产生不安全因素,可酌情扣 7~10 分; (2) 着装不规范,可酌情扣 3~5 分; (3) 迟到、早退、工作场地不清洁,每次扣 1~2 分			
总评分(自评分×30%+互评分×30%+师评分×40%)					

阅读材料 各种发电方式简介

除了前面介绍的目前电力生产的 3 种主要方式之外,还有风力发电、太阳能发电、地热发电、潮汐发电和波浪发电、海洋温差发电等,这些都是清洁的能源,从环境保护和节能的观点出发,这些发电方式都具有很好的开发前景。

下面简单介绍其中几种发电方式:

1. 风力发电

风力发电是以自然界的风力为动力驱动发电机发电,如图 3-11 所示。风力发电要求风力大且风速稳定,在我国西北和沿海地区的风能资源十分丰富,现已建成许多中、小型的风力发电站。例如,广东省东部的南澳岛,依靠风力发电可满足全县(全岛)的用电需要。

图 3-11 风力发电

2. 太阳能发电

太阳能发电分为利用太阳的热能发电和利用太阳的光能发电两种类型,前者是用太阳的热能加热水,再通过类似火力发电的方法发电;后者是将太阳的光能直接分配给高效光电池,产生直流电再经逆变后送到用户。

太阳能是比其他能源更可靠更丰富更环保的能源,具有非常广阔的发展前景。

3. 地热发电

地热发电是指利用地球内部蕴藏的热能发电,其原理与火力发电基本相同。对地下的干蒸气(不含水分)可直接送入汽轮发电机发电;对地下气水混合物,可采用减压扩容法和低沸点工质法获得足以使汽轮机做功的地热蒸汽。

4. 海潮发电

研究利用海洋的潮流发电:将水下涡轮机固定在海床上,海潮流动时推动涡轮机的叶片发电。2016 年,世界首台海洋潮流能发电机组在我国舟山正式启动发电,标志着我国在海洋潮流能利用领域跨入世界先进行列。

项 目 小 结

1. 电能具有便于转换、便于输送、便于控制和测量等几个方面的特点。

目前电力生产的主要方式是火力发电、水力发电和核能发电 3 种。

电力系统由发电厂、变电所、电力网和电能用户组成。发电厂发出的电压经升压变压器升压后,由高压输电网输送到用电区域;再经一次、二次降压变压器降压,然后送到用电户,再分配给低压用电设备使用。我国的一般工业和民用电为 50 Hz、220 V 或 380 V 交流电。

2. 供电质量包括供电的可靠性、电压质量、频率质量及电压波形质量 4 个方面。

电力负荷通常分为三类,分类等级越高,对供电系统的可靠性、稳定性的要求就越高。

3. 变压器是一种利用电磁感应原理,将某一数值的交变电压变换为同一频率的另一数值的交变电压的静止的电气设备。

变压器按照用途主要分为电力变压器、仪用互感器、特种变压器和其他用途的变压器等。

铁心和线圈(绕组)是变压器最基本的两个组成部分。铁心构成变压器的磁路;绕组组成变压器的电路,绕组分为一次绕组和二次绕组。

4. 变压器实现电压、电流变换的基本公式为

$$\frac{U_1}{U_2} = \frac{I_2}{I_1} = \frac{N_1}{N_2} = k$$

在电源电压不变的条件下,变压器二次绕组电压 U_2 与电流 I_2 的关系称为变压器的外特性。

变压器的效率是指输出有功功率 P_o 与输入有功功率 P_i 的比值

$$\eta = \frac{P_o}{P_i} \times 100\%$$

练习题

一、填空题

1. 变压器是一种利用_____原理,将某一数值的交变电压变换为同一频率的另一数值的交变电压的_____的电气设备。

2. _____和_____构成变压器的两个基本组成部分。

3. 变压器接_____的称为一次绕组,接_____的称为二次绕组。

4. 一台变压器的变比 $k = 5$,若一次绕组的电压 $U_1 = 100$ V,则二次绕组的电压 $U_2 = $____V。

5. 变压器的效率是指_____与_____的比值。

二、选择题

1. 目前电力生产的 3 种主要方式是(   )。

A. 火力发电　　　　　B. 水力发电　　　　　C. 太阳能发电　　　　　D. 核能发电

2. 在下列场所中,属于一类负荷的是(   )。

A. 交通枢纽　　　　　B. 炼钢厂　　　　　C. 居民家庭

3. 学校属于(   )负荷。

A. 一类　　　　　B. 二类　　　　　C. 三类

4. 变压器一次、二次绕组的(   )与一次、二次绕组的匝数成反比。

A. 电压　　　　　B. 电流　　　　　C. 电功率

5. 通常把 k(   )的变压器称为降压变压器,而把 k(   )的变压器称为升压变压器。

A. >1　　　　　B. <1　　　　　C. =1

6. 变压器的外特性是指在电源电压不变的条件下,变压器(   )的关系。

A. U_1 与 I_1　　　　　B. U_1 与 I_2　　　　　C. U_2 与 I_2

三、判断题

1. 变压器也可以变换直流电压。　　　　　　　　　　　　　　　　　　　　　　　(   )

2. 变压器可以变换不同频率的交流电压。　　　　　　　　　　　　　　　　　　(   )

3. 变压器只能升压,不能降压。　　　　　　　　　　　　　　　　　　　　　　　(   )

4. 变压器既可以变压,又可以变流。　　　　　　　　　　　　　　　　　　　　　(   )

5. 变压器的功率损耗主要由铁损耗和铜损耗两部分构成,这两部分损耗都随着负载的变化而变化。　　　　　　　　　　　　　　　　　　　　　　　　　　　　　　　　(   )

6. 如果变压器二次绕组的电流减小,则一次绕组的电流也必定随之减小。　　　　（　　）

四、综合题

1. 接在 220 V 交流电源上的单相变压器,其二次绕组电压为 110 V,若二次绕组的匝数为 350 匝,则一次绕组的匝数 N_1 为多少?

2. 有一台单相照明变压器,容量为 2 kV·A,电压为 380 V/36 V,现在其二次绕组接上 $U = 36$ V,$P = 40$ W 的照明灯,使变压器在额定状态下工作,问能接多少盏灯? 此时的 I_1 及 I_2 各为多少?

3. 一台变压器的二次绕组电压为 20 V,在接有电阻性负载时,测得二次电流为 5.5 A,变压器的输入功率为 132 W,试求变压器的效率。

五、学习记录与分析

分析记录于表 3-2、表 3-3 中的数据,小结学习安装家用单相电能表的主要收获与体会。

项目4 二极管及整流、稳压电路——制作可调直流稳压电源

引导门

从本项目开始介绍电子技术的内容。电分为直流电和交流电,交流电通过二极管进行整流可以变成为直流电。而二极管能进行整流,是利用其单向导电性。二极管怎样构成的? 它为什么具有单向导电性呢?

学习目标

通过对二极管结构与原理、二极管在整流电路中的应用,以及整流、滤波与稳压电路原理的学习,学会制作可调直流稳压电源。

了解晶闸管及其控制整流电路的工作原理,学会制作台灯调光器。

应知

① 了解二极管的结构、原理、电路符号、引脚、伏安特性和主要参数;了解常用特殊二极管的外形、功能和应用。

② 能识读整流电路图,了解整流电路的原理。

③ 能识读电容滤波、电感滤波和复式滤波电路图;了解滤波电路的原理;学会估算电容滤波电路的输出电压。

④ 了解三端集成稳压器件的种类、主要参数,以及典型应用电路。

⑤ 理解晶闸管整流电路的工作原理。

应会

① 初识各种常见的电子元器件;认识各种二极管、晶闸管和单结晶体管。会用万用表测量二极管、晶闸管;并初步学会使用电子实训常用的工具和仪器仪表。

② 会搭接桥式整流电路、电容滤波电路、台灯调光器电路,能合理选用电路元器件。

③ 会识别三端集成稳压器件的引脚,能安装与调试可调直流稳压电源。

④ 会用万用表和示波器测量整流滤波电路和可调集成稳压电路的相关电量参数和波形。

学习任务 4.1　认识与测试二极管

基础知识

一、半导体的基础知识

（一）半导体材料的导电特性

自然界存在的各种物质如果按导电能力来区分,可以分为导体、绝缘体和半导体三大类:导电性能良好的物质为导体,常见的如银、铜、铝等各种金属;几乎完全不能导电的物质为绝缘体,常见的有非金属物质,如塑料、橡胶、陶瓷等;而导电能力介于导体与绝缘体之间的物质为半导体,常用的半导体材料有硅、锗、金属氧化物等。

在金属导体中,自由电子作为唯一的一种载体(又称为载流子)携带着电荷移动形成电流;在电解液中,正、负离子的移动也形成电流。在半导体里,通常有两种载流子,一种是带负电荷的自由电子(简称为电子),另一种是带正电荷的空穴。在外电场的作用下,这两种载流子都可以做定向移动而形成电流。

由于半导体的材料及其制造工艺的不同,利用两种载流子形成电流,可产生导电情况不同的两种半导体,即电子导电型(又称 N 型)半导体和空穴导电型(又称 P 型)半导体;在 N 型半导体中,电子为多数载流子,主要依靠电子来导电;在 P 型半导体中,空穴为多数载流子,主要依靠空穴来导电。

（二）PN 结

将一块半导体材料通过特殊的工艺过程使之一边形成 P 型半导体,另一边形成 N 型半导体,则在两种半导体之间出现一种特殊的接触面——PN 结(如图 4-1 所示)。PN 结是构成各种半导体器件的核心。

图 4-1　PN 结

二、二极管

（一）二极管的结构与电路符号

将一个 PN 结从 P 区和 N 区各引出一个电极,并用玻璃或塑料制造的外壳封装起来,就制成一个二极管,如图 4-2(a)所示。由 P 区引出的电极为正(+)极,也称为阳极;由 N 区引出的电极为负（-）极，也称为阴极。二极管的文字符号用 VD 表示，图形符号如图 4-2(b)所示，其中的三角形表示通过二极管正向电流的方向。

根据制造材料的不同，有硅二极管和锗二极管之分。

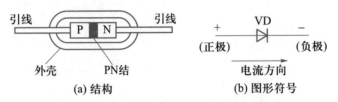

图 4-2　二极管的结构与图形符号

（二）二极管的特性

下面通过一个实验来观察二极管的导电特性：按图 4-3(a)连接电路，直流电源正极接二极管正极，电源负极接二极管的负极（称为正向偏置，简称正偏），二极管导通，指示灯亮；如果按图 4-3(b)连接电路，给二极管加上反向偏置（简称反偏）电压时，二极管不导通，指示灯不亮。由此可见：组成二极管的 PN 结具有单向导电特性。

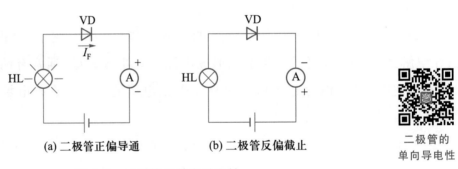

(a)二极管正偏导通　　　　(b)二极管反偏截止

二极管的单向导电性

图 4-3　二极管的单向导电性

（三）二极管的伏安特性曲线

二极管的单向导电特性常用其伏安特性曲线来描述。所谓伏安特性，是指加到元器件两端的电压与通过电流之间的关系。二极管的伏安特性曲线如图 4-4 所示。

1. 正向特性

正向特性是指二极管加正偏电压时的伏安特性，为图 4-4 中的第 I 象限曲线。

当二极管两端所加的正偏电压 U 较小时，正向电流 I 极小（近似为 0），二极管处于截止状态；当正偏电压 U 超过某一值的时候（通常称为开启电压或阈值电压），正向电流 I 迅速增加，二极管进入导通状态。且正偏电压 U 的微小增加会使正向电流 I 急剧增大，如图 4-4 中的 AB 段所示。正偏电压从 0 至开启电压的区域范围通常称为死区。硅二极管的开启电压约为 0.5 V，锗二极管约为 0.2 V。

当二极管正常导通后，所承受的正向电压称为管压降（硅二极管约 0.7 V，锗二极管约 0.3 V）。这个电压比较稳定，几乎不随流过的电流大小而变化。

2. 反向特性

反向特性是指二极管加反偏电压时的伏安特性，为图 4-4 中的第Ⅲ象限曲线。

当二极管的两端加反向电压时，反向电流很小（称为反向饱和电流），二极管处于截止状态，而且在反向电压不超过某一限度时，反向饱和电流几乎不变。但当反向电压增大到一定数值 U_{BR} 时，反向电流会突然增大，这种现象称为反向击穿，与之相对应的电压称为反向击穿电压（U_{BR}）。长期处于反向击穿状态的二极管将失去单向导电性，且会造成二极管的永久性损坏。

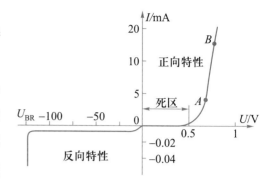

图 4-4　二极管的伏安特性曲线

（四）二极管的主要参数

① 最大整流电流 I_{FM}——指二极管长时间工作时允许通过的最大正向直流电流的平均值。使用时，二极管的工作电流应小于最大整流电流。

② 最大反向工作电压 U_{RM}——指确保二极管两端加反向电压时不被击穿损坏而承受的最大电压。使用时，该值一般为反向击穿电压 U_{BR} 的 1/2 或 1/3。

③ 反向饱和电流 I_R——指二极管未进入击穿区的反向电流。该值越小，则二极管的单向导电性能越好。

（五）二极管的种类

1. 按制造工艺分类

① 点接触型——PN 结接触面积较小，工作电流小，常用于高频小信号电路。

② 面接触型——PN 结接触面积较大，工作电流大，多用于整流电路。

③ 平面型——PN 结接触面积较大，常用于集成电路中。

2. 按制造材料分类

如上述，按照制造材料可分为硅二极管和锗二极管。硅二极管的热稳定性较好，锗二极管的热稳定性相对较差。

3. 按用途分类

按照用途可分为整流二极管、稳压二极管、发光二极管、光电二极管和变容二极管等。

（六）特殊二极管简介

1. 光电二极管

光电二极管的结构与普通二极管相似，但在它的 PN 结处，通过管壳上的玻璃窗口能接收外部的光照。这种器件在反向偏置状态下运行，它的反向电流随光照强度的增加而上升。光电二极管是将光信号转换为电信号的常用器件。

2. 发光二极管

发光二极管(LED)是一种能将电能直接转换为光能的半导体元件,具体介绍见本项目的阅读材料。

3. 变容二极管

变容二极管是利用 PN 结的电容效应工作的一种特殊二极管,它工作在反向偏置状态,改变反偏直流电压,就可以改变其电容量。变容二极管应用于谐振电路中,例如,在电视机电路中把变容二极管作为调谐回路的可变电容器,实现频道的选择。

4. 稳压二极管

稳压二极管的图形符号如图 4-5(a)所示,文字符号用"VZ"表示。稳压二极管采用特殊工艺制造,工作在二极管伏安特性曲线的反向击穿区域,其伏安特性曲线如图 4-5(b)所示。由图 4-5(b)可见,当反向电压 U 较小时,其反向电流 I_z 很小;但若反向电压 U 增加达到某一值(图中的 A 点)时,反向电流 I_z 开始急剧增加,进入反向击穿区域;此时反向电压 U 若有微小的增加(ΔU_z),就会引起反向电流 I_z 的急剧增大(ΔI_z),即反向电流大范围变化(ΔI_z 较大)而反向电压却几乎不变(ΔU_z 很小)。稳压二极管就是利用这一特性在电路中起稳压的作用。

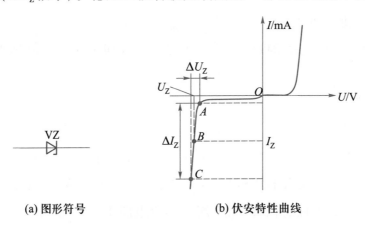

(a) 图形符号　　　　　　　(b) 伏安特性曲线

图 4-5　稳压二极管

稳压二极管的主要参数有稳定电压 U_z 和稳定电流 I_z 两项[如图 4-5(b)所示]:

稳定电压 U_z——是指稳压二极管在正常工作状态下两端的反向击穿电压值。

稳定电流 I_z——是指稳压二极管在稳定电压 U_z 下的工作电流。

采用稳压二极管的稳压电路如图 4-6 所示,电路由稳压二极管 VZ 和电阻 R 组成。稳压二极管 VZ 的作用是稳定输出电压 U_L,使 U_L 限制在稳压二极管的稳定电压值 U_z 上;限流电阻 R 的作用是限制通过稳压二极管的稳定电流 I_z,使其不超过最大的允许值,并使输出电压 U_L 趋于稳定。由于稳压二极管与负载并联,所以称为并联型稳压电路。其优点是采用元器件比较少,电路结构比较简单,有一定的稳压效果;但输出电压不能任意调节,稳压性能较差,因此适用于要求不高的场合。在实际使用中,若用一个稳压二极管的稳压值达不到要求时,可以采用两个或多个稳压二极管串联使用。

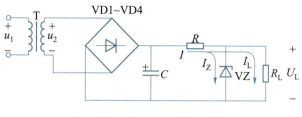

图 4-6　稳压二极管稳压电路

工作步骤

步骤一：实训准备

完成本项目 2 个学习任务所需要的工具与器材、设备见表 4-1。检查和认识实训教室提供的工具与器材、设备。可先由指导教师介绍、讲解和示范操作这些工具、仪表的使用方法和注意事项。

表 4-1　完成学习任务 4.1、4.2 所需要的工具与器材、设备明细表

序号	名称	符号	型号/规格	单位	数量
1	单相交流电源		9 V、16 V（可调）		1
2	二极管	VD1～VD6	1N4001：1 A、50 V	个	6
3	可调式三端集成稳压器	LM317	LM317	个	1
4	电阻器	R	120 Ω	个	1
5	电阻器	R_L	500 Ω	个	1
6	电位器	R_P	5 kΩ	个	1
7	电容器	C_2	0.22 μF 涤纶电容器	个	1
8	电容器	C_1	2 200 μF/25 V 电解电容器	个	1
9	电容器	C_3	10 μF/25 V 电解电容器	个	1
10	电容器	C_4	100 μF/25 V 电解电容器	个	1
11	电感器	L	可选用 20 W 荧光灯镇流器	个	1
12	单掷拨动开关	S1～S5	220 V、5 A	个	5
13	各类二极管		包括普通二极管、稳压二极管、发光二极管和光电二极管等	个	若干
14	指针式万用表		MF-47 型	台	1
15	数字式万用表		DT-830 型	台	1
16	低频信号发生器		XD2 型	台	1
17	晶体管毫伏表		DA-16 型	台	1
18	双踪示波器		XC4320 型	台	1
19	电烙铁		15～25 W	支	1

序号	名称	符号	型号/规格	单位	数量
20	焊接材料		焊锡丝、松香助焊剂、烙铁架等，连接导线若干	套	1
21	电工电子实训通用工具		验电笔、锤子、螺丝刀(一字和十字)、电工刀、电工钳、尖嘴钳、剥线钳、镊子、小刀、小剪刀、活动扳手等	套	1
22	面包板			块	1
23	单孔印制电路板			块	1

步骤二：认识与检测二极管

（一）识别各种类型的二极管

由实训室提供各种类型的二极管，包括普通二极管、稳压二极管、发光二极管和光电二极管等，其外形如图 4-7 所示。

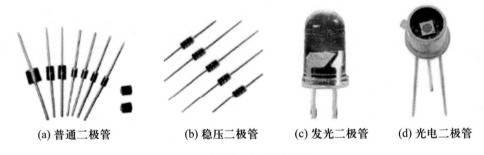

(a) 普通二极管　　　(b) 稳压二极管　　　(c) 发光二极管　　　(d) 光电二极管

图 4-7　各类二极管的外形

（二）用万用表检测二极管

在实际应用中，常用万用表电阻挡对二极管进行极性判别及性能检测。测量时，选择万用表的电阻挡 $R \times 100$（也可以选择 $R \times 1k$ 挡），将万用表的红、黑表笔分别接二极管的两端。

① 测得电阻值较小时，黑表笔接二极管的一端为正极（+），红表笔接的另一端为负极（-），如图 4-8(a)所示，此时测得的阻值称为正向电阻。

② 测得电阻值较大时，黑表笔接二极管的一端为负极（-），红表笔接的另一端为正极（+），如图 4-8(b)所示，此时测得的阻值称为反向电阻。

正常的二极管测得的正、反向电阻应相差很大。如正向电阻一般为几百欧至几千欧，而反向电阻一般为几十千欧至几百千欧。

③ 测得电阻值为 0 时，将二极管的两端或万用表的两表笔对调位置，如果测得的电阻值仍为 0，表明该二极管内部短路，已经损坏。

④ 测得电阻值为无穷大时,将二极管的两端或万用表的两表笔对调位置,如果测得的电阻值仍为无穷大,表明该二极管内部开路,已经损坏。

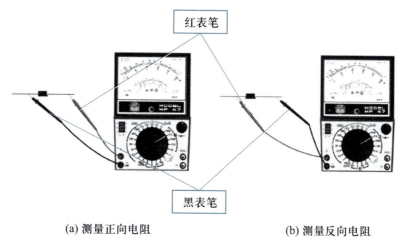

(a) 测量正向电阻　　　　　　　　(b) 测量反向电阻

图 4-8　用万用表检测二极管

学习任务 4.2　制作、测试单相桥式整流电路和可调直流稳压电源

基础知识

桥式整流电路

一、单相桥式整流电路

将交流电变换为直流电(脉动)的过程称为整流,利用二极管的单向导电性可以实现整流。整流电路可分为单相整流电路和三相整流电路两大类,根据整流电路的形式还可分为半波、全波和桥式整流电路。下面介绍应用最广泛的单相桥式整流电路。

1. 电路结构

单相桥式整流电路如图 4-9 所示,在电路中,4 只整流二极管连接成电桥形式。单相桥式整流电路有多种形式的画法,其中图 4-9(c)为最常用的简化画法。

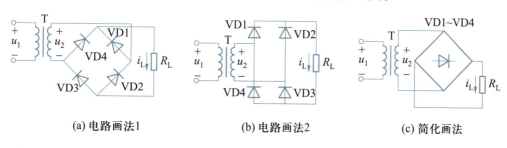

(a) 电路画法1　　　　　　(b) 电路画法2　　　　　　(c) 简化画法

图 4-9　单相桥式整流电路

2. 工作原理

经过电源变压器 T 将交流电源电压 u_1 变换为所需要的电压 u_2 后,在交流电压 u_2 的正半周(即 $0 \sim t_1$)时,整流二极管 VD1、VD3 正偏导通,VD2、VD4 反偏截止,产生电流 i_L 通过负载电阻 R_L,并在负载电阻 R_L 上形成输出电压 u_L,如图 4-10(a)所示。输出信号的波形如图 4-10(c)所示,通过负载电阻 R_L 的输出电流 i_L 和在负载电阻 R_L 上的输出电压 u_L 均为脉动直流电。

在交流电压 u_2 的负半周(即 $t_1 \sim t_2$)时,整流二极管 VD2、VD4 正偏导通,VD1、VD3 反偏截止,产生电流 i_L 同样通过负载电阻 R_L,并在负载电阻 R_L 上形成输出电压 u_L,如图 4-10(b)所示。输出信号的波形如图 4-10(c)所示,通过负载电阻 R_L 的输出电流 i_L 和在负载电阻 R_L 上的输出电压 u_L 同样均为脉动直流电。

当交流电压 u_2 进入下一个周期的正半周(即 $t_2 \sim t_3$)时,整流电路将重复上述工作过程。

由此可见,在交流电压 u_2 的一个周期(正、负各半周)内,都有相同方向的电流流过 R_L,4 只整流二极管中,两只导通时另两只截止,轮流导通工作,并周期性地重复工作过程。在负载 R_L 上得到大小随时间 t 改变但方向不变的全波脉动直流输出电流 i_L 和输出电压 u_L,所以这种整流电路属于全波整流类型。

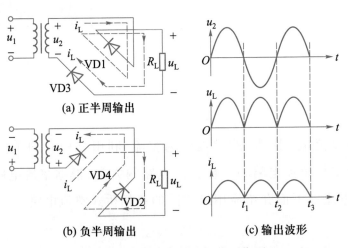

图 4-10 单相桥式整流电路工作原理

单相桥式整流电路的特点是:整流效率高(电源利用率高),而且输出信号脉动小,因此应用最为广泛。

在实际应用中经常用到的全桥整流堆是将 4 只整流二极管集中制作成一体,其内部电路和外形如图 4-11 所示。通过全桥整流堆代替 4 只整流二极管与电源变压器连接,就可以直接连接成单相桥式整流电路。

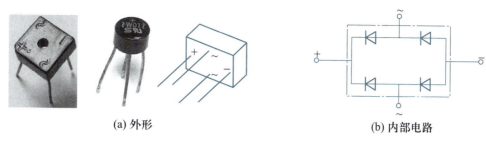

(a) 外形   (b) 内部电路

图 4-11　全桥整流堆

二、滤波电路

整流电路将交流电转换成为直流电,但转换后所输出的是脉动直流电,它不是理想的直流电,如图 4-10(c)和图 4-12 所示。因此,要获得波形较平滑的直流电,应尽可能地滤除脉动直流电中包含的纹波成分,而保留其直流成分,这就是滤波的概念。完成滤波作用的电路称为滤波电路或滤波器。滤波电路的构成是由电容、电感或电阻按照一定的连接形式连接在整流电路之后,从而使经整流后的脉动直流电变为较平滑的直流电,如图 4-12 所示。

1. 电容滤波电路

电容滤波电路如图 4-13 所示。在整流器输出端并接电容 C,利用电容"通交隔直"的特点使经过整流输出后的脉动直流电流分成两部分,一部分为纹波成分 i_C,经电容 C 旁路而被滤除;另一部分为直流成分 i_L,经负载电阻 R_L 输出,使输出的电压 u_L 和电流 i_L 变为较平滑的直流电。

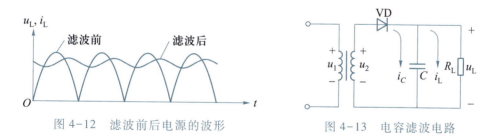

图 4-12　滤波前后电源的波形　　　　图 4-13　电容滤波电路

电容滤波电路的特点是:纹波成分大大减少,输出的直流电比较平滑,输出直流电的平均值升高(单相桥式整流、电容滤波电路中有关电量的关系见表 4-2),电路简单,滤波元件(电容)的体积也较小,适用于小功率且负载变化较小的场合,是较常用的滤波电路。

表 4-2　单相桥式整流、电容滤波电路有关电量的关系

负载开路时输出电压	带负载时输出电压	二极管最大反向电压	二极管通过电流	滤波电容器的耐压
$\sqrt{2}\,U_2$	$1.2U_2$	$\sqrt{2}\,U_2$	$I_L/2$	$\geqslant\sqrt{2}\,U_2$

例 4-1 在单相桥式整流、电容滤波电路中,如果负载电阻为 $500\ \Omega$,整流电路输入的交流电压有效值 $U_2 = 9\ V$,试确定电路输出的直流电压;选择整流二极管,并确定滤波电容器的耐压。

解:(1)按表 4-2,电路输出的直流电压 $U_L = 1.2U_2 = 1.2 \times 9\ V = 10.8\ V$

(2)负载电流 $I_L = \dfrac{U_L}{R_L} = \dfrac{10.8}{0.5}\ mA = 21.6\ mA$

(3)整流二极管承受的最大反向电压为 $U_{RM} = \sqrt{2}\ U_2 = \sqrt{2} \times 9\ V \approx 12.7\ V$

通过二极管的电流为 $I_F = \dfrac{I_L}{2} = \dfrac{21.6}{2}\ mA = 10.8\ mA$

因此,可选用最大整流电流为 1 A,最大反向工作电压为 50 V 的二极管(如 1N4001)。

(4)应选择耐压大于 12.7 V 的滤波电容。

2. 电感滤波电路

电感滤波电路如图 4-14 所示。在整流器输出端串接电感 L,利用电感"通直隔交"的特点,使经过整流输出后的脉动直流电中的纹波成分无法通过电感 L,而脉动直流电中的直流成分 I_L 顺利通过电感 L 输出到负载电阻 R_L;因此,输出的电压 u_L 和电流 i_L 变为较平滑的直流电。

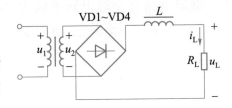

图 4-14　电感滤波电路

电感滤波电路的特点是:纹波成分大大减少,输出的直流电比较平滑,滤波效果较好;但损耗将增加,成本上升,因此,适用于大功率、大电流而且负载变化较大的场合。

3. 复式滤波电路

复式滤波电路是由电容、电感和电阻组成的滤波电路,其滤波效果比单一使用的电容或电感的滤波效果要好,因此应用更为广泛。

① π 形 RC 滤波电路　如图 4-15 所示,电路中在滤波电容 C_1 之后再加上 R 和 C_2 滤波,使交流成分进一步减少,输出的直流电更加平滑;但电阻 R 上的直流电压降使输出电压 u_L 降低,损耗加大。

② LC 形滤波电路　为减少在电阻 R 上的直流电压降损失而不致使输出电压 u_L 降低,用电感器 L 代替电阻 R。LC 形滤波电路如图 4-16 所示。通过电感 L 和电容 C 的双重滤波,使其滤波效果比 π 形 RC 滤波电路要好。

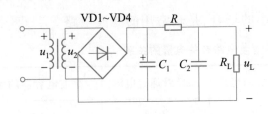

图 4-15　π 形 RC 滤波电路

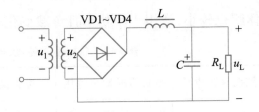

图 4-16　LC 形滤波电路

③ π 形 LC 滤波电路　如图 4-17 所示，在 LC 形滤波电路的基础上增加一个滤波电容，滤波效果比前几种滤波电路都要好，因此，适用于滤波要求较高的场合或电子设备。但滤波元件的体积较大，成本较高。

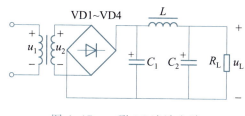

图 4-17　π 形 LC 滤波电路

三、稳压电路

（一）稳压电路概述

交流电经过整流、滤波后转换为平滑的直流电，但由于电网电压或负载的变动，使输出的平滑直流电也随之变动，因此，仍然不够稳定。为适用于精密设备和自动化控制等，有必要在整流、滤波后再加入稳压电路，以确保当电网电压发生波动或负载发生变化时，输出电压不受影响，这就是稳压的概念。完成稳压作用的电路称为稳压电路或稳压器。

（二）集成稳压电路

以往常用的稳压电路有并联型和串联型分立元器件稳压电路。在广泛使用集成电路的今天，多采用单片集成稳压器，其中又分为固定输出式和可调式三端集成稳压器。

1. 固定输出式三端集成稳压器

固定输出式三端集成稳压器有 3 个引出端，即接电源的输入端、接负载的输出端和公共接地端，其电路符号和外形如图 4-18 所示。常用的固定输出式三端集成稳压器有 CW78×× 和 CW79×× 两个系列，78 系列为正电压输出，79 系列为负电压输出，其电路接线图如图 4-19 所示。

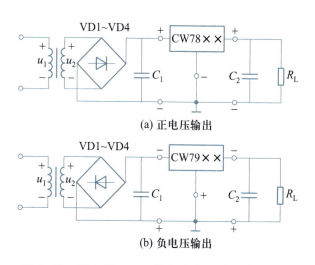

(a) 正电压输出

(b) 负电压输出

图 4-19　固定输出式三端集成稳压器电路接线图

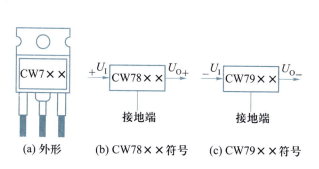

(a) 外形　　(b) CW78×× 符号　　(c) CW79×× 符号

图 4-18　固定输出式三端集成稳压器

固定输出式三端集成稳压器型号由 5 个部分组成，其意义如下：

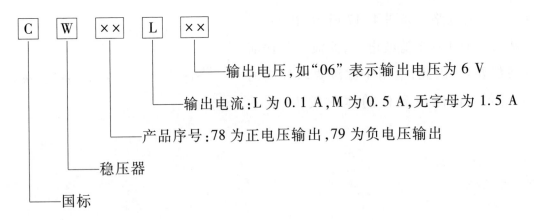

—— 输出电压,如"06"表示输出电压为 6 V

—— 输出电流:L 为 0.1 A,M 为 0.5 A,无字母为 1.5 A

—— 产品序号:78 为正电压输出,79 为负电压输出

—— 稳压器

—— 国标

2. 可调式三端集成稳压器

可调式三端集成稳压器不仅输出电压可调节,而且稳压性能要优于固定式,是第二代三端集成稳压器。可调式三端集成稳压器也有正电压输出和负电压输出两个系列:CW117×/CW217×/CW317×系列为正电压输出,CW137×/CW237×/CW337×系列为负电压输出,其外形和引脚排列如图 4-20 所示。

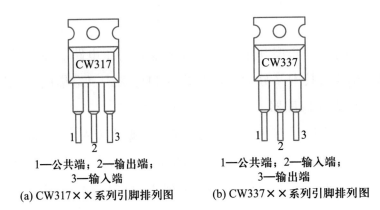

1—公共端;2—输出端;   1—公共端;2—输入端;
3—输入端   3—输出端

(a) CW317×× 系列引脚排列图   (b) CW337×× 系列引脚排列图

图 4-20　可调式三端集成稳压器外形和引脚排列图

可调式三端集成稳压器型号也是由 5 个部分组成,其意义如下:

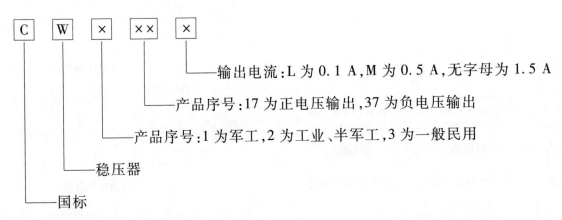

—— 输出电流:L 为 0.1 A,M 为 0.5 A,无字母为 1.5 A

—— 产品序号:17 为正电压输出,37 为负电压输出

—— 产品序号:1 为军工,2 为工业、半军工,3 为一般民用

—— 稳压器

—— 国标

可调式三端集成稳压器电路接线图如图 4-21 所示。图中电位器 R_P 和电阻 R_1 组成取样电阻分压器,接稳压电源的调整端(公共端)1 脚,改变 R_P 可调节输出电压 U_o 的高低,$U_o \approx$

$1.25 \times \left(1 + \dfrac{R_P}{R_1}\right)$，可在 $1.25 \sim 37$ V 范围内连续可调。在输入端并联电容 C_1，旁路整流电路输出的高频干扰信号；电容 C_2 可以消除 R_P 上的纹波电压，使取样电压稳定；电容 C_3 起消振作用。

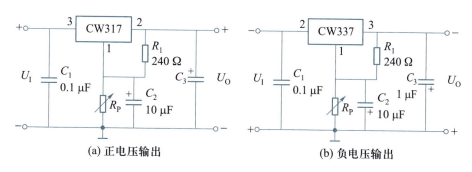

图 4-21　可调式三端集成稳压器电路接线图

工作步骤

步骤一：电路连接

① 识别实训室所提供的电子元器件，并判断按表 4-1 所提供的元器件是否符合图 4-22 所示电路的要求（整流电路输入的交流电压 $U_2 = 9$ V）。

② 在面包板上连接图 4-22 所示电路。

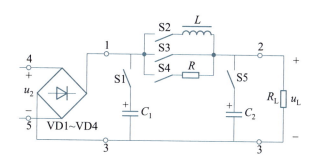

图 4-22　单相桥式整流和滤波电路

步骤二：电路的调试与测量

完成电路的连接并经检查无误后，方能接通电源进行调试与测量。

1. 桥式整流电路

① 在电路"4""5"端接入 9 V 交流电源（由实验台提供），所有拨动开关 S1 ~ S5 均断开（如图 4-22 中所示状态）。

② 用万用表测量输入的交流电压 $U_{45}(U_2)$ 和桥式整流后的直流电压 U_{13}，填入表 4-3 中。

③ 闭合开关 S3，测量负载电阻 R_L 两端电压 $U_{23}(U_L)$，填入表 4-3 中。

表 4-3　桥式整流电路测量记录

电压值	桥式整流电路的输入电压 U_{45}	整流电压 U_{13}	负载电阻 R_L 两端电压 U_{23}
计算值/V			
测量值/V			

2. 电容滤波电路

① 闭合开关 S1,断开 S2、S3、S4、S5,电路为不带负载的桥式整流、电容滤波电路;测量 U_{13},并填入表 4-4 中。

② 闭合开关 S1 和 S3,断开 S2、S4、S5,电路为带负载的桥式整流、电容滤波电路;测量 U_{23},并填入表 4-4 中。

3. 电感滤波电路

闭合开关 S2,断开 S1、S3、S4、S5,电路为带负载的桥式整流、电感滤波电路;测量 U_{23},并填入表 4-4 中。

4. 复式滤波(π 形滤波)

闭合开关 S1、S4、S5,断开 S2 和 S3,电路为带负载的桥式整流、复式滤波(π 形滤波)电路;测量 U_{23},并填入表 4-4 中。

表 4-4　滤波电路测量记录

电路	电容滤波电压 U_{13}	负载电压 U_{23}
电容滤波电路		
电感滤波电路	—	
复式滤波电路	—	

步骤三:观察输出电压的波形

使用 XC4320 型双踪示波器观察,并分析各种滤波电路的特点。

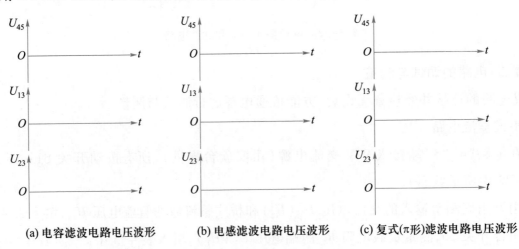

(a) 电容滤波电路电压波形　(b) 电感滤波电路电压波形　(c) 复式(π形)滤波电路电压波形

图 4-23　滤波电路电压波形记录

1. 电容滤波

① 断开所有开关 S1~S5,用示波器观察电路中电压 U_{45} 和 U_{13} 的波形,并绘在图 4-23(a)、(b)、(c)中。

② 闭合开关 S1,用示波器观察电路中电容两端电压 U_{13} 的波形,并绘在图 4-23(a)中;并比较开关 S1 闭合前、后电压 U_{13} 的波形。

2. 电感滤波

① 闭合开关 S2(其他开关均断开),电路为桥式整流、电感滤波电路;用示波器观察电路中电压 U_{23} 的波形,并绘在图 4-23(b)中。

② 比较开关 S2 闭合前后的电压波形。

3. 复合滤波(π 形滤波)

① 闭合开关 S1、S4、S5(其他开关均断开),电路为桥式整流、复合滤波(π 形滤波)滤波电路;用示波器观察电路中电压 U_{23} 的波形,并绘在图 4-23(c)中。

② 比较开关 S1、S4、S5 闭合前、后电压 U_{23} 的波形。

步骤四:制作可调直流稳压电源

在单孔印制电路板上正确焊接如图 4-24 所示的可调直流稳压电源。

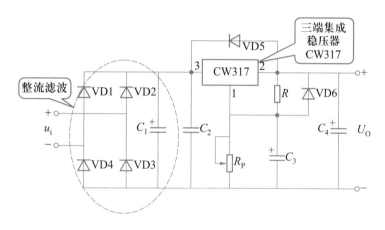

图 4-24 可调直流稳压电源电路原理图

步骤五:电路的调试与测量

完成电路的连接并经检查无误后,方能在输入端接通 16 V 交流电源,进行调试与测量。

① 万用表选择直流电压 50 V 挡,黑表笔接地(直流电源负端),红表笔接 CW317 的 3 脚,将 3 脚的电位值记录于表 4-5 中。

② 万用表选择直流电压 10 V 挡,黑表笔接地(直流电源负端),红表笔接 CW317 的 1 脚,同时用螺丝刀调节电位器 R_{P} 的电阻值,1 脚的电位应均匀地变化;将 1 脚的电位变化范围记录于表 4-5 中。

③ 万用表选择直流电压 50 V 挡,黑表笔接地,红表笔接 CW317 的 2 脚,同时用螺丝刀调

节电位器 R_p 的电阻值,2 脚的电位应在 1.25~21 V 之间均匀地变化;将 2 脚的电位变化范围记录于表 4-5 中。

表 4-5 可调稳压电源电路测量记录

测试项目	测量值/V
CW317 的 3 脚电位值	
CW317 的 1 脚电位变化值	
CW317 的 2 脚电位变化值	

拓展训练 安装与调试调光台灯

相关链接

一、单向晶闸管

（一）外形

晶闸管有单向和双向两种。单向晶闸管的外形如图 4-25(a)所示。

（二）结构与符号

单向晶闸管是由 3 个 PN 结及其划分的 4 个区组成,如图 4-25(b)所示。其内部为 PNPN 4 层结构,形成 3 个 PN 结;因此可等效为由 1 个 PNP 型三极管与 1 个 NPN 型三极管组成的器件。由外层的 P 型和 N 型半导体分别引出阳极 A 和阴极 K,由中间的 P 型半导体引出控制极 G。图 4-25(c)所示为单向晶闸管的图形符号,相当于在二极管符号的基础上加上 1 个控制极,表示是有控制端的单向导电器件(而普通二极管是无控制端的单向导电器材)。文字符号为 VT。

（三）工作特性

（1）单向晶闸管的导通必须具备两个条件:

① 在阳极（A）与阴极（K）之间必须为正向电压（或正向偏压）,即 $U_{AK}>0$。

② 在控制极（G）与阴极（K）之间也应有正向触发电压,即 $U_{GK}>0$。

（2）晶闸管导通后,控制极（G）将失去作用,即当 $U_{GK}=0$ 时,晶闸管仍然导通。

（3）单向晶闸管要关断时必须满足:

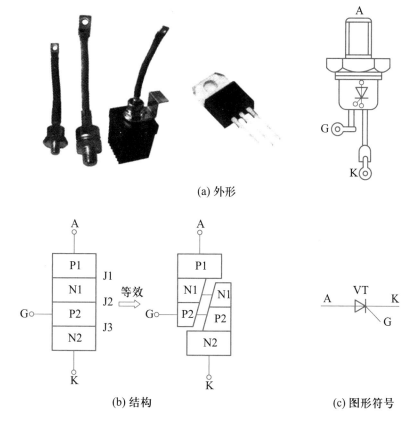

(a) 外形

(b) 结构　　　　(c) 图形符号

图 4-25　单向晶闸管的外形、结构与图形符号

导通（工作）电流小于晶闸管的维持电流或在阳极（A）与阴极（K）之间加上反向电压（反向偏压），即 $I_V < I_H$ 或 $U_{AK} < 0$。

（四）主要参数

1. 额定正向平均电流 I_T

额定正向平均电流 I_T 是指在规定的环境温度和散热条件下，允许通过阳极和阴极之间的电流平均值。

2. 维持电流 I_H

维持电流 I_H 是指在规定的环境温度和控制极 G 断开的条件下，保持晶闸管处于导通状态所需要的最小正向电流。

3. 控制极触发电压和电流

控制极触发电压和电流是指在规定的环境温度和一定的正向电压条件下，使晶闸管从关断到导通时，控制极 G 所需要的最小正向电压和电流。

4. 反向阻断峰值电压（额定电压）

反向阻断峰值电压是指在规定的环境温度和控制极 G 断开的条件下，可以允许重复加到晶闸管的反向峰值电压，又称为晶闸管的额定电压。

二、双向晶闸管

（一）外形

双向晶闸管的外形如图 4-26（a）所示。

（二）结构与符号

双向晶闸管的结构如图 4-26（b）所示，可见它是一个 NPNPN 5 层结构的半导体器件，其功能相当于一对反向并联的单向晶闸管，电流可以从两个方向通过。所引出的 3 个电极分别为第一阳极 T1、第二阳极 T2 和控制极 G。双向晶闸管的图形符号如图4-26（c）所示。

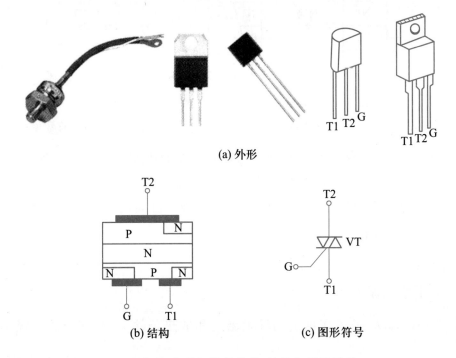

(a) 外形

(b) 结构　　　　　(c) 图形符号

图 4-26　双向晶闸管的外形、结构与图形符号

（三）工作特性

① 双向晶闸管导通必备的条件是：只要在控制极（G）加有正向或负向触发电压（即 $U_G>0$ 或 $U_G<0$），则不论第一阳极（T1）与第二阳极（T2）之间加正向电压或是反向电压，晶闸管都能导通。

② 晶闸管导通后，控制极（G）将失去作用，即当 $U_G=0$，晶闸管仍然导通。

③ 只要使其导通（工作）电流小于晶闸管的维持电流值，或第一阳极（T1）与第二阳极（T2）间外加的电压过零时，双向晶闸管都将关断。

三、单结晶体管

单结晶体管的外形如图 4-27 所示,其结构如图 4-28(a)所示,它是在一块高阻率的 N 型硅基片上用镀金陶瓷片制作成两个接触电阻很小的极,作为第一基极 B1 和第二基极 B2,在硅基片的另一侧靠近 B2 处掺入 P 型杂质,从而形成 PN 结,并引出电极作为发射极 E。其等效电路是由第一基极 B1 和第二基极 B2 之间的电阻 R_{BB}($R_{BB} = R_{B1} + R_{B2}$)、发射极 E 与两基极之间的 PN 结(即二极管 VD)所组成,如图 4-28(c)所示。单结晶体管的图形符号如图 4-28(b)所示,文字符号为 VT。

图 4-27 单结晶体管外形

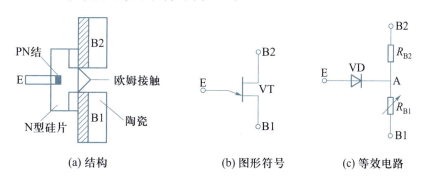

(a) 结构   (b) 图形符号   (c) 等效电路

图 4-28 单结晶体管的结构、图形符号以及等效电路

单结晶体管的导通条件为:在 E 极与 B1 极之间应为正向电压(即 $U_{EB1} > 0$),且在 B2 极与 B1 极之间也应为正向电压(即 $U_{B2B1} \gg 0$)。

当 U_{EB1} 较低时,单结晶体管 VT 是截止的;但当 U_{EB1} 上升至某一数值时,I_E 会加大,而 r_{EB1} 迅速下降,即单结晶体管迅速导通,相当于开关的闭合。因此,只要改变 U_{EB1} 的大小,就可控制单结晶体管迅速导通或截止。

四、单相可控整流电路

以图 4-29 所示的单相半控桥式可控整流电路为例,电路中 4 个整流元件有 2 个是晶闸管(VT1、VT2),2 个是二极管(VD1、VD2)故称为半控桥式。若 4 个整流元件都是晶闸管,则称为单相全控桥式可控整流电路。其工作原理简述如下:

① 当 $0 < t < t_1$ 时,$u_2 > 0$,但 $u_G = 0$,晶闸管 VT1、VT2 均关断,$u_L = 0$。

② 当 $t = t_1$ 时,$u_2 > 0$,$u_G > 0$,晶闸管 VT1 导通,二极管 VD2 也导通,而晶闸管 VT2 与二极管 VD1 反偏而关断或截止;电流 i_L 通过负载电阻 R_L,并在负载电阻 R_L 上形成输出电压 u_L。在 $t_1 < t < t_2$ 时,晶闸管 VT1 维持导通,因此,输出电压 u_L 与 u_2 相等,如图 4-29(b)中 u_L 的阴影部分所示。

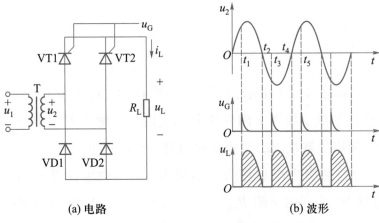

(a) 电路   (b) 波形

图 4-29 单相半控桥式可控整流电路及波形

③ 当 $t=t_2$ 时，$u_2=0$，晶闸管 VT1 自行关断、VT2 也关断，$u_L=0$。

④ 当 $t_2<t<t_3$ 时，$u_2<0$，但 $u_G=0$，晶闸管 VT1、VT2 均关断，$u_L=0$。

⑤ 当 $t=t_3$ 时，$u_2<0$，$u_G>0$，晶闸管 VT2 导通，二极管 VD1 也导通，而晶闸管 VT1 与二极管 VD2 反偏而关断或截止；电流 i_L 通过负载电阻 R_L，并在负载电阻 R_L 上形成输出电压 u_L。在 $t_3<t<t_4$ 时，晶闸管 VT2 维持导通，因此，输出电压 u_L 与 u_2 相等，如图 4-29（b）中 u_L 的阴影部分所示。

⑥ 当 $t=t_4$ 时，$u_2=0$，晶闸管 VT2 自行关断、VT1 也关断，$u_L=0$；同时又是进入 u_2 的第二个周期的开始，即从 $t=t_4$ 开始，电路将重复上一周期的变化；不断重复过程。

由此可见，在 u_2 的一个周期里，不论 u_2 是正半周（即 $u_2>0$）还是负半周（即 $u_2<0$），总有 1 只晶闸管和 1 只二极管同时导通，从而在负载 R_L 上得到单方向的全波脉动直流电 u_L。

该电路也是通过调节触发信号 u_G 到来的时间来改变晶闸管的控制角 α，即改变导通角 θ，从而实现控制或调节输出的直流电。

五、单结晶体管自激振荡电路

图 4-30 所示是单结晶体管自激振荡电路，其工作原理简述如下：

1. 触发信号的产生

接通电源后，电源 E 经过 R_P 和 R_E 对电容 C 充电，电容电压 u_C 按指数规律上升。当 u_C 上升到 U_P 时（即 $u_E \geqslant U_P$），单结晶体管 VT 迅速导通，电容电压 u_C 瞬间加至 R_1 的两端，u_O 出现跳变；同时，电容 C 通过 R_1 放电，即使电容电压 u_C 通过 R_1 放电，u_O 缓慢下降；因此在 R_1 上产生一个尖脉冲电压 u_O，如图 4-30（b）所示。

在放电过程中，当电容电压 u_C 下降到 U_V 时，单结晶体管截止；放电结束。此后电容 C 又充电，重复上述过程；于是在电容 C 上形成锯齿波形电压，而在 R_1 上产生一系列的尖脉冲电

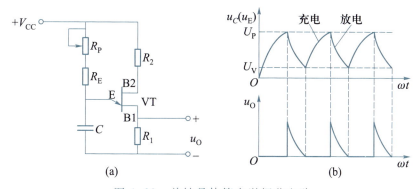

图 4-30　单结晶体管自激振荡电路

压 u_O，如图 4-30（b）所示。

2. 触发移相控制

若将电阻 R_P 调小，电容 C 充电就会加快，u_C 上升到 U_P 的时间就变短，出现尖脉冲的时间就提前。可见，调节 R_P 值就可以调整电容 C 充电的快慢，亦可控制单结晶体管 VT 迅速导通的时间，即改变触发脉冲产生的时间，从而改变输出脉冲的频率。

工作步骤

步骤一：器材准备

完成本拓展训练所需要的工具与器材、设备见表 4-6。检查和认识实训室提供的工具与器材、设备。可先由指导教师介绍、讲解和示范操作这些工具、仪表的使用方法和注意事项。

表 4-6　完成本拓展训练所需要的工具与器材、设备明细表

序号	名称	符号	型号/规格	单位	数量
1	二极管	VD1~VD4	1N4004、1 A、400 V	个	4
2	单向晶闸管	VT1	3CT	个	1
3	单结晶体管	VT2	BT33	个	1
4	电阻	R_1	51 kΩ	个	1
5	电阻	R_2	18 kΩ	个	1
6	电阻	R_3	300 Ω	个	1
7	电阻	R_4	100 Ω	个	1
8	可调电阻	R_P	470 kΩ	个	1
9	电容	C	0.022 μF　涤纶电容器	个	1
10	照明灯（配灯座）	HL	220 V、15 W	盏	1
11	单掷拨动开关	S	220 V、5 A	个	1
12	单相交流电源		220 V	处	1

序号	名称	符号	型号/规格	单位	数量
13	电源线、安装连接导线				若干
14	万用表		MF-47 型	台	1
15	电烙铁		15~25 W	支	1
16	焊接材料		焊锡丝、松香助焊剂、烙铁架等,连接导线若干	套	1
17	电工电子实训通用工具		验电笔、锤子、螺丝刀(一字和十字)、电工刀、电工钳、尖嘴钳、剥线钳、镊子、小刀、小剪刀、活动扳手等	套	1
18	线路板			块	1

步骤二:认识和检测单向晶闸管

1. 极性判别

选用万用表的电阻 $R×100$ 挡;用黑表笔固定接一引脚,红表笔分别接其余两个引脚。测读出一组电阻值;交换表笔再次测量;若其中只有一次测得的电阻值较小,黑表笔所接的引脚为控制极 G,红表笔所接的引脚为阴极 K,剩余一引脚为阳极 A,如图 4-31 所示。

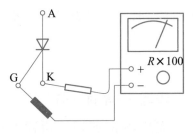

图 4-31 单向晶闸管极性判别

2. 检测

① 选用万用表的电阻 $R×1$ k 挡;测量 G 极与 A 极之间、A 极与 K 极之间的正反向电阻均应为无穷大。若 G 极与 A 极之间、A 极与 K 极之间的正反向电阻都很小,说明单向晶闸管内部击穿。

② 选用万用表的电阻 $R×100$ 挡;将黑表笔接 A 极,红表笔接 K 极;再将 G 极与黑表笔(或 A 极)瞬间相碰触一下,单向晶闸管应出现导通状态即万用表指针向右偏转,并应能维持导通状态。

步骤三:安装与调试调光台灯

用表 4-6 所提供的元器件,在线路板上焊接成图 4-32 所示电路。

① 完成电路的连接后,仔细检查各元器件的安装情况,最后接上照明灯,方可接通电源进行调试。

② 由于电路直接与市电相连,因此调试时应注意安全,防止触电。

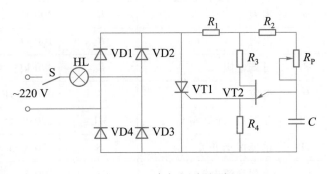

图 4-32 台灯调光电路

③ 插上电源插头,闭合开关,旋转电位器 R_P,照明灯应逐渐变亮或变暗。

评价反馈

根据实训任务完成情况进行自我评价、小组互评和教师评价,评分值记录于表4-7中。

表4-7 评 价 表

项目内容	配分	评分标准	自评	互评	师评
1. 选配元器件	10分	(1) 能正确选配元器件,选配出现一个错误扣1~2分; (2) 能正确测量二极管、晶闸管,出现一个错误扣1~2分			
2. 安装工艺与焊接质量	30分	安装工艺与焊接质量不符合要求,每处可酌情扣1~3分,例如: (1) 元器件成形不符合要求 (2) 元器件排列与接线的走向错误或明显不合理 (3) 导线连接质量差,没有紧贴电路板 (4) 焊接质量差,出现虚焊、漏焊、搭锡等			
3. 电路调试	20分	(1) 两个电路均一次通电调试成功,得满分 (2) 如在通电调试时发现电器安装或接线错误,每处扣3~5分			
4. 电路测试	20分	能正确用万用表测量电压,用示波器测试电压波形,且记录完整,可得满分;否则每项酌情扣2~5分			
5. 安全、文明操作	20分	(1) 违反操作规程,产生不安全因素,可酌情扣7~10分 (2) 着装不规范,可酌情扣3~5分 (3) 迟到、早退、工作场地不清洁,每次扣1~2分			
总评分(自评分×30%+互评分×30%+师评分×40%)					

阅读材料　LED简介

发光二极管LED由砷化镓、磷化镓等材料制成,当有电流通过时可以发出可见光,是一种能将电能直接转换为光能的半导体元器件。LED是将半导体晶片附在一个支架上,引出正负两个电极,整个晶片用环氧树脂封装,其外形如图4-33所示。

光的颜色取决于光的波长,而LED发出的光

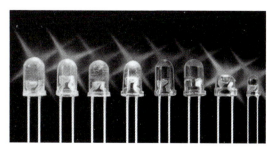

图4-33　发光二极管

的波长由 PN 结的材料决定。LED 光源可利用红、绿、蓝三基色原理,在计算机技术控制下使 3 种颜色具有 256 级灰度并任意混合,即可产生 $256^3 = 16\ 777\ 216$ 种颜色,形成不同光色的组合,变化多端,实现丰富多彩的动态变化效果,由 LED 组成的点阵可以拼成各种图像。

LED 最初用作仪器仪表的指示光源,后来各种颜色的 LED 用于交通信号灯和大面积显示屏,现在 LED 已被广泛应用于室内(外)照明、景观照明和特种照明三大领域:

1. 室内(外)照明

随着人们生活水平和生活品位的提高,对照明的需求也不再满足于单纯的照明。在照明设计中,首先需要考虑不同的照明环境对人的生理和心理产生的影响,进而根据季节、地域、文化的差异等因素来进行设计,营造出一个生动且富有人性的照明环境。其次,智能化照明逐渐成为照明设计的发展方向,智能化照明不仅更加省电、环保,还可以通过智能控制来模拟不同场景的灯光效果,实现智能灯光控制,从而达到舒适、高效的照明效果。

LED 由于具有节能(能耗仅为白炽灯的 1/10、节能灯的 1/4),高效(相同功率下亮度是白炽灯的 10 倍),耐用(工作寿命可达 10 万小时以上),安全(可工作在高速频繁开关状态),无频闪,易包装,环保(没有铅、汞等有害物质),应用灵活(可以做成点、线、面各种形式的轻薄短小产品),易控制(只要调整电流就可以随意调光,产生不同光色及变化多端的各种组合),与计算机技术、网络通信技术、图像处理技术和嵌入式控制技术融合度高等优点,已成为当今照明设备的首选。

2. 景观照明

随着我国城市化进程加快,城市夜景也成为展示城市现代化文明建设的名片。丰富的灯光语言可以反映一座城市的历史积淀和文化底蕴。LED 照明产品由于其出色的色彩表现力、变光变色极强的控制能力、体积小、耐用、节能、稳定等特性,被大量应用于景观照明领域。LED 照明产品在表现建筑物的质感,呈现高品质、艺术感的景观照明等方面具有独特优势,迅速取代了传统的景观照明光源,广泛用于各种大型国际会展和著名景点的照明设计中(如图 4-34 所示)。

图 4-34　LED 用于景观照明

3. 特种照明

特种照明设备广泛应用于易燃易爆、强振动、强冲击、强腐蚀、高低温、高湿、高压力、电磁干扰、宽电压输入等特殊环境,需满足特种配光、信号、应急等特殊照明需求。在这些领域,LED 产品亦可充分发挥其优势。例如,LED 灯可用于农业中的室内园艺种植。栽种专用的LED 灯经过特别设计,其光波刚好是叶绿素吸收的波长,在促进生长之余亦可减少植物不吸收的光波,发热少能减少蒸发作用,从而减少灌溉次数。根据不同植物使用不同的 LED 光进行自动控制照射,调节植物生长期。由于植物工厂内环境可控性强,栽培环境的 CO_2 浓度可以得到大幅增加,使植物的光合作用效率提高,植物生长量的形成和营养物质的积累都可以达到常规栽培的数倍。

随着科学技术的飞速发展,LED 照明市场潜力将会被进一步激发,将会更加深入人们生活的各个领域。

项 目 小 结

1. P 型和 N 型半导体分别为空穴型导电和电子型导电半导体,在 P 型和 N 型半导体的交界面形成 PN 结。PN 结具有单向导电特性,即正向偏置时,呈现很小的正向电阻,相当于导通状态;反向偏置时,呈现很大的反向电阻,相当于截止状态。

2. 二极管是由一个 PN 结组成的半导体器件,其最主要的特性是单向导电性,可用伏安特性曲线来形象地描述。选用二极管主要应考虑最大整流电流 I_{FM} 和最大反向工作电压 U_{RM}这两个主要参数。

3. 按二极管的用途可分为整流二极管、稳压二极管、发光二极管和光电二极管等。在本项目中主要介绍二极管的整流作用。所谓整流,就是将交流电变换为(脉动)直流电的过程。利用二极管的单向导电性,可组成桥式整流电路,实现整流的功能。

4. 滤波电路的作用是滤除脉动直流电的交流成分,而保留直流成分,从而获得波形较平滑的直流电。常用的滤波电路有电容滤波、电感滤波和复式滤波电路。

5. 虽然交流电经过整流、滤波后变为平滑的直流电,但由于电网电压的波动或负载的变化会使输出的直流电压随之变化而不够稳定。因此,往往需要在整流、滤波后再加入稳压电路以保证输出直流电压的稳定。

6. 在集成电路已经广泛使用的今天,多采用单片式三端集成稳压器组成集成稳压电路。三端集成稳压器有固定输出和可调输出、正电压输出和负电压输出之分。

7. 晶闸管是应用广泛的可控功率电子器件,有单向晶闸管和双向晶闸管两种。主要应用范围是可控整流、交流调压、大功率变频控制和逆变控制等。

8. 单向晶闸管输出的直流电具有可控性。在其阳极和阴极间加上正向电压后,还必须同时在控制极和阴极间加适当的触发脉冲,才能使晶闸管导通;因此,晶闸管在正向电压下的输出取决于触发脉冲到来的时间。

晶闸管被触发导通后,其控制极将失去控制作用。要使晶闸管重新关断,必须将其工作电流减小到低于维持电流或加上反向电压。

9. 单结晶体管是只有一个 PN 结的三极管,具有两个基极,即第一基极和第二基极;因此又称为双基极二极管。单结晶体管自激振荡电路可产生晶闸管的触发脉冲信号。

练习题

一、填空题

1. 导电性能介于导体与绝缘体之间的物质称为_____。

2. N 型半导体中,主要依靠_____来导电。P 型半导体中,主要依靠_____来导电。

3. PN 结具有_____的特性。

4. PN 结的正向接法是将电源的正极接_____区,电源的负极接_____区。

5. 硅二极管的开启电压约为_____V,锗二极管的开启电压约为_____V。

6. 二极管导通后,硅管管压降约为_____V,锗管管压降约为_____V。

7. 整流是将_____变换为_____的过程。

8. 在单相桥式整流电路中,如果负载电流为 10 A,则流过每只整流二极管的电流是_____A。

9. 滤波是尽可能地滤除脉动直流电的_____,保留脉动直流电的_____。

10. 电容滤波是利用电容的_____特点进行滤波。

11. 电感滤波是利用电感的_____特点进行滤波。

12. 常用的滤波电路有_____、_____、复式滤波电路等几种类型。

13. 电容滤波适用于_____场合,电感滤波适用于_____场合。

14. 稳压的作用是当_____发生波动或_____发生变化时,输出电压应不受影响。

15. CW78×× 系列集成稳压器为_____电压输出。

16. 单向晶闸管具有_____极、_____极和_____极。

17. 单向晶闸管导通必须具备_____条件和_____条件。

18. 单向晶闸管要关断时,必须满足_____条件。

19. 桥式可控整流电路,因电路中 4 个整流元件有 2 个是晶闸管,故称为_____。

20. 当流过晶闸管的_____超过其额定正向平均电流的有效值时,称为_____。

二、选择题

1. 半导体在外电场的作用下,(   )做定向移动形成电流。

A. 电子   B. 空穴   C. 电子和空穴

2. P 型半导体主要依靠(   )导电。

A. 电子   B. 空穴   C. 电子和空穴

3. PN 结的 P 区接电源负极,N 区接电源正极,称为(   )偏置接法。

A. 正向   B. 反向   C. 零

4. 二极管正向导通时,呈现(   )。

A. 较小电阻   B. 较大电阻   C. 不稳定电阻

5. 二极管正向导通的条件是其正向电压值(   )。

A. 大于 0   B. 大于 0.3 V   C. 大于开启电压

6. 二极管的正极电位为 -20 V,负极电位为 -10 V,则二极管处于(   )状态。

A. 正偏   B. 反偏   C. 不稳定

7. 在整流电路中起到整流作用的元器件是(   )。

A. 电阻   B. 电容   C. 二极管

8. 交流电通过单相整流电路后,得到的输出电压是(   )。

A. 交流电压   B. 脉动直流电压   C. 恒定直流电压

9. 单相桥式整流电路在输入交流电的每半个周期内有(   )只二极管导通。

A. 1   B. 2   C. 4

10. 单相桥式整流电路接入滤波电容后,二极管的导通时间(   )。

A. 变长   B. 变短   C. 不变

11. 单相桥式整流电容滤波电路中,如果电源变压器二次电压为 100 V,则负载电压为(   )。

A. 90 V   B. 100 V   C. 120 V

12. 几种复式滤波电路比较,滤波效果最好的是(   )电路。

A. π 形 *RC* 滤波   B. π 形 *LC* 滤波   C. *LC* 型滤波

13. 滤波电路中,滤波电容和负载(   ),滤波电感和负载(   )。

A. 串联   B. 并联   C. 混联

14. 在直流稳压电源中,采取稳压措施是为了(   )。

A. 将交流电变换为直流电

B. 保证输出电压不受电网波动和负载变化的影响

C. 稳定电源电压

15. CW79×× 系列集成稳压器为(   )输出。

A. 负电压   B. 正电压   C. 正、负电压

16. 单向晶闸管有( )个 PN 结。

A. 1   B. 2   C. 3

17. 单向晶闸管导通必须具备的条件是( )。

A. $U_{AK} > 0$ B. $U_{GK} > 0$ C. $U_{AK} > 0$ 和 $U_{GK} > 0$

18. 晶闸管要关断时,其导通电流( )晶闸管的维持电流值。

A. 小于   B. 大于   C. 等于

19. 在晶闸管的阳极与阴极之间加上( )偏压,晶闸管将要关断。

A. 正向   B. 反向   C. 双向

20. 单结晶体管有( )个 PN 结。

A. 1   B. 2   C. 3

21. 改变单结晶体管( )的大小,就可使其迅速地导通与截止。

A. U_{BE1} B. U_{EB1} C. U_{BE2}

22. 晶闸管的导通角 θ 越小,输出的负载电压 u_L 就( )。

A. 越小   B. 不变   C. 越大

23. 调整电容 C 充电变慢,单结晶体管导通时间延迟,即使触发脉冲产生的时间( )。

A. 提前   B. 不变   C. 延迟

三、判断题

1. 在 N 型半导体中,主要是依靠电子来导电。 ( )

2. 二极管具有单向导电性。 ( )

3. 二极管加正向电压时一定导通。 ( )

4. PN 结正向偏置时电阻小,反向偏置时电阻大。 ( )

5. 当二极管加上反偏电压且不超过反向击穿电压时,二极管只有很小的反向电流通过。

( )

6. 硅二极管的开启电压小于锗二极管的开启电压。 ( )

7. 单相整流电容滤波电路中,电容的极性不能接反。 ( )

8. 整流电路接入电容滤波后,输出直流电压下降。 ( )

9. 单相整流电容滤波电路中,电容容量越大滤波效果越好。 ( )

10. 复式滤波电路的滤波效果比单一使用电容或电感的滤波效果要好。 ( )

11. 单向晶闸管是由两个三极管组成。 ( )

12. 晶闸管的控制极仅在触发晶闸管导通时起作用。 ( )

13. 晶闸管的控制极加上触发信号后,晶闸管就导通。 ( )

14. 当晶闸管阳极电压为零时,晶闸管就马上关断。 ( )

15. 只要阳极电流小于维持电流,晶闸管就关断。 ( )

16. 只要给晶闸管加足够大的正向电压,没有控制信号也能导通。 （　　）

17. 单结晶体管有两个 PN 结。 （　　）

18. 单结晶体管又称为双基极二极管。 （　　）

四、综合题

1. 判别图 4-35 所示电路中二极管的工作状态。

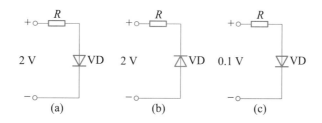

图 4-35　综合题 1 附图

2. 试确定图 4-36 中硅二极管两端的电压值。

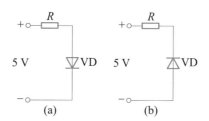

图 4-36　综合题 2 附图

3. 试确定图 4-37 中硅二极管两端的电压值。

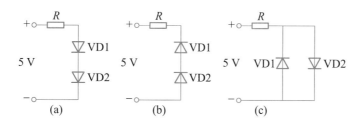

图 4-37　综合题 3 附图

4. 什么是整流？简述单相桥式整流电路的工作原理和特点。

5. 什么是滤波？试述电容滤波和电感滤波的原理与特点。

6. 什么是稳压？

7. 完成图 4-38 所示电路中的整流电路。

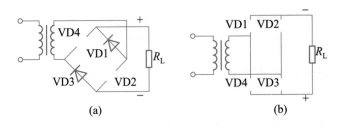

图 4-38　综合题 7 附图

8. 将图 4-39 中的元器件连接成单相桥式整流电路。

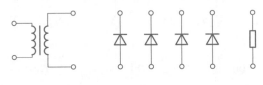

图 4-39　综合题 8 附图

9. 指出图 4-40 中的元器件错误之处,并改正。

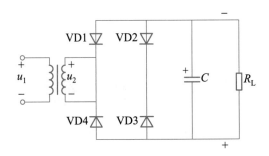

图 4-40　综合题 9 附图

10. 在图 4-41 所示电路中,若 VD2 烧毁(开路),电路的负载端电压波形将如何?

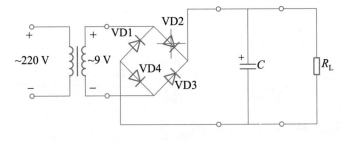

图 4-41　综合题 10 附图

11. 有一电阻性负载,采用单相桥式整流电容滤波电源供电,如果要求输出电压 12 V,电流 1 A,试选择整流二极管并确定滤波电容器的耐压。

12. 晶闸管导通后其阳极电流的大小取决于什么?

13. 简述单相桥式可控整流电路的调压原理。

14. 简述单结晶体管自激振荡电路的工作原理。

15. 简述图 4-32(台灯调光电路)所示电路的工作原理。

五、学习记录与分析

1. 复习记录于表 4-3、表 4-4、表 4-5 和图 4-23 中的数据与图形。并分析、比较交流电源输入电压、整流电路输出电压、滤波电路输出电压和稳压电路输出电压的数值和波形。

2. 在本单元中使用了什么类型的二极管,各有什么用途?

项目 5　三极管及放大、振荡电路——制作声控闪光灯和报警器

引导门

在项目 4 中我们知道由一个 PN 结可以构成具有单向导电性的二极管,而由两个 PN 结构成的三极管具有什么性能呢? 如何用三极管构成放大电路? 我们都听说过集成电路,集成电路与前面由分立元器件组成的电路从结构、工作原理到性能和使用方法有些什么不同呢?

学习目标

通过对三极管结构与原理、三极管在放大电路中的应用,以及基本共射放大电路原理的学习,学会制作声控闪光灯。

通过对集成运放的符号与引脚功能、集成运放的应用电路,以及负反馈放大电路的学习,学会制作报警器。

应知

① 了解三极管的结构、类型、电路符号、引脚、输入输出伏安特性和主要参数;理解三极管的电流放大作用。

② 能识读基本共射放大电路和分压式偏置放大电路图,掌握电路分析的基本方法;了解电路的放大作用和原理。

③ 了解影响放大电路静态工作点稳定的因素,以及分压式偏置放大电路稳定静态工作点的原理。

④ 了解集成运放的电路结构、特点、符号及器件的引脚功能;能识读由理想集成运放构成的常用电路。

⑤ 理解反馈的概念,了解负反馈对放大电路性能的影响。

应会

① 认识各种常见的电子元件和各种三极管;会用万用表测量三极管并测试其静态工作点。

② 学会搭接基本共射放大电路和分压式偏置放大电路。

③ 进一步掌握手工焊接基本技能;会用万用表和示波器、低频信号发生器、毫伏表等测量放大电路的相关电量参数和波形。

④ 学会识别所使用的集成电路的引脚;会安装和调测集成运放组成的同相比例和反相比例运算电路;学会制作声控闪光灯和报警器。

学习任务5.1 认识和测试三极管

基础知识

一、三极管的结构

在一块半导体基片上形成3个导电区和2个PN结(如图5-1所示),就组成一只三极管。3个区分别称为集电区、基区和发射区;集电区与基区之间的PN结称为集电结,基区与发射区之间的PN结称为发射结。在集电区、基区和发射区各引出一导线,分别称为集电极、基极和发射极(分别用C、B、E表示)。

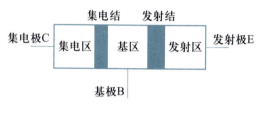

图5-1 三极管的结构

三极管内部结构的特点是:① 基区做得很薄;② 发射区多数载流子的浓度比基区和集电区高得多;③ 集电结的面积要比发射结的面积大。因此,三极管在使用时集电极与发射极不能互换。

二、三极管的类型与符号

三极管根据其结构分为NPN型和PNP型两种类型,如图5-2所示。根据所用的半导体材料可分为硅管和锗管。目前我国制造的硅管多为NPN型,锗管多为PNP型;而且硅管相对于锗管而言,受温度的影响较小,性能更稳定,因而使用更广泛。

(a) NPN型   (b) PNP型

图5-2 NPN型和PNP型

另外,根据功率可分为小功率管、中功率管和大功率管;根据工作频率可分为低频管、高频管、超高频管、甚高频管等;根据用途还可分为放大管和开关管等。

NPN 型和 PNP 型三极管的图形符号如图 5-3 所示；文字符号用 VT 表示。

三、三极管的电流放大作用

1. 实现电流放大作用的条件

三极管具有电流放大作用的外部条件是：发射结加正向偏置电压，集电结加反向偏置电压。

2. 三极管的电流放大

通过如图 5-4 所示电路可测量 I_B、I_C、I_E 并研究它们之间的相互关系：改变 R_P 可以改变基极电流 I_B，而且集电极电流 I_C 与发射极电流 I_E 也随之改变，测试数据见表 5-1。

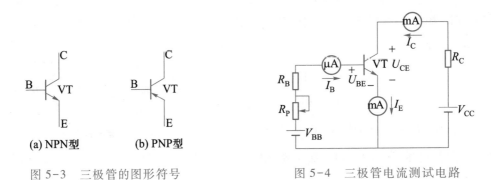

(a) NPN型　　　　(b) PNP型

图 5-3　三极管的图形符号　　　　图 5-4　三极管电流测试电路

表 5-1　三极管电流放大实验测试数据

电流/mA	实验次数		
	1	2	3
I_B	0	0.02	0.04
I_C	≈0	1.14	2.31
I_E	≈0	1.16	2.34

比较表 5-1 的 3 组测量数据可以得出以下结论：

① 3 个电流符合基尔霍夫电流定律：$I_E = I_C + I_B$。

② 对一个确定的三极管，I_C 与 I_B 的比值基本不变，该比值称为三极管的共发射极直流电流放大系数

$$\bar{\beta} = \frac{I_C}{I_B} \tag{5-1}$$

③ 基极电流的微小变化（ΔI_B）能引起集电极电流的较大变化（ΔI_C），其比值称为三极管的共发射极交流电流放大系数

$$\beta = \frac{\Delta I_{\mathrm{C}}}{\Delta I_{\mathrm{B}}} \qquad\qquad (5-2)$$

④ 当基极开路（即 $I_{\mathrm{B}}=0$）时，$I_{\mathrm{C}} \neq 0$。这时的 I_{C} 值称为穿透电流，记为 I_{CEO}。I_{CEO} 很小且不受 I_{B} 的控制，但受温度的影响较大。

⑤ β 和 $\bar{\beta}$ 的区别和联系

因为 $I_{\mathrm{B}}=0$ 时，$I_{\mathrm{C}}=I_{\mathrm{CEO}}$；基极电流由 0 增至 I_{B} 时，集电极电流也相应地由 I_{CEO} 增至 I_{C}，可得出

$$I_{\mathrm{C}} = \beta I_{\mathrm{B}} + I_{\mathrm{CEO}} \qquad\qquad (5-3)$$

所以

$$\beta = \frac{\Delta I_{\mathrm{C}}}{\Delta I_{\mathrm{B}}} = \frac{I_{\mathrm{C}} - I_{\mathrm{CEO}}}{I_{\mathrm{B}} - 0}$$

因为 I_{CEO} 很小，所以 $I_{\mathrm{C}} \approx \beta I_{\mathrm{B}}$，或 $\beta \approx \bar{\beta}$，在工程上一般对 β 和 $\bar{\beta}$ 不做严格区分，估算时可以通用。

由以上的分析可见：三极管基极电流 I_{B} 的微小变化（ΔI_{B}）能引起集电极电流 I_{C} 的显著变化（ΔI_{C}），即小电流可以控制大电流，这就是三极管电流放大作用的实质。

三极管的特性

四、三极管的特性

（一）输入特性及其曲线

输入特性是指 U_{CE} 为定值时 U_{BE} 与 I_{B} 之间的关系，其曲线如图 5-5 所示。由输入特性曲线可见，三极管的 U_{BE} 只有大于一定值（硅管约为 0.5 V，锗管约为 0.2 V）时，I_{B} 才大于 0。

（二）输出特性及其曲线

输出特性是指 I_{B} 为定值时 U_{CE} 与 I_{C} 之间的关系，其曲线如图 5-6(a)所示。当改变 I_{B} 值时，就可得到另一条曲线，因此每一个 I_{B} 值就有一条曲线与之对应，所以三极管的输出特性曲线实际是一组曲线族，如图 5-6(b)所示。

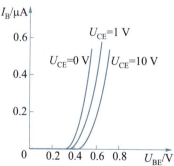

图 5-5　三极管的输入特性曲线

（三）工作状态

三极管的输出特性曲线可以分成 3 个区，分别对应 3 种工作状态，如图 5-6(b)所示。

1. 截止区（截止状态）

截止区是指 $I_{\mathrm{B}}=0$ 曲线以下的区域。根据三极管的输入特性曲线，$I_{\mathrm{B}}=0$ 时，即 U_{BE} 小于开启电压。根据三极管的输出特性曲线，$I_{\mathrm{B}}=0$ 时，I_{C} 为很小的数值，该数值称为穿透电流

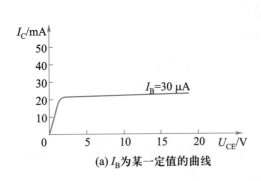 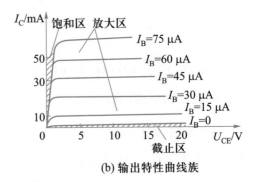

(a) I_B 为某一定值的曲线　　　　　(b) 输出特性曲线族

图 5-6　三极管的输出特性曲线

（I_{CEO}）。因此，三极管的截止状态是 U_{BE}<开启电压的区域，$I_B = 0$，$I_C \approx 0$。

2. 放大区（放大状态）

放大区是指曲线之间间距基本相等，并互相平行的区域。根据三极管的输入特性曲线，U_{BE} 大于开启电压，I_B 大于 0。根据三极管的输出特性曲线，不同的 I_B 值，就有相应的 I_C 值；而且微小的 ΔI_B 可以得到较大的 ΔI_C，这就是三极管的电流放大作用。因此，三极管的放大状态是 U_{BE}>开启电压，且 U_{CE}>U_{BE}，I_C 受 I_B 控制。此时，硅三极管的管压降 U_{BE} 约为 0.7 V，锗三极管的管压降 U_{BE} 约为 0.3 V。

3. 饱和区（饱和状态）

饱和区是指 U_{CE} 较小，I_C 较大的狭窄区域。三极管的饱和状态是 U_{CE}<U_{BE}，I_C 不再受 I_B 控制；此时，三极管将失去电流的放大作用。在饱和状态下 U_{CE} 较小，该值称为饱和压降 U_{CES}。

五、三极管的主要参数

（一）共发射极电流放大系数 β

三极管的 β 值通常在 20～200 之间；若 β 值太小，则其放大能力差；若 β 值太大，则其工作性能不稳定，所以一般选 β 值在 60～100 之间。

（二）极间反向饱和电流 I_{CBO}、I_{CEO}

I_{CEO} 与 I_{CBO} 之间的关系为

$$I_{CEO} = (1+\beta) I_{CBO}$$

I_{CEO} 与 I_{CBO} 都随温度的上升而增大。I_{CEO} 又称为穿透电流。I_{CEO} 越小，三极管对温度的稳定性就越好，因此要选用 I_{CEO} 和 I_{CBO} 小的三极管。硅管的穿透电流通常要比锗管小，因此硅管对温度的稳定性较好。

（三）极限参数

1. 集电极最大允许电流 I_{CM}

若 I_C>I_{CM} 时，则放大能力变差；若 I_C≫I_{CM} 时，将会使三极管损坏。

2. 反向击穿电压 U_{CEO}

若 $U_{CE} > U_{CEO}$ 时，I_C 会急剧增大，造成三极管击穿损坏。

3. 集电极最大耗散功率 P_{CM}

若 $U_{CE}I_C > P_{CM}$ 时，将使三极管的工作温度过高而损坏。大功率的三极管为防止工作温度过高，通常装有散热片。

工作步骤

步骤一：实训准备

完成学习任务 5.1、5.2 所需要的工具与器材、设备见表 5-2。

表 5-2　完成学习任务 5.1、5.2 所需要的工具与器材、设备明细表

序号	名称	符号	型号/规格	单位	数量
1	直流稳压电源		0~±12 V(连续可调)		1
2	三极管	VT	9014 或 3DG 类型(设 β 值为 60)	个	2
3	电阻器	R	由 1 kΩ~1 MΩ 各种阻值	个	若干
4	电位器	R_P	470 kΩ	个	1
5	电容器	C_E	100 μF/25 V 电解电容器	个	1
6	电容器	C_1、C_2	10 μF/25 V 电解电容器	个	2
7	各类三极管		包括塑料封装与金属封装的普通小功率三极管和大功率三极管等	个	若干
8	发光二极管	LED	红色，ϕ10 mm	个	1
9	驻极体话筒	BM	CZN-15D	个	1
10	指针式万用表		MF-47 型	台	1
11	数字式万用表		DT-830 型	台	1
12	低频信号发生器		XD2 型	台	1
13	晶体管毫伏表		DA-16 型	台	1
14	双踪示波器		XC4320 型	台	1
15	电烙铁		15~25 W	支	1
16	焊接材料		焊锡丝、松香助焊剂、烙铁架等，连接导线若干	套	1
17	电工电子实训通用工具		验电笔、锤子、螺丝刀(一字和十字)、电工刀、电工钳、尖嘴钳、剥线钳、镊子、小刀、小剪刀、活动扳手等	套	1
18	面包板			块	1
19	单孔印制电路板			块	1

步骤二：认识与检测三极管

1. 识别各种类型的三极管

几种常用的三极管外形如图5-7所示。图(a)、(b)是小功率管,图(c)、(d)是大功率管;如果按照外壳封装的形式区分,图(a)、(c)是塑料封装,图(b)、(d)是金属封装。大功率管在使用时一般要加上散热片,如图(d)所示的金属封装的大功率管只有基极和发射极两根引脚,集电极就是三极管的金属外壳。

(a)　　　　　　　(b)　　　　　　　(c)　　　　　　　(d)

图5-7　常用三极管的外形

2. 用万用表检测三极管

在实际中,常使用万用表的电阻挡($R×100$ 或 $R×1$ k 挡)对三极管进行管型和引脚的判断及其性能估测。

(1) 管型和基极的判断

① 若采用红表笔搭接三极管的某一引脚,黑表笔分别搭接另外两个引脚;交换表笔测量;若测得两次阻值都很小时,红表笔搭接的引脚即为 PNP 型管的基极。

② 若采用黑表笔搭接三极管的某一引脚,红表笔分别搭接另外两个引脚;交换表笔测量;若测得两次阻值都很小时,黑表笔搭接的引脚即为 NPN 型管的基极。

(2) 集电极和发射极的判断

管型和基极确定后,用表笔分别搭接测量另外两个引脚的电阻值,再对调表笔再测一次;比较两次测量结果,测量结果(阻值)较大的那次,红表笔接的是 PNP 型三极管的发射极(或 NPN 型管的集电极),黑表笔接的是 PNP 型集电极(或 NPN 型发射极)。

(3) 性能估测

① 用万用表的电阻 $R×1$ k 挡,红表笔搭接 PNP 型三极管的集电极(或 NPN 型管的发射极),黑表笔搭接发射极(或 NPN 型管的集电极);测得电阻值越大,说明穿透电流 I_{CEO} 越小,三极管的性能越好。

② 在基极和集电极间接入一个 100 kΩ 的电阻,再测量集电极和发射极之间的电阻(PNP 型管时,黑表笔接发射极;NPN 型管时,红表笔接发射极);比较接入电阻前后两次测量的电阻值,相差很小,表示三极管无放大能力或放大能力很小;相差越大,表示放大能力越大。

③ 黑表笔接 PNP 型三极管的发射极(或 NPN 型接集电极),红表笔接集电极(或 NPN 型接发射极);用手捏住管子的外壳几秒(相当于加温),若电阻变化不大,则说明管子的稳定性好,反之稳定性差。

相关链接　国产半导体元器件型号的命名

我国半导体元器件的型号是由 5 部分组成;其各组成部分及其意义见表 5-3。

表 5-3　我国半导体器件型号组成部分的符号及其意义

第一部分		第二部分		第三部分				第四部分	第五部分
用数字表示器件的电极数目		用汉语拼音字母表示器件的材料和极性		用汉语拼音字母表示期间的类型				用数字表示器件序号	用汉语拼音表示规格号
符号	意义	符号	意义	符号	意义	符号	意义	意义	意义
2	二极管	A	N 型,锗材料	P	普通管	D	低频大功率管	反映了直流参数、交流参数和极限参数等的差别	反映了承受反向击穿电压的程度,如规格号为 A、B、C、D…其中 A 承受的反向击穿电压最低,B 次之,以此类推
		B	P 型,锗材料	V	微波管	A	高频大功率管		
		C	N 型,硅材料	W	稳压管	T	半导体闸流管(可控整流器)		
		D	P 型,硅材料	C	参量管				
3	三极管	A	PNP 型,锗材料	Z	整流堆	Y	体效应器件		
				L	整流堆	B	雪崩管		
		B	NPN 型,锗材料	S	隧道管	J	阶跃恢复管		
				N	阻尼管	CS	场效应器件		
		C	PNP 型,硅材料	U	光电器件	BT	半导体特殊器件		
				K	开关管	FH	复合管		
		D	NPN 型,硅材料	X	低频小功率管	PIN	PIN 管		
		E	化合物材料	G	高频小功率管	JG	激光器件		

注:场效晶体管、半导体特殊器件、复合管、PIN 型管和激光器件等型号只由第三、四、五部分组成。

举例:

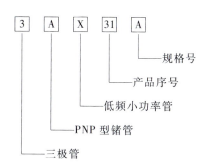

学习任务 5.2　安装和测试放大电路与声控闪光灯

基础知识

放大电路的
放大作用

一、放大电路概述

（一）放大电路的基本概念

所谓放大是指放大电路（放大器）特定的性能，它能将微弱的电信号（电压或电流）转变为较强的电信号，如图5-8所示。放大的实质是以微弱的电信号控制放大电路的工作，将电源的能量转变为与微弱信号相对应的较大能量的大信号，是一种以弱控强的方式。

图5-8　放大电路放大作用示意图

（二）对放大电路的基本要求

① 要有足够大的放大能力（放大倍数）。

② 非线性失真要小。

③ 稳定性要好。

④ 应具有一定的通频带。

（三）放大电路的分类

① 按三极管的连接方式分类，有共发射极放大电路、共基极放大电路和共集电极放大电路等。

② 按放大信号的工作频率分类，有直流放大电路、低频（音频）放大电路和高频放大电路等。

③ 按放大信号的形式分类，有交流放大电路和直流放大电路等。

④ 按放大电路的级数分类，有单级放大电路和多级放大电路等。

⑤ 按放大信号的性质分类，有电流放大电路、电压放大电路和功率放大电路等。

⑥ 按被放大信号的强度分类,有小信号放大电路和大信号放大电路等。

⑦ 按元器件的集成化程度分类,有分立元器件放大电路和集成电路放大器等。

二、基本共发射极放大电路

(一) 电路的组成及各元器件的作用

NPN 型三极管组成的基本共发射极放大电路如图 5-9 所示。外加的微弱信号 u_i 从基极 B 和发射极 E 输入,经放大后信号 u_o 由集电极 C 和发射极 E 输出;因此,发射极 E 是输入和输出回路的公共端,故称为共发射极放大电路(简称共射放大电路)。

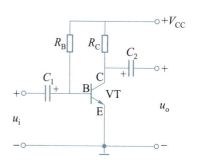

图 5-9　基本共发射极放大电路

电路中各元器件的作用是:

① 三极管 VT——起放大作用。工作在放大状态,起电流放大作用,因此是放大电路的核心元器件。

② 电源 V_{CC}——直流电源,其作用一是通过 R_B 和 R_C 为三极管提供工作电压,保证发射结正偏、集电结反偏;二是为电路的放大信号提供能源。

③ 基极电阻 R_B——是使电源 V_{CC} 供给放大管的基极 B 一个合适的基极电流 I_B(又称为基极偏置电流),并向发射结提供所需的正向电压 U_{BE},以保证三极管工作在放大状态。该电阻又称为偏流电阻或偏置电阻。

④ 集电极电阻 R_C——是使电源 V_{CC} 供给放大管的集电结所需的反向电压 U_{CE},与发射结的正向电压 U_{BE} 共同作用,使放大管工作在放大状态;另外还使三极管的电流放大作用转换为电路的电压放大作用。该电阻又称为集电极负载电阻。

⑤ 耦合电容 C_1 和 C_2——分别为输入耦合电容和输出耦合电容;在电路中起隔直流通交流的作用,因此又称为隔直电容。其能使交流信号顺利通过,同时隔断前后级的直流通路以避免互相影响各自的工作状态。由于 C_1 和 C_2 的容量较大,在实际中一般选用电解电容器,因此使用时应注意其极性。

(二) 放大电路中的直流通路和交流通路

放大电路中既含有直流信号又含有交流信号:直流信号是加偏置而产生的,为正常放大提供必要的条件;交流信号就是要放大的变化信号,交流信号是叠加在直流信号上进行放大的。

1. 放大电路的直流通路

(1) 静态

静态是指放大电路未加输入信号即 $u_i = 0$ 时电路的工作状态。此时电路中的电压、电流都是直流信号，I_B、I_C、U_{CE} 的值称为放大电路的静态工作点，记为 Q（I_{BQ}、I_{CQ}、U_{CEQ}），如图 5-10（a）所示。

（2）直流通路

直流通路是放大电路中直流电流通过的路径。直流通路中电容相当于开路，负载和信号源被电容隔断，所以电路中只需将耦合电容 C_1 和 C_2 看作断路而去掉，剩下的部分就是直流通路，如图 5-10（b）所示。

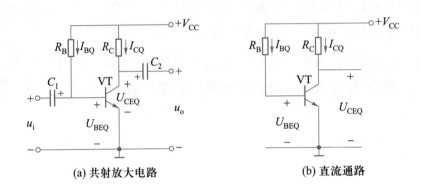

(a) 共射放大电路　　　　　　　(b) 直流通路

图 5-10　共射放大电路及其直流通路

放大器的静态工作点

（3）静态工作点的计算

由图 5-10（b）可知

$$I_{BQ} = \frac{V_{CC} - U_{BEQ}}{R_B} \approx \frac{V_{CC}}{R_B} \tag{5-4}$$

式中，三极管的 U_{BEQ} 很小，由于 $V_{CC} \gg U_{BEQ}$，所以 $V_{CC} - U_{BEQ} \approx V_{CC}$。

由三极管的电流放大作用，有

$$I_{CQ} = \beta I_{BQ} \tag{5-5}$$

再由图 5-10（b）可知

$$U_{CEQ} = V_{CC} - R_C I_{CQ} \tag{5-6}$$

例 5-1　在图 5-10 的放大电路中，$V_{CC} = 6$ V，$R_B = 200$ kΩ，$R_C = 2$ kΩ，$\beta = 50$。试计算放大电路的静态工作点 Q。

解：

$$I_{BQ} \approx \frac{V_{CC}}{R_B} \approx \frac{6}{200 \times 10^3} \text{ A} = 0.03 \text{ mA}$$

$$I_{CQ} = \beta I_{BQ} = 50 \times 0.03 \text{ mA} = 1.5 \text{ mA}$$

$$U_{CEQ} = V_{CC} - R_C I_{CQ} = (6 - 2 \times 1.5) \text{ V} = 3 \text{ V}$$

静态工作点 Q 意义在于设置是否合适，关系到输入信号被放大后是否会出现波形的失真。若静态工作点 Q 设置过低，即 I_{BQ} 太小或 R_B 太大，容易使三极管的工作进入截止区，造成截止失真;若静态工作点 Q 设置过高,即 I_{BQ} 太大或 R_B 太小,三极管又容易进入饱和区,同样会造成饱和失真;因此,应该合理选择静态工作点 Q。

2. 放大电路的静态工作点对输出波形的影响

放大电路的静态工作点 Q 设置不适当,会造成输出波形失真,那么静态工作点的位置应该选择在何处才合适呢?

如果静态工作点 Q 的位置定得太低,即 I_{BQ} 太小,三极管工作在截止状态,会造成输出电压波形 u_o 的正半周被部分切割,如图 5-11(b)所示;这种因三极管截止而引起的失真称为截止失真。

如果静态工作点 Q 的位置定得太高,即 I_{BQ} 太大,三极管工作在饱和状态,会造成输出电压波形 u_o 的负半周被部分切割,如图 5-11(c)所示;这种因三极管饱和而引起的失真称为饱和失真。

这两种信号的失真都是由于三极管的工作状态离开了线性放大区而进入非线性的饱和区或截止区所造成的,因此统称为非线性失真。

(a) 输入波形　　　(b) 截止失真　　　(c) 饱和失真

图 5-11　非线性失真

3. 放大电路的交流通路

（1）动态

动态是指放大电路的输入端加信号时电路的工作状态,动态时电路同时存在交流量和直流量。

（2）交流通路

交流通路是放大电路中交流信号通过的路径。交流通路用来分析放大电路的动态工作情况,计算放大电路的放大倍数。

交流通路的画法是:对于频率较高的交流信号,电容相当于短路;且直流电源 V_{CC} 的内阻一般都很小,所以对交流信号来说也可视为短路,如图 5-12 所示。

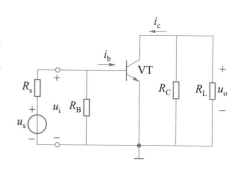

图 5-12　共发射极放大电路的交流通路

（三）放大电路的工作原理

如图 5-13 所示,当输入端加输入信号时(设 u_i 为正弦波信号),在 u_i 的作用下,基射回路中产生一个与 u_i 变化规律相同、相位相同的信号电流 i_b, i_b 与 I_B 叠加使基极电流为 $i_B = I_B + i_b$,从而使集电极电流 $i_C = I_C + i_c$。当 i_c 通过 R_C 时使三极管的集射电压为

$$u_{CE} = U_{CE} - R_C i_c$$

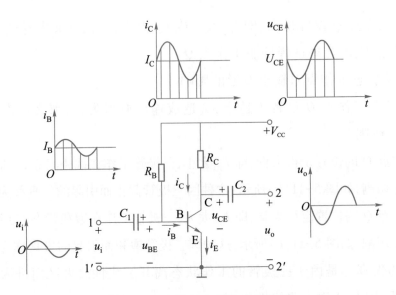

图 5-13 电路的电压放大原理图

由于电容 C_2 的隔直耦合作用,放大电路输出信号 u_o 只是 u_{CE} 中的交流部分,即 $u_o = -R_c i_c$。

可见,集电极负载电阻 R_C 将三极管的电流放大 $i_c = \beta i_b$ 转换成了放大电路的电压放大(R_C 阻值适当,$u_o \gg u_i$);u_o 与 u_i 相位相反,所以共发射极放大电路具有反相(或倒相)作用。

(四)放大电路的电压放大倍数、输入电阻与输出电阻

1. 放大电路的输入电阻 r_i

r_i 是从放大电路的输入端往里看进去的等效电阻。如果把内阻为 R_s 的信号源 u_s 加到放大电路的输入端(参见图 5-12),放大电路就相当于信号源的一个负载,这个负载就是放大电路的输入电阻 r_i。r_i 愈大,输入电流 i_i 愈小,放大电路对信号源的影响愈小。因此从信号源的角度看,希望放大电路的输入电阻越大越好

$$r_i = \frac{U_i}{I_i} = R_B // r_{BE}$$

式中,r_{BE} 为三极管 B、E 间的等效电阻,r_{BE} 可用公式 $r_{BE} = 300\ \Omega + (1+\beta)\dfrac{26\ \text{mV}}{I_{EQ}}$ 进行估算,一般为

1 kΩ左右,而 R_B 通常为几十到几百千欧。因为 $R_B \gg r_{BE}$,所以放大电路的输入电阻可近似为

$$r_i \approx r_{BE} \tag{5-7}$$

2. 放大电路的输出电阻 r_o

从放大电路的输出端往里看,共发射极放大电路输出电阻 r_o 就是电阻 R_C(参见图 5-12)。r_o 愈接近放大电路的电源内阻,r_o 愈小,放大电路的带负载能力就愈强。

3. 放大电路的电压放大倍数

放大电路的电压放大倍数的定义为

$$A_u = \frac{u_o}{u_i}$$

式中,u_o 和 u_i 分别为输出信号电压和输入信号电压。通过分析可得

$$A_u = -\frac{\beta i_B R_L'}{i_B r_{BE}} = -\frac{\beta R_L'}{r_{BE}} \tag{5-8}$$

式中,$R_L' = R_C /\!/ R_L$,负号表示输出电压与输入电压相位相反。

例 5-2 在图 5-9 所示的放大电路中,$V_{CC} = 12$ V,$R_B = 270$ kΩ,$R_C = 3$ kΩ,三极管的 $\beta = 50$,试分别计算:(1) 输入电阻 r_i;(2) 输出电阻 r_o;(3) 当 $R_L = \infty$ 和 $R_L = 3$ kΩ两种情况下的电压放大倍数 A_u。

解:(1) 静态工作点 Q

$$I_{BQ} \approx V_{CC}/R_B = \frac{12}{270 \times 10^3} \text{ A} \approx 44.4 \text{ } \mu A$$

$$I_{CQ} \approx \beta I_{BQ} = 50 \times 44.4 \text{ } \mu A = 2.22 \text{ mA}$$

$$U_{CEQ} = V_{CC} - R_C I_{CQ} = (12 - 3 \times 2.22) \text{ V} = 5.34 \text{ V}$$

(2) 输入电阻 r_i

$$r_{BE} = 300 \text{ } \Omega + (1+\beta)\frac{26 \text{ mV}}{I_{EQ}} = \left[300 + (1+50) \times \frac{26}{2.22}\right] \Omega \approx 897 \text{ } \Omega$$

由于 $R_B \gg r_{BE}$,因此有 $r_i \approx r_{BE} \approx 897$ Ω

(3) 输出电阻 r_o

$$r_o = R_C = 3 \text{ k}\Omega$$

(4) 电压放大倍数 A_u

① 当 $R_L = \infty$ 时,$A_u = -\frac{\beta R_C}{r_{BE}} = -\frac{50 \times 3}{0.897} \approx -167$

② 当 $R_L = 3$ kΩ 时,$A_u = -\frac{\beta(R_C /\!/ R_L)}{r_{BE}} = -\frac{50 \times 1.5}{0.897} \approx -83.6$

可见放大电路在不带负载(空载)时的电压放大倍数 A_u 为最大,带上负载后的 A_u 就下降;而且负载电阻 R_L 越小,A_u 下降越多。

三、分压式偏置放大电路

如上所述,放大电路静态工作点的设置会影响三极管的工作状态。即使设置了合适的静态工作点,还希望它在工作时能够稳定。但由于半导体器件参数的离散性较大,而且容易受温度的影响,所以在更换器件或环境温度变化时,都会造成原来的静态工作点变化,从而影响放

大电路的工作。因此,需要在电路结构上采取一些措施来稳定静态工作点。图 5-14 所示为应用广泛的稳定静态工作点的分压式偏置放大电路。

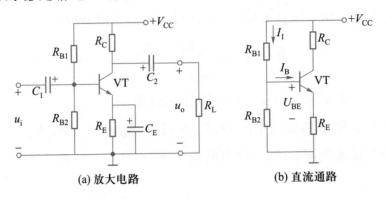

(a) 放大电路　　　　　　　(b) 直流通路

图 5-14　分压式偏置放大电路

在图 5-14 所示的电路中,如果 R_{B1} 和 R_{B2} 取值合适,使流过的电流远大于 I_{BQ},则由 R_{B1} 和 R_{B2} 分压的三极管基极电位 V_{BQ} 近似恒定不变;而发射极电位 $V_{EQ} = V_{BQ} - U_{BE}$ 也近似不变,则集电极电流 $I_{CQ} \approx I_{EQ} = V_{EQ}/R_E$ 也近似恒定不变,从而实现电路静态工作点的稳定。这一稳定作用可用以下过程来描述:

$$I_{CQ} \uparrow \rightarrow I_{EQ} \uparrow \rightarrow V_{EQ} = I_{EQ} \times R_E \uparrow \rightarrow (U_{BE} = V_{BQ} - V_{EQ}) \downarrow (因为 V_{BQ} 不变)$$
$$\llcorner\ I_{CQ} \downarrow \leftarrow I_{EQ} \downarrow \leftarrow\lrcorner$$

在图 5-14 所示电路中,电容 C_E 称为旁路电容。因为对于交流信号 C_E 可视为短路,相当于给交流信号提供一条旁边的通路。如果不加 C_E,当交流信号通过发射极电阻 R_E 时同样会产生电压降,导致交流输出信号的减少。

工作步骤

步骤一:连接和测试基本共发射极放大电路

① 识别实训室所提供的电子元器件,并判断按表 5-2 所提供的元器件是否符合图5-15电路的要求(图中标注的电阻值供参考,下同)。

② 检查各元器件的参数是否正确;使用万用表检查三极管、电解电容器的性能好坏。

③ 在面包板上连接图 5-15 所示的电路。

1. 调试静态工作点

① 将拨动开关 S1、S2 置"1",连接直流稳压电源,并调节电源电压 V_{CC} 为 9 V。

② 估算电路的静态工作点 Q:I_{BQ}、I_{CQ}、U_{BEQ}、U_{CEQ},并填入表 5-4 中。

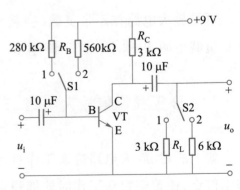

图 5-15　基本共射极放大电路实训电路图

③ 选择万用表合适的挡位和量程,测量电路的静态工作点 Q,并填入表 5-4 中。

表 5-4　图 5-15 所示电路静态工作点 Q 计算与测量记录

项目	I_{BQ}/mA	I_{CQ}/mA	U_{BEQ}/V	U_{CEQ}/V
估算值				
测量值				

④ 将拨动开关 S1 置"2",选择万用表合适的挡位和量程,测量并记录电路的静态工作点 Q,比较表 5-4 中的测量值,分析电路的工作状态。

⑤ 将拨动开关 S1、S2 置"1",按图 5-16 所示连接仪表、仪器(暂不接毫伏表)。将低频信号发生器的输出信号频率调至 1 kHz,输出信号幅值从 0 开始逐渐增加,通过示波器观察输入、输出信号的波形;直到输出信号最大而不失真(即保持正弦波形),比较输入、输出信号的波形可得到两者之间的相位关系。

⑥ 保持信号发生器的输出信号频率和幅值不变,将拨动开关 S1 置"2",通过示波器观察输入、输出信号的波形,从而确定电路的静态工作点 Q 的变化会引起电路的工作状态变化和信号的失真现象。

2. 测量电压放大倍数

① 将拨动开关 S1、S2 置"1",按图 5-16 所示连接仪表、仪器(接上毫伏表)。

② 调节低频信号发生器的输出信号频率为 1 kHz,输出信号幅值从 0 开始逐渐增加,通过示波器观察输入、输出信号的波形;直到输出信号最大而不失真(即保持正弦波形)时,选择晶体管毫伏表合适的量程,测量 u_i、u_o,计算出 A_u,并填入表 5-5 中。

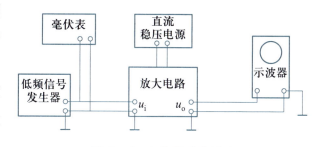

图 5-16　电路的动态测试

③ 保持信号发生器的输出信号频率和幅值不变,将拨动开关 S2 置"2",选择晶体管毫伏表合适的量程,测量 u_i、u_o(有效值),计算出 A_u,并填入表 5-5 中。

表 5-5　图 5-16 所示电路电压放大倍数测量记录

测量条件	$R_C = 3\ k\Omega, R_L = 3\ k\Omega$	$R_C = 3\ k\Omega, R_L = 6\ k\Omega$
U_i/mV		
U_o/mV		
A_u		

步骤二:连接和测试分压式偏置放大电路

在面包板上连接图5-17所示电路。

1. 调试与测量静态工作点

① 将拨动开关 S1、S2 均置"1",连接直流稳压电源,并调节电源电压 V_{CC} 为 6 V。

② 调整静态工作点 Q:按图5-16所示连接低频信号发生器、毫伏表和示波器,信号发生器输出信号频率为 1 kHz、电压为 10 mV,用示波器观察输出信号的波形;逐渐增大输入信号(由毫伏表监测),如果出现波形失真,则调节电位器 R_P 使波形恢复正常;然后

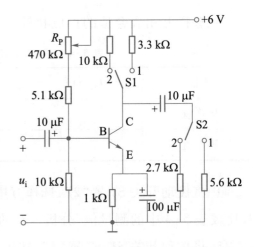

图 5-17 分压式偏置放大电路的实训电路图

再逐渐增大输入。重复上述步骤,直至输出波形最大且不失真为止,此时放大电路静态工作点的设置能产生最大的信号输出。

③ 测量静态工作点 Q:断开信号源,将放大电路输入端对地短路,用万用表测量 I_{BQ}、I_{CQ}、U_{BEQ}、U_{CEQ},并填入表5-6中。

表5-6　图5-17所示电路静态工作点 Q 测量记录

I_{BQ}/mA	I_{CQ}/mA	U_{BEQ}/V	U_{CEQ}/V

2. 测量电压放大倍数

① 重新将信号输入放大电路,并注意观察示波器保持输出信号波形不失真,用毫伏表测量输入与输出电压 u_i、u_o 的有效值,计算出 A_u,并填入表5-7中。

② 将拨动开关 S1 置"2",增大集电极负载电阻,S2 仍置"1",重复上述步骤,将结果填入表5-7中。

③ 将拨动开关 S1 置"1",S2 置"2",减小负载电阻,重复上述步骤,将结果填入表5-7中。

表5-7　图5-17所示电路电压放大倍数测量记录

测量条件	$R_C = 3.3\ k\Omega, R_L = 5.6\ k\Omega$	$R_C = 10\ k\Omega, R_L = 5.6\ k\Omega$	$R_C = 3.3\ k\Omega, R_L = 2.7\ k\Omega$
U_i/mV			
U_o/mV			
A_u			

步骤三:制作与调试声控闪光灯

1. 电路原理

声控闪光灯的灯光会随着声音的大小或音乐的强弱变化而变化,可用于声音强弱显示或声控灯光指示电路中。图 5-18 所示为声控闪光灯电路原理图,该电路由两只三极管 VT1 与 VT2、电阻 R_1、R_2 和 R_3、发光二极管 LED、耦合电容 C 以及驻极体话筒 BM 组成,VT1 和 VT2 组成两级放大电路。

驻极体话筒的作用是将声音信号变成电信号,经电容耦合到 VT1 的基极,经 VT1 和 VT2 两级放大;发光二极管 LED 作为 VT2 的集电极负载电阻。当声音较大,驻极体话筒输出的电信号较强时,通过 LED 的电流较强,LED 较亮;反之,当声音较小,驻极体话筒输出的电信号较弱时,LED 较暗甚至不亮。调整 R_1 阻值的大小可以调节驻极体话筒接收声音的灵敏度。

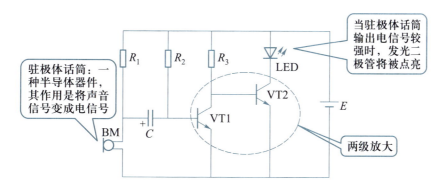

图 5-18 声控闪光灯电路原理图

2. 制作电路

① 检查实训室所提供的元器件是否符合图 5-18 电路的要求。

② 用万用表检查三极管、发光二极管、电解电容器和驻极体话筒性能好坏。

CZN-15D 型驻极体话筒有两个输出端(如图 5-19 所示):与外壳相连的为驻极体和结型场效晶体管的源极 S 连接的接地端,另一端为漏极 D 的输入端。将万用表拨至 R×1 k 挡,把黑表笔接 D 端,红表笔接在接地端,用嘴吹话筒,同时注意观察万用表指针摆动的情况:指针摆幅越大说明话筒的灵敏度越高,若指针完全不动,说明该话筒已失效。

③ 在单孔印制电路板上正确焊接图 5-18所示的声控闪光灯电路,应注意电解电容器、发光二极管与驻极体话筒的正负极性以及三极管的 3 个引脚不要接错,在焊接时也要注意不要时间过长。

3. 调试与测量电路

① 完成图 5-18 所示电路的连接并

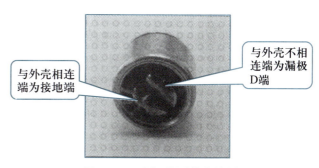

图 5-19 驻极体话筒的检测

经检查无误后,接通 3 V 直流稳压电源。如果电路工作正常,对着话筒说话或拍手,发光二极管将会闪烁。如果电路不正常工作,可能的情况是:

a. 发光二极管完全不亮。应检查:电路连接是否良好;两只三极管的引脚有无接错。

b. 发光二极管亮而不闪。应检查:R_2 阻值是否偏小。

② 电路正常工作后,用万用表测量驻极体话筒无信号输出时和有信号输出时(对着话筒用力吹气或拍手)两只三极管的基极与集电极电位,将测量结果均记录于表 5-8 中。

表 5-8　声控闪光灯电路测量记录

测试项目	V_{B1}/V	V_{C1}/V	V_{B2}/V	V_{C2}/V
驻极体话筒无信号输出时				
驻极体话筒有信号输出时				

学习任务 5.3　制作与测试报警器

基础知识　集成运算放大器

（一）集成运算放大器的组成

集成运算放大器(简称集成运放)是一种具有很大放大倍数的多级直接耦合放大电路,是发展最早、应用最广泛的一种模拟集成电路,具有放大和运算作用。集成运放一般由输入级、中间级、输出级和偏置电路 4 部分组成,如图 5-20(a)所示。

（二）集成运算放大器的符号

集成运放的图形符号如图 5-20(b)所示,是一个具有两个输入端、一个输出端的三端放大器。图中"+"端为同相输入端,表示输出电压 u_0 与该端输入电压 u_+ 同相;"-"端为反相输入端,表示输出电压 u_0 与该端输入电压 u_- 反相。

与其他放大器一样,集成运放的输出电压 $u_0 = A_{u0} u_I$。由于集成运放有两个输入端,其 u_I 等于同相输入端和反相输入端的电位差,即

$$u_I = (u_+ - u_-)$$

所以 $u_0 = A_{u0}(u_+ - u_-)$。式中,A_{u0} 为放大器未接反馈(指输出端与输入端之间未连接任何元件)时的电压放大倍数,称为开环电压放大倍数。

（三）理想集成运算放大器

1. 集成运放的 3 个特点

集成运放在性能上有 3 个突出特点:

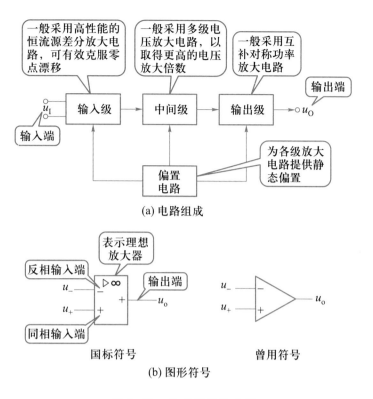

图 5-20　集成运算放大器

① 开环电压放大倍数 A_{uO} 极高,可达到数百万甚至数千万倍。

② 输入电阻 r_i 很大,一般有数百千欧到数兆欧。

③ 输出电阻 r_o 很小,一般在几十到数百欧之间。

根据上述的 3 个特点,为便于分析与应用,可将集成运放视为一个理想的电路模型(即理想集成运算放大器),可近似认为:

① 开环电压放大倍数 $A_{uO} = \infty$ 。

② 输入电阻 $r_i = \infty$ 。

③ 输出电阻 $r_o = 0$ 。

2. 两个推论

由此导出理想集成运放的两个重要推论:

(1)虚短

因为理想集成运放的开环电压放大倍数 $A_{uO} = \infty$,而输出电压 $u_O = A_{uO}(u_+ - u_-)$ 为有限值,所以净输入电压 $u_+ - u_- \approx 0$,即 $u_+ \approx u_-$,两个输入端的电位近似相等,相当于短路,故称为虚短路,简称虚短。

(2)虚断

理想集成运放因为净输入电压为 $0(u_+ - u_- \approx 0)$,且输入电阻 $r_i \approx \infty$,所以两个输入端的输入电流也均为 0 ,即 $i_+ \approx i_- \approx 0$,两个输入端与断路相似,故称为虚断路,简称虚断。

在分析集成运放的实际电路时,常将集成运放看作理想集成运放,利用虚短和虚断概念来简化分析过程。

(四) 集成运算放大器的应用

1. 反相比例运算电路

反相比例运算电路如图 5-21 所示,输入电压 u_I 通过电阻 R_1 作用于集成运放的反相输入端,故输出电压 u_O 与 u_I 反相,电阻 R_F 跨接在集成运放的输出端和反相输入端之间,同相输入端通过 R_p 接地,R_p 为补偿电阻,以保证集成运放的对称性,取 $R_p = R_1 // R_F$。

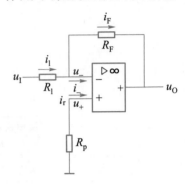

图 5-21 反相比例运算电路

根据虚短的概念,可得 $u_+ - u_- \approx 0$,而 $u_+ = 0$,所以 $u_- \approx 0$,故称为虚地。则有

$$i_1 = \frac{u_1 - u_-}{R_1} = \frac{u_1}{R_1}, i_F = \frac{u_- - u_0}{R_F} = -\frac{u_0}{R_F}$$

根据虚断的概念,可得 $i_+ = i_- = 0$,$i_1 = i_F$。则有

$$u_0 = -\frac{R_F}{R_1} u_1$$

电压放大倍数为

$$A_{uF} = \frac{u_O}{u_1} = -\frac{R_F}{R_1} \tag{5-9}$$

可见电压放大倍数取决于 R_F 与 R_1 之比,比例系数为 $-R_F/R_1$(负号表示 u_O 与 u_I 反相),因此把这种电路称为反相比例放大器。

例 5-3 在图 5-21 所示电路中,$R_1 = R_F = 20\ \text{k}\Omega$,$R_p = R_1 // R_F = 10\ \text{k}\Omega$,$u_I = 10\ \text{mV}$。试计算输出电压 u_O。

解:
$$u_0 = -\frac{R_F}{R_1} u_1 = -\frac{20}{20} \times 10\ \text{mV} = -10\ \text{mV}$$

2. 同相比例运算电路

同相比例运算电路如图 5-22 所示。输入电压 u_I 通过 R_2 由同相输入端输入,故输出电压 u_O 与输入电压 u_I 同相;R_F 跨接在集成运放的输出端和反相输入端,反相输入端通过 R_1 接地;同样取 $R_2 = R_1 // R_F$。

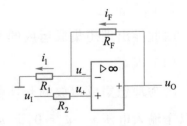

图 5-22 同相比例运算电路

根据虚短和虚断概念,可得 $u_- \approx u_+$,$u_+ \approx u_I$,所以 $u_- = u_I$,故

$$i_1 = \frac{u_- - 0}{R_1} = \frac{u_1}{R_1}, i_F = \frac{u_0 - u_-}{R_F} = \frac{u_0 - u_1}{R_F}$$

因为 $i_1 = i_F$，所以

$$u_O = \left(1 + \frac{R_F}{R_1}\right)u_1$$

电压放大倍数为

$$A_{uF} = 1 + \frac{R_F}{R_1} \qquad\qquad (5\text{-}10)$$

例 5-4 在图 5-22 所示电路中，如果 $R_1 = \infty$，$R_F = 0$，试求输出电压 u_O 与输入电压 u_1 的关系。

解： 由于 $R_1 = \infty$，$R_F = 0$，$A_{uF} = 1$，所以有 $u_O = u_1$。即输出电压与输入电压大小相等，相位相同，称为电压跟随器，是同相比例运算放大电路的一个特例，电路如图 5-23 所示。

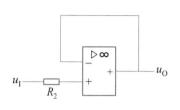

图 5-23 电压跟随器

3. 加法运算电路

在反相或同相比例运算电路的基础上，增加几个输入支路就可以成为反相加法运算电路或同相加法运算电路。反相加法运算电路如图 5-24 所示，有 3 个输入信号同时作用于集成运放的反相输入端。根据虚短和虚断概念，可得

$$i_1 + i_2 + i_3 = i_F$$

$$u_O = -\left(\frac{R_F}{R_1}u_{11} + \frac{R_F}{R_2}u_{12} + \frac{R_F}{R_3}u_{13}\right)$$

上式说明，输出电压等于各输入电压按比例相加之和且反相，实现了反相加法运算。若 $R_1 = R_2 = R_3 = R_F$，则 $u_O = -(u_{11} + u_{12} + u_{13})$。

4. 减法运算（差分输入）电路

减法运算电路如图 5-25 所示，两个输入信号分别加到反相输入端和同相输入端。为了满足电路的平衡条件，取 $R_1 /\!/ R_F = R_2 /\!/ R_3$。

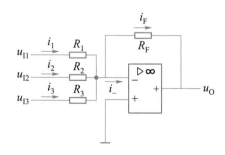

图 5-24 反相加法运算电路

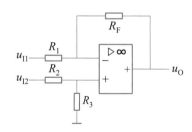

图 5-25 减法运算电路

根据叠加定理，先求 u_{11} 单独作用时的输出电压 u_{O1} 为

$$u_{O1} = -\frac{R_F}{R_1}u_{11}$$

再求 u_{12} 单独作用时的输出电压 u_{O2} 为

$$u_{O2} = \left(1 + \frac{R_F}{R_1}\right)\left(\frac{R_3}{R_2 + R_3}\right)u_{I2}$$

若 $R_1 = R_2$，$R_F = R_3$，则

$$u_{O2} = \frac{R_3}{R_2}u_{I2} = \frac{R_F}{R_1}u_{I2}$$

在 u_{I1} 与 u_{I2} 共同作用时

$$u_O = u_{O1} + u_{O2} = \frac{R_F}{R_1}(u_{I2} - u_{I1})$$

若 $R_1 = R_2 = R_3 = R_F$，则 $u_O = u_{I2} - u_{I1}$，实现了减法运算。

工作步骤

步骤一：实训准备

完成学习任务 5.3 所需要的工具与器材、设备见表 5-9。检查实训室提供的工具与器材、设备。

表 5-9　完成学习任务 5.3 所需要的工具与器材、设备明细表

序号	名称	符号	型号/规格	单位	数量
1	集成运放		LM324	块	1
2	开关二极管	VD	IN4148	只	1
3	电阻器	R	600 Ω、10 kΩ、20 kΩ、100 kΩ 等	只	若干
4	电容器	C	0.01 μF、1 μF、10 μF、100 μF	只	各 1
5	万用表		MF-47 型	台	1
6	直流稳压电源		0～±12 V（连续可调）	台	1
7	电烙铁		15～25 W	支	1
8	焊接材料		焊锡丝、松香助焊剂、烙铁架等，连接导线若干	套	1
9	电工电子实训通用工具		验电笔、锤子、螺丝刀（一字和十字）、电工刀、电工钳、尖嘴钳、剥线钳、镊子、小刀、小剪刀、活动扳手等	套	1
10	面包板			块	1
11	扬声器	BL	0.25 W/8 Ω	个	1
12	双踪示波器		XC4320 型	台	1
13	单孔印制电路板			块	1

相关链接　集成运放 LM324

集成运放 LM324 的外形和结构如图 5-26(a)、(b) 所示。LM324 是通用型集成运放,由图可见它是在一块半导体芯片上制作了 4 个完全相同的运放单元。其 4 脚和 11 脚分别为正负电源输入端,既可以采用双电源工作又可以采用单电源工作,在双电源工作时电压范围为 ±1.5～±30 V,单电源工作时电压范围为 3～15 V。

(a) 外形

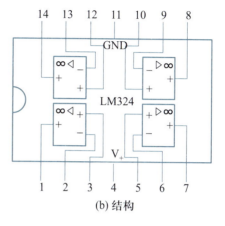

(b) 结构

图 5-26　集成运放器 LM324

步骤二:安装与测试反相比例运算电路

① 识别并检测实训室所提供的电子元器件。

② 在面包板上连接图 5-27 所示电路。完成电路的连接并经检查无误后,在电路中接入 ±12 V 的直流电源(由实验台提供),注意正、负电源不能接错。

③ 打开稳压电源的电源开关,然后用万用表 2.5 V 直流电压挡测输出电压有效值 U 是否小于或等于 0.1 V(否则应更换集成运算放大器芯片)。然后根据表 5-10 所给数值,分别在输入端加上直流输入电压,用万用表测出相应的输出电压 U_O,并计算 A_{uF},记录于表 5-10 中。

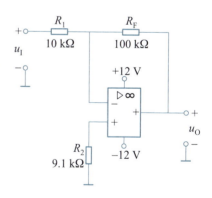

图 5-27　反相比例运算电路

表 5-10　集成运算放大器的运算关系测量记录

	U_I/V	0.8	0.5	0.3	0.1	-0.1	-0.3	-0.5	-0.8
反相运算	U_O(计算值)/V								
	U_O(实测值)/V								
	A_{uF}(实测值)								
同相运算	U_O(计算值)/V								
	U_O(实测值)/V								
	A_{uF}(实测值)								

步骤三：安装与测试同相比例运算电路

① 在面包板上连接图 5-28 所示电路。

② 按测量反相比例运算电路的方法，根据表 5-10 所给数值测量同相比例运算电路的输出电压，记录于表 5-10 中。

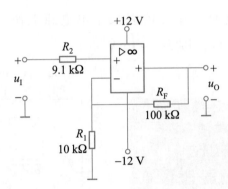

图 5-28　同相比例运算电路

步骤四：制作与调试报警器

1. 电路原理

本学习任务所制作的断线式防盗报警器的电路由桥式检测电路和音响报警电路组成，如图 5-29 所示。图中电阻器 R_5、R_6、R_{10} 和电容器 C_1、C_2 组成桥式检测电路，运放 IC1、IC2，开关二极管 VD，电阻器 R_7、R_8、R_9，电容器 C_3、C_4，扬声器 BL 组成音响报警电路。

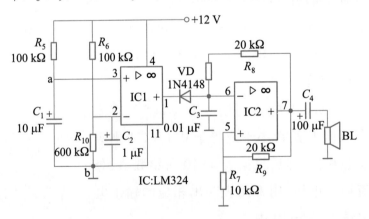

图 5-29　断线式防盗报警器原理图

电路的 a、b 两端用细导线（如漆包线）连接，导线的长度可根据监防的范围而定。当 a、b 之间用细导线短接时，IC1 的 3 脚（同相输入端）变为低电平，2 脚（反相输入端）电位高于 3 脚电位，1 脚（输出端）为低电平，VD 导通，由 IC2 和外围阻容元件构成的方波振荡器不振荡，BL 不发声，报警器处于监控状态。当 a、b 之间连接的细导线被弄断时，IC1 的 3 脚变为高电平，3 脚电位高于 2 脚电位，1 脚由低电平变为高电平，VD 截止，方波振荡器振荡工作，BL 发出报警声。

2. 制作与调试

在单孔印制电路板上正确焊接如图 5-29 所示的断线式防盗报警器电路,完成电路的连接并经检查无误后,方能接通 12 V 直流电源,进行测量。只要按图安装无误,该电路不用调试,通电即可工作。

① 当电路的 a、b 两端用导线连接时,用万用表的直流电压挡测量集成运放 LM324 的 1、2、3、4、5、6、7、11 脚的电压值,填入表 5-11 中。

② 当电路的 a、b 两端断开时,用万用表的直流电压挡测量集成运放 LM324 的 1、2、3、5、6、7 脚的电压值,填入表 5-11 中。

表 5-11 断线式防盗报警器的测量记录

测试条件	LM324 各引脚电压值/V							
	1	2	3	4	5	6	7	11
a、b 两点相连								
a、b 两点断开								

③ 用示波器观察 a、b 两点相连和断开时的输出波形,并将观察到的波形绘制于图 5-30 中。

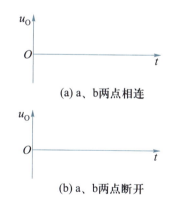

(a) a、b两点相连

(b) a、b两点断开

图 5-30 报警电路电压波形记录

拓展训练 安装与调试音响功放电路

一、功率放大电路

（一）功率放大电路的基本要求及分类

能输出较大功率的放大电路称为功率放大电路。功率放大电路通常位于多级放大电路的末级,其作用是将前级电路已放大的电压信号进行功率放大,以推动负载工作。

1. 功率放大电路的基本要求

功率放大电路与电压放大电路相比,具有以下基本特点:

(1) 输出功率要大

功率放大电路提供给负载的信号功率称为输出功率。选择适合于负载的功率放大电路,使其输出阻抗与负载相匹配,以保证功放管的集电极电流和电压的幅度有尽可能大的动态范围,从而获得足够大的输出功率。

(2) 转换效率要高

功率放大电路的最大输出功率与电源所提供的功率之比称为转换效率。显然,功率放大电路的转换效率越高越好。

(3) 非线性失真要小

由于功率放大电路中三极管工作在大信号状态,电压和电流的变化幅度大,容易产生非线性失真,必须采取相应的措施减小失真。

(4) 电路散热要好

功率放大电路中,功放管的集电结要消耗较大的功率,使结温和管壳温度升高,为了降低功放管的温度,减小耗散功率,应采取散热措施,如加装散热器、良好的通风、强制风冷等。

2. 功率放大电路的分类

从电路耦合形式来分,有变压器耦合和无变压器耦合两类,在本学习任务中只介绍无变压器耦合的功率放大电路。

从三极管的工作状态来看,功率放大电路可以分为甲类、乙类和甲乙类,它们的静态工作点如图 5-31 所示。

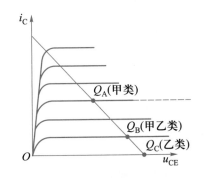

图 5-31 功率放大电路的工作状态

(1) 甲类

静态工作点在负载线的中点,Q 选在放大区的中间部分,如图 5-31 中的 Q_A。甲类工作状态非线性失真小,但静态电流 I_{CQ} 较大,故损耗大,效率低。

(2) 乙类

静态工作点选在放大区和截止区的交界处,如图 5-31 中的 Q_C。此时若输入正弦信号,那么电路的输出只有正弦波的半个周期。乙类工作状态静态电流 $I_{CQ} = 0$,故损耗低,效率高,但非线性失真严重。

(3) 甲乙类

静态工作点设在放大区接近截止区的位置,如图 5-31 中的 Q_B。三极管处于微导通的状态,这样当采用互补推挽放大电路时,可有效克服乙类放大的失真问题,且能量转换效率又比甲类要高。

（二）双电源互补对称功率放大电路（OCL 电路）

1. 电路结构

双电源互补对称功率放大电路的原理图如图 5-32 所示。两只三极管的特性是对称的，其中 VT1 管是 NPN 型三极管，VT2 是 PNP 型三极管，两只三极管均工作在乙类状态。这种功率放大电路无电容 C，因此称为 OCL 电路。

2. 工作原理

输入信号为正半周时，VT1 管处于正偏导通状态，VT2 管处于反偏截止状态，集电极电流 i_{C1} 通过负载，负载上有正半周输出；输入为负半周时，VT2 管处于正偏导通状态，VT1 管处于反偏截止状态，集电极电流 i_{C2} 通过负载，负载上有负半周输出。

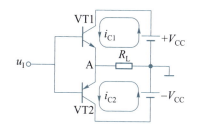

图 5-32　OCL 功率放大电路的基本结构

可见，在输入信号的一个周期内，两个三极管轮流交替工作，共同完成对输入信号的放大，最后输出波形在负载上合成得到完整的正弦波。

3. 交越失真

乙类功率放大电路由于没有直流偏置，三极管工作在输出特性曲线的底部。而两只管子轮流交替工作的结果在负载上合成时，将会在正、负半周交界处出现波形的失真，这种现象称为交越失真，如图 5-33 所示。消除交越失真的方法是给功放管加一个微弱的直流偏置，使功放管工作在甲乙类状态。

（三）OTL 功率放大电路

OCL 电路具有线路简单、效率高等特点，但要用两个电源供电，使用不方便，因此常采用单电源供电的互补推挽功率放大电路。这种功率放大电路无输出变压器，但有输出电容 C，所以又称为 OTL 电路，如图 5-34 所示。OTL 电路是在 OCL 电路的基础上去掉负电源，在输出端接入一个大电容 C，利用大电容 C 的充放电来代替负电源。

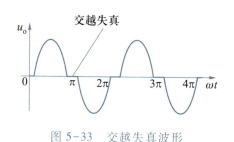

图 5-33　交越失真波形

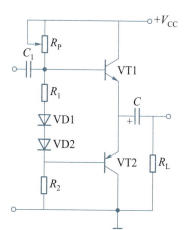

图 5-34　OTL 功率放大电路的原理图

1. 电路结构

VT1 与 VT2 是一对类型不同、特性对称的配对管,同样,VT1 管是 NPN 型三极管,VT2 是 PNP 型三极管。该电路与 OCL 不同之处主要有两点:一是由双电源供电改为单电源供电,二是输出端与负载的连接由直接耦合改为电容耦合。

2. 工作原理

① 当输入信号为正半周时,VT1 导通,VT2 截止,电源 V_{CC} 通过 VT1 向耦合电容 C 充电,并在负载 R_L 上输出正半周波形。

② 当输入信号为负半周时,VT1 截止,VT2 导通,耦合电容 C 放电,向 VT2 提供电源,并在负载 R_L 上输出负半周波形。

可见,在输入信号的一个周期内,VT1、VT2 轮流交替工作,同样在负载上合成得到完整的正弦波。

二、集成功率放大器

目前功率放大器绝大部分采用集成功率放大器。集成功率放大器是指用一块集成电路完成功率放大的全部功能的集成电路。它具有体积小、功耗低、设计简单、外围电路简单、应用方便、维修调试容易、可靠性高、性能稳定等优点。它除了能完成功率放大外,还包括过电压保护、过电流保护、短路保护等保护环节。现以 TDA2030 单片集成音频功率放大器为例,介绍其主要参数和典型应用电路。

TDA2030 是目前音质较好的一种集成音频功率放大器,与性能类似的其他产品相比,它的引脚少,所用外部元件很少。在单电源使用时,散热片可直接固定在金属板上与地线相通,无须绝缘,十分方便。TDA2030 的电气性能稳定、可靠、能适应长时间连续工作,集成块内具有过载保护和热切断保护电路。若输出过载或输出短路,均能起保护作用。

TDA2030 主要适用于高保真立体声扩音装置中作为音频功率放大器。其引脚如图 5 - 35 所示,使用 TDA2030 的音响功放电路如图 5-36 所示。

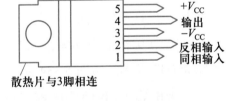

图 5-35 TDA2030 引脚

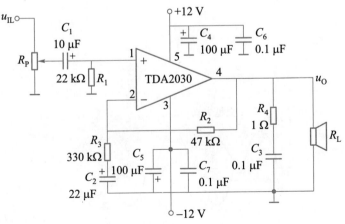

图 5-36 音响功放电路原理图

工作步骤

步骤一:实训准备

完成本拓展训练所需要的工具与器材、设备见表5-12。

表5-12　完成本拓展训练所需要的工具与器材、设备明细表

序号	名称	符号	型号/规格	单位	数量
1	集成功率放大器		TDA2030型	块	1
2	电阻器	R_4	1 Ω	个	1
3	电阻器	R_2	47 kΩ	个	1
4	电阻器	R_3	330 Ω	个	1
5	电阻器	R_1	22 kΩ	个	1
6	电容器	C_2	22 μF/16 V 电解电容器	个	1
7	电容器	C_1	10 μF/16 V 电解电容器	个	1
8	电容器	C_4、C_5	100 μF/25 V 电解电容器	个	2
9	电容器	C_3、C_6、C_7	0.1 μF	个	3
10	双联电位器	R_P	100 kΩ	个	1
11	万用表		MF-47型	台	1
12	直流稳压电源		0~±12 V(连续可调)		1
13	低频信号发生器		XD2型	台	1
14	晶体管毫伏表		DA-16型	台	1
15	双踪示波器		XC4320型	台	1
16	电烙铁		15~25 W	支	1
17	焊接材料		焊锡丝、松香助焊剂、烙铁架等,连接导线若干	套	1
18	电工电子实训通用工具		验电笔、锤子、螺丝刀(一字和十字)、电工刀、电工钳、尖嘴钳、剥线钳、镊子、小刀、小剪刀、活动扳手等	套	1
19	单孔印制电路板			块	1

步骤二:制作电路

在单孔印制电路板上焊接图5-36所示电路,完成电路安装与焊接的实物图如图5-37所示。

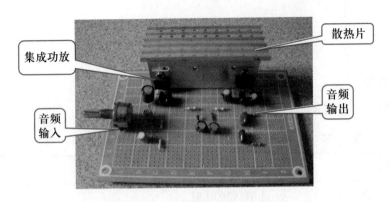

图 5-37　音响功放电路实物图

步骤三：调试与测量

完成电路的连接并经检查无误后，方能在输入端接通±12 V 直流电源，进行调试与测量。

① 万用表选择直流电压挡，测量集成电路 TDA2030 各引脚对地的电压，将测量值记录于表 5-13 中。

表 5-13　TDA2030 各引脚对地电压的测量记录

引脚	1	2	3	4	5
电压/V					

② 在输入端加入 f=1 kHz 的正弦信号，用示波器观察输出电压波形，逐渐加大信号源的输出幅度，使放大电路的输出电压为最大且不失真，然后用毫伏表测量此时的输入电压 U_{imax} 和输出电压 U_{omax}，并进行记录。

③ 将话筒置于输入端，模拟扩音机来检验该电路的放大效果。

评价反馈

根据实训任务完成情况进行自我评价、小组互评和教师评价，评分值记录于表 5-14 中。

表 5-14　评　价　表

项目内容	配分	评分标准	自评	互评	师评
1. 选配元器件	20 分	(1) 能正确选配元器件，选配出现一个错误扣 1~2 分 (2) 能正确测量三极管和其他元器件，出现一个错误扣 1~2 分			
2. 安装工艺与焊接质量	20 分	安装工艺与焊接质量不符合要求，每处可酌情扣 1~3 分，例如： (1) 元器件成形不符合要求 (2) 元器件排列与接线的走向错误或明显不合理 (3) 导线连接质量差，没有紧贴电路板 (4) 焊接质量差，出现虚焊、漏焊、搭锡等			

项目内容	配分	评分标准	自评	互评	师评
3. 电路调试	20分	（1）各电路均一次通电调试成功，得满分 （2）如在通电调试时发现元器件安装或接线错误，每处扣3~5分			
4. 电路测试	20分	（1）能正确用仪表测量Q点和电路参数电压，用示波器测试电压波形，且记录完整，可得满分 （2）否则每项酌情扣2~5分			
5. 安全、文明操作	20分	（1）违反操作规程，产生不安全因素，可酌情扣7~10分 （2）着装不规范，可酌情扣3~5分 （3）迟到、早退、工作场地不清洁，每次扣1~2分			
总评分（自评分×30%＋互评分×30%＋师评分×40%）					

阅读材料 多级放大电路和反馈

（一）多级放大电路

在实际应用中，需要放大的电信号往往很微弱。当要把微弱的信号放大到足以推动负载工作，仅靠单级的放大电路往往是不够的，需要采用多级放大电路，如图5-38所示。通过多级放大电路使信号逐级连续地放大到足够大，足以推动负载工作。

图5-38 多级放大电路

多级放大电路由若干个单级放大电路组成；第一级是以放大电压为主，称为前置放大级；最后一级则是以输出足够大的信号功率推动负载工作为目的，称为功率放大级。

在多级放大电路中，各级之间的信号传递或各级与级之间的连接方式称为耦合。常见的耦合方式有阻容耦合、变压器耦合和直接耦合3种。阻容耦合多用于低频电压放大电路；变压器耦合多用于高频调谐放大电路；直接耦合多用于直流放大电路。

（1）阻容耦合

阻容耦合是指通过电阻和电容将前级和后级连接起来的耦合方式，电路如图5-39所示。该电路为两级阻容耦合放大电路。输入信号u_i通过耦合电容C_1进入第一级电路放大，然后在VT1的集电极输出，再经过耦合电容C_2将信号送入第二级的输入端进行放大，再次放大后的信号最后通过耦合电容 C_3 送到负载 R_L。因此,各级之间的信号传递是通过耦合电容完成。由于耦合电容的隔直作用,使前、后级的静态工作点互不干扰,彼此独立,因而给分析计算和调整电路等都带来方便,亦使前级被放大的信号能顺利地传输到后一级。

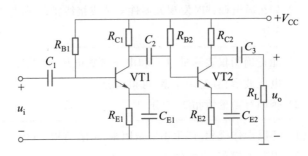

图 5-39　阻容耦合放大电路

（2）变压器耦合

变压器耦合是指通过变压器将前级和后级连接起来的耦合方式,电路如图 5-40 所示。电路的前、后级是利用变压器连接起来。变压器利用电磁感应将交流信号从变压器的一次绕组感应到二次绕组,从而将信号从前级传到后级,同时变压器也有隔直作用,使前、后级的静态工作点互不干扰,彼此独立;另外变压器耦合还可以实现电路之间的阻抗变换。适当地选择变压器的一次、二次绕组的匝数比（变比）,使二次绕组折合到一次绕组的负载等效电阻与前级电路输出电阻相等（或相近）,就可达到阻抗匹配,从而使负载获得最大的输出功率。

（3）直接耦合

直接耦合是指各级之间的信号采用直接传递的耦合方式,电路如图 5-41 所示,前面介绍的声控闪光灯电路就是采用直接耦合。直接耦合时电路前级的输出端和后级的输入端直接相连,即 VT1 的集电极输出直接与 VT2 的基极连接;使交流信号可以畅通无阻地传递。但该电

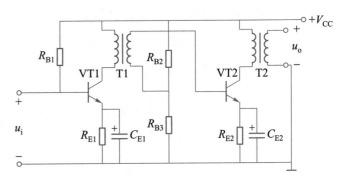

图 5-40　变压器耦合放大电路

路的静态工作点彼此互相影响,互相制约。因而这种电路更广泛地用于直流放大电路和集成电路中。

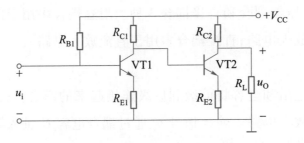

图 5-41　直接耦合放大电路

（二）反馈

反馈是将输出量（电压或电流）的一部分或全部,反方向送回输入端,这种反向传输信号的过程称反馈,如图 5-42 所示。

1. 反馈放大电路的组成

反馈放大电路由基本放大电路和反馈电路两部分组成,如图 5-42 所示。反馈电路是把输出、输入联系起来的支路,判断放大电路有无反馈即看放大电路中是否存在反馈电路。

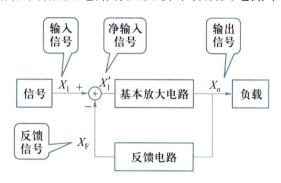

图 5-42　反馈放大电路的组成

2. 反馈的类型

（1）正反馈和负反馈

正反馈中反馈量起加强输入信号的作用,使净输入信号增加;负反馈中反馈量起削弱输入信号的作用,使净输入信号减小。

（2）交流反馈和直流反馈

交流反馈的反馈信号是交流量,而直流反馈的反馈信号是直流量。

（3）电压反馈和电流反馈

电压反馈和电流反馈是看从输出端取样的方式。若反馈支路取样对象是输出电压,称为电压反馈;若反馈支路的取样对象是输出电流,称为电流反馈。

（4）串联反馈和并联反馈

串联反馈和并联反馈是看反馈在输入端的连接方法。串联反馈是反馈信号和输入信号串联;并联反馈是输入信号与反馈信号在放大电路的输入端是并联的。

3. 负反馈对放大电路性能的影响

① 能提高放大倍数的稳定性。

② 能减小放大电路的非线性失真。

③ 能展宽放大电路的通频带。

④ 能改变放大电路输入电阻和输出电阻。其中:串联负反馈因反馈信号与输入信号串联,使输入电阻增大;并联负反馈因反馈信号与输入信号并联,使输入电阻减小;电压负反馈因具有稳定输出电压的作用,使其接近于恒压源,故使输出电阻减小;电流负反馈因具有稳定输

出电流的作用,使其接近于恒流源,故使输出电阻增大。

项目小结

1. 三极管由组成 2 个 PN 结的 3 个区组成,3 个区分别为集电区、基区和发射区,集电区与基区之间的 PN 结称为集电结,基区与发射区之间的 PN 结称为发射结。在集电区、基区和发射区各引出一导线,分别称为集电极、基极和发射极,分别用 C、B、E 来表示。

2. 三极管根据结构分为 NPN 型和 PNP 型两种;根据材料可分为硅管和锗管;根据功率分为小功率管、中功率管和大功率管;根据工作频率分为低频管、高频管、超高频管、甚高频管等。

3. 三极管有 3 个电极,可组成有 2 个输入、输出端的四端网络,其中某个电极如果作为信号输入和输出的公共端,则称为"共××极电路"。在本项目中先介绍的是最基本的共发射极放大电路,其三极管的特性分为输入和输出特性。输入特性是指 U_{CE} 为定值时,I_B 与 U_{BE} 之间的关系;而输出特性是指 I_B 为定值时,I_C 与 U_{CE} 之间的关系。根据输出特性曲线可以分成 3 个区及其对应的三极管 3 种工作状态——截止状态、放大状态、饱和状态。在本项目中分析的是三极管的放大工作状态。

4. 三极管的主要参数有电流放大系数 β,极间反向饱和电流 I_{CBO}、I_{CEO},还有极限参数——集电极最大允许电流 I_{CM}、反向击穿电压 U_{CEO} 和集电极最大耗散功率 P_{CM}。

5. 放大的实质是以微弱的电信号控制放大电路的工作,将电源的能量转变为与微弱信号相对应的较大能量的大信号,是一种"以弱控强"的作用。三极管是基本共射放大电路的核心元器件,直流电源通过基极电阻 R_B 和集电极电阻 R_C 使三极管的发射结正向偏置、集电结反向偏置,以保证三极管工作在放大状态。因此在直流状态下的 I_{BQ}、I_{CQ}、U_{CEQ} 称为三极管的静态工作点 Q。

6. 静态工作点 Q 设置得过低或过高,可能会使三极管工作在截止或饱和状态,造成输出信号的截止失真或饱和失真。但即使设置了合适的静态工作点,在更换器件或环境温度变化时,都可能会造成原来的静态工作点变化,因此,需要在电路结构上采取一些措施来稳定静态工作点。分压式偏置放大电路是应用最广泛的稳定静态工作点的电路形式。

7. 输入电阻 r_i、输出电阻 r_o 和电压放大倍数 A_u 是小信号放大电路最主要的性能指标。

8. 理想运算放大器的主要技术指标:开环电压放大倍数为无穷大,开环输入电阻为无穷大,开环输出电阻为零,共模抑制比为无穷大。

9. 根据理想运算放大器的条件推导出的两个重要结论是:虚短和虚断。运用这两个结论,可使运算放大器的分析过程大大简化。

10. 在完成本项目学习之后,应能用万用表测量三极管和一些常用的电子元器件,应更熟练地使用电子实训常用的仪表(如万用表、示波器和低频信号发生器、毫伏表)和工具,并进一步掌握手工焊接的基本技能。

练习题

一、填空题

1. 三极管由_____个 PN 结及其划分为_____个区。

2. 三极管的两个 PN 结分别称为_____结和_____结。

3. 三极管具有电流放大作用的外部条件是_____。

4. 硅三极管的开启电压为_____V,锗三极管的开启电压为_____V。

5. 硅三极管的发射结电压降 U_{BE} 约为____V,锗三极管的发射结电压降 U_{BE} 约为____V。

6. 放大电路的作用是_____。

7. 放大电路按三极管的连接方式来分,有_____、_____、_____。

8. 共发射极放大电路的输入端由三极管的_____和_____组成。

9. 共发射极放大电路的输出端由三极管的_____和_____组成。

10. 集电极电阻由于其作用又称为_____。

11. 放大电路中三极管的静态工作点 Q 主要是指_____、_____和_____。

12. 放大电路的交流通路应把_____和_____看成短路。

13. 放大电路工作在动态时,u_{CE}、i_B、i_C 各量都是由_____分量和_____分量组成。

14. 利用_____通路可以近似估算放大电路的静态工作点;利用_____通路可以估算放大器的动态参数。

15. 对于一个放大电路来说,一般希望其输入电阻_____,以减轻信号源的负担;而希望其输出电阻_____,以增大带负载的能力。

16. 多级放大电路常用的级间耦合方式有_____、_____和_____。

17. 运算放大电路具有_____和_____功能。

18. 集成运放内部由 4 部分组成,包括_____、_____、_____、_____。

19. 集成运算放大器的一个输入端为_____,其极性与输出端_____;另一个输入端为_____,其极性与输出端_____。

二、选择题

1. 处于放大状态下的三极管,其发射极电流是基极电流的( )倍。

A. 1　　　　　　　B. β　　　　　　　C. 1+β

2. 穿透电流在温度上升时( )。

A. 增加　　　　　　B. 减小　　　　　　C. 不变

3. 共发射极放大电路中三极管的( )是输入和输出回路的公共端。

A. 基极　　　　　　　　　　B. 发射极　　　　　　　　　　C. 集电极

4. 三极管在电路起到( )放大作用。

A. 电流　　　　　　　　　　B. 电压　　　　　　　　　　C. 电流或电压

5. 单管放大电路建立静态工作点是为了( )。

A. 使管子在输入信号的整个周期内都导通

B. 使管子工作在截止区或饱和区

C. 使管子可以从饱和区、放大区至截止区任意过渡

6. 在共发射极单级放大电路中,输入信号与输出信号的波形相位( )。

A. 反相　　　　　　　　　　B. 同相　　　　　　　　　　C. 正交

7. 共发射极放大电路处于饱和状态时,要使电路恢复成放大状态,通常采用的方法是( )。

A. 增大 R_B　　　　　　　　B. 减小 R_B　　　　　　　　C. 改变 R_C

8. 放大电路的电压放大倍数在( )时增大。

A. 负载电阻增大　　　　　　B. 负载电阻减小　　　　　　C. 负载电阻不变

9. 共发射极放大电路在放大交流信号时,三极管的集电极电压( )。

A. 只含有放大了的交流信号

B. 只含有直流静态电压

C. 既有直流静态电压又有交流信号电压

10. 无信号输入时,放大电路的状态统称为( )。

A. 静态　　　　　　　　　　B. 动态　　　　　　　　　　C. 静态和动态

11. 共发射极放大电路输出电流、输出电压与输入电压的相位关系是( )。

A. 输出电流、输出电压均与输入电压同相

B. 输出电流、输出电压均与输入电压反相

C. 输出电流与输入电压同相,输出电压与输入电压反相

12. 放大电路工作在动态时,集电极电流由( )信号组成。

A. 纯交流　　　　　　　　　B. 纯直流　　　　　　　　　C. 交流与直流

13. 放大电路接入负载后,电压放大倍数会( )。

A. 下降　　　　　　　　　　B. 增大　　　　　　　　　　C. 不变

14. 集成运算放大器是一个( )。

A. 直接耦合的多级放大电路

B. 阻容耦合的多级放大电路

C. 变压器耦合的多级放大电路

15. 集成运放能处理(　　　)。

A. 直流信号　　　　　　　　B. 交流信号　　　　　　　　C. 交流信号和直流信号

16. 对于理想运放,输入电阻、输出电阻及开环放大倍数,下列表达式正确的是(　　　)。

A. $r_i = \infty$　$r_o = \infty$　$A_u = \infty$　B. $r_i = \infty$　$r_o = 0$　$A_u = \infty$　C. $r_i = \infty$　$r_o = 0$　$A_u = 0$

17. 同相比例运算电路的电压放大倍数等于(　　　)。

A. 1　　　　　　　　　　　B. -1　　　　　　　　　　C. $1 + R_F / R_1$

18. 无论是集成运放还是专用的集成电压比较器构成的电压比较电路,其输出电压与两个输入端的电位关系相同,即只要反相输入端的电位高于同相输入端的电位,则输出为(　　　)电平。相反,若同相输入端的电位高于反相输入端的电位,则输出为(　　　)电平。

A. 高　　　　　　　　　　　B. 低　　　　　　　　　　　C. 0

三、判断题

1. 三极管的 β 值太小,则其电流放大作用较差。　　　　　　　　　　　　　(　　　)

2. 两个二极管反向连接起来可作为三极管使用。　　　　　　　　　　　　　(　　　)

3. 三极管的输出特性曲线实际就是一组曲线族。　　　　　　　　　　　　　(　　　)

4. 三极管的截止状态是指输出特性曲线 $I_B = 0$ 以下的区域。　　　　　　　　(　　　)

5. 三极管的放大状态是 $U_{BE} >$ 开启电压,且 $U_{CE} > U_{BE}$。　　　　　　　　(　　　)

6. 三极管的 β 值越大,说明该管的电流控制能力越强,所以三极管的 β 值越大越好。

　　　　　　　　　　　　　　　　　　　　　　　　　　　　　　　　　　(　　　)

7. 工作在放大状态的三极管,其发射极电流要比集电极电流大。　　　　　　(　　　)

8. 基极电阻由于其作用又称为偏流电阻。　　　　　　　　　　　　　　　　(　　　)

9. 在三极管的放大电路中,三极管发射结加正向电压,集电结加反向电压。　(　　　)

10. 单管共发射极放大电路具有反相作用。　　　　　　　　　　　　　　　　(　　　)

11. 放大电路不设置静态工作点时,由于三极管的发射结有死区和三极管输入特性曲线的非线性,会产生失真。　　　　　　　　　　　　　　　　　　　　　　　　(　　　)

12. 放大电路的电压放大倍数随负载 R_L 而变化,R_L 越大,电压放大倍数越大。　(　　　)

13. 把输入的部分信号送到放大电路的输出端称为反馈。　　　　　　　　　　(　　　)

14. 运算电路中都引入负反馈。　　　　　　　　　　　　　　　　　　　　　(　　　)

15. 若输入信号从集成运放的同相端输入,则输入与输出的相位相反。　　　　(　　　)

四、综合题

1. 简述三极管的各种工作状态。

2. 对放大电路的有何基本要求?

3. 简述基本共发射极放大电路(图5-9)中各元器件的作用。

4. 什么是放大电路的静态和动态?

5. 为什么要设置静态工作点？静态工作点对放大电路的工作有何影响？

6. 什么是放大电路的直流通路和交流通路？

7. 在 NPN 型三极管组成的共发射极放大电路中，如果测得 $U_{CE} \leqslant U_{BE}$，该三极管处于何种状态？如何才能使电路恢复放大状态？

8. 试判别图 5-43 中三极管的工作状态（设均为硅管）。

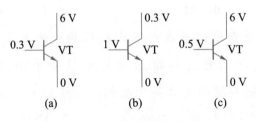

图 5-43　综合题 8 附图

9. 试确定图 5-44 中通过三极管的未知电流值。

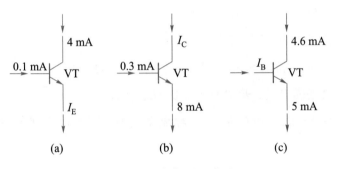

图 5-44　综合题 9 附图

10. 已知三极管当 $I_B = 20$ μA 时，$I_C = 1.4$ mA；当 $I_B = 40$ μA 时，$I_C = 3.2$ mA。求三极管的 β 值。

11. 图 5-45 所示为基本共发射极放大电路，$V_{CC} = 6$ V，$R_B = 200$ kΩ，$R_C = 2$ kΩ，若三极管的 $\beta = 50$。试求其静态工作点。

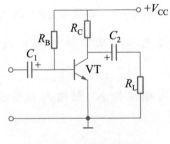

图 5-45　综合题 11 附图

12. 试计算图 5-46 所示放大电路的静态工作点。已知三极管的 $\beta = 50$，$U_{BE} = 0.7$ V。

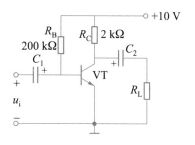

图 5-46 综合题 12 附图

13. 电路如图 5-47 所示，$V_{CC} = 15$ V，三极管的 $\beta = 50$。试绘出该电路的交流通路，并分别求出输入电阻和输出电阻。

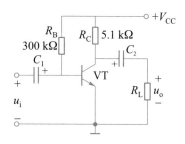

图 5-47 综合题 13 附图

14. 试求图 5-48 所示各电路中输出电压 u_O 值。

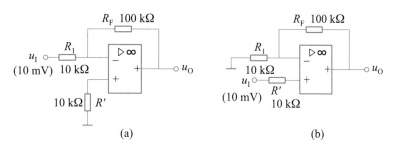

(a)   (b)

图 5-48 综合题 14 附图

15. 在图 5-49 所示电路中，已知 $R_F = 2R_1$，$u_I = -2$ V，试求输出电压 u_O。

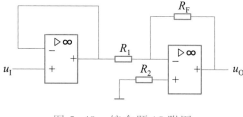

图 5-49 综合题 15 附图

16. 什么是运算放大器？理想运算放大器应具备哪些条件？从理想运算放大器的条件可推导出什么结论？

17. 设在同相比例电路中，$R_1 = 20$ kΩ，若希望它的电压放大倍数等于3，试求 R_2 和 R_F 的阻值。

五、学习记录与分析

1. 复习记录于表5-4、表5-5、表5-6、表5-7和表5-8中的数据，并进行分析、比较，小结学习体会。

2. 回顾在本项目中使用了哪些电容器？各有什么用途？

3. 复习记录于表5-10、表5-11的数据和图5-30，并分析、比较同相比例和反相比例电路中输入电压与输出电压的关系，报警器中警戒线连接和断开时集成运放 LM324 各引脚电压的数值及其输出端的波形。

4. 回顾在本项目中学习了多少种由集成运放组成的应用电路，以及每一种应用电路中输出电压与输入电压的关系。

项目6 数字电路——制作循环彩灯控制器

引导门

电子线路有处理模拟信号的模拟电路与处理数字信号的数字电路之分,两者有什么不同呢？让我们就从本项目学习有关数字电路的知识吧！

学习目标

通过对数字电路基础知识和组合逻辑电路基本知识的学习应用,掌握基本逻辑门、常见复合逻辑门的逻辑功能以及编码器、译码器等常见组合逻辑电路的工作原理。

并通过对触发器、寄存器和计数器的学习,掌握时序逻辑电路(寄存器和计数器)的工作原理及其在实际中的应用,并学会制作循环彩灯控制器。

应知

① 理解模拟信号与数字信号的概念及两者的区别;掌握数字信号的表示方法。

② 掌握二进制数、十六进制数的表示方法;能完成二进制数与十进制数的相互转换;了解8421BCD 码的表示形式。

③ 理解基本门电路及与非门、或非门、与或非门等复合逻辑门的逻辑功能;掌握其图形符号、真值表和逻辑表达式;了解逻辑代数的基本逻辑运算方法以及逻辑函数的化简方法。

④ 熟知编码器、译码器的概念并了解其工作原理和功能;了解集成编码器、译码器的引脚功能及其应用;了解半导体数码管的基本结构和集成译码显示器的应用。

⑤ 了解基本 RS 触发器、同步 RS 触发器和 D 触发器的特点及逻辑功能;熟悉 JK 触发器的逻辑符号,掌握其逻辑功能和边沿触发方式。

⑥ 认识寄存器的概念、各种类型、功能和应用,掌握寄存器(数码寄存器和移位寄存器)的组成和工作过程。

⑦ 理解计数器的概念、类型、功能和应用,掌握常用计数器电路的组成和工作原理。

应会

① 初步学会查阅数字集成电路手册,能根据要求正确使用数字集成电路。

② 认识寄存器和计数器的集成电路;通过寄存器、计数器(集成电路)的连接,实现逻辑功能和应用(循环彩灯控制器)。

学习任务6.1　制作数码显示器

基础知识

一、数字电路概述

随着计算机的广泛应用,数字电子技术的应用进入了一个新的阶段。数字电子技术不仅广泛应用于现代数字通信、自动控制、测控、计算机等领域,而且已经进入了千家万户的日常生活。可见,在人类迈向信息社会的进程中,数字电子技术起到了越来越重要的作用。

日常生活中的实例:有线电视传输的信号有两种,即模拟电视信号和数字电视信号。模拟电视信号是随时间连续变化的音视频信号,而数字电视信号则是将现场的模拟电视信号进行数字化处理后获得的电视信号。随着数字化信息技术的迅猛发展,电视广播产业发生了巨大的变化,数字电视仅是这一巨变中的产物之一。

数字电视是指拍摄、剪辑、制作、播出、传输、接收等全过程都使用数字技术的电视系统,具体传输过程是:由电视台送出的图像及声音信号,经数字压缩和数字调制后,形成数字电视信号,经过卫星、地面无线广播或有线电缆等方式传送,由数字电视机接收后,通过数字解调和数字视音频解码处理还原出原来的图像及伴音。图6-1所示为卫星直播数字电视接收系统框图。

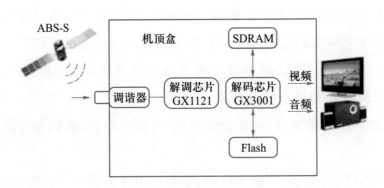

图6-1　卫星直播数字电视接收系统框图

（一）数字电路的基本概念

1. 模拟信号和数字信号

（1）模拟信号和模拟电路

在时间上和数值上均为连续变化的信号称为模拟信号,如正弦交流电的正弦波信号。处理模拟信号的电路称为模拟电路,如整流电路、放大电路等。模拟电路着重研究的是输入信号和输出信号间的大小及相位关系。模拟电路中,三极管通常工作在放大区。

（2）数字信号和数字电路

不随时间连续变化的信号,或者其信号在数值上、在出现的时间上是断续的信号称为数字信号。图 6-2(a)、(b)、(c)、(d)所示分别为尖峰波、矩形波、锯齿波和阶梯波信号。这是几种典型的数字信号,它们都是突变信号,持续时间短暂,因此数字信号也称为脉冲信号。处理数字信号的电路称为数字电路,着重研究的是输入、输出信号之间的逻辑关系,所以也称为逻辑电路。在数字电路中,三极管一般工作在截止区和饱和区,起开关的作用。

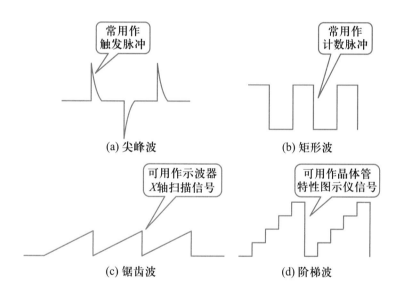

图 6-2　数字信号

2. 数字信号的表示方法

为了便于数字信号的处理,在数字电子技术中,数字信号只取 0 和 1 两个基本数码,反映在电路中可对应为低电平与高电平两种状态。

3. 数字电路的特点

① 由于数字电路是以二值数字逻辑为基础,仅有 0 和 1 两个基本数值,可用二极管、三极管的导通和截止这两种相反状态来实现,组成电路的基本单元便于制造和集成。

② 由数字电路构成的数字系统工作可靠,精度较高,抗干扰能力强。

③ 数字电路不仅能完成数值运算,而且能进行逻辑判断和运算。

④ 数字信息便于长期保存。

(二)数制与编码

数字电路只涉及两个数码,采用二进制运算,与习惯使用的十进制运算有所不同。

1. 关于数制的基本概念

① 数码:能表示物理量大小的数字符号。例如,日常生活中常用的十进制数使用的是 0、1、2、3、4、5、6、7、8、9 十个不同数码。

② 数制:计数制的简称,表示多位数码中每一位的构成方法,以及从低位到高位的进制规则。常用的计数制有十进制、二进制、八进制、十六进制等。

③ 权:每种数制中,数码处于不同位置(即不同的数位),它所代表的数量的含义是不同的。各数位上数码表示的数量等于该数码与相应数位权的乘积。例如,十进制数 123 中,"1"表示 $1×10^2$,"2"表示 $2×10^1$,"3"表示 $3×10^0$,由此可见,10^0、10^1、10^2 分别为十进制数的个位、十位、百位的权。

2. 十进制数、二进制数、十六进制数的表示方法

(1)十进制数

十进制数是日常生活中使用最广泛的计数制。按"逢十进一""借一当十"的原则计数,10 是它的基数。任意一个十进制数都可以用加权系数展开式来表示,n 位整数十进制数用加权系数展开式表示,可写为

$$(N)_{10} = a_{n-1}a_{n-2}\cdots a_1 a_0 = a_{n-1}×10^{n-1} + a_{n-2}×10^{n-2} + \cdots + a_1×10^1 + a_0×10^0$$

式中,$(N)_{10}$ 的下标 10 表示十进制数。例如,$(185)_{10} = 1×10^2 + 8×10^1 + 5×10^0$。显然,十进制数的各数位的权为 10 的幂。

(2)二进制数

二进制数中只有 0 和 1 两个数码,按"逢二进一""借一当二"的原则计数,2 是它的基数。二进制数的各数位的权为 2 的幂。例如

$$(1011\ 1001)_2 = (1×2^7 + 0×2^6 + 1×2^5 + 1×2^4 + 1×2^3 + 0×2^2 + 0×2^1 + 1×2^0)_{10} = (185)_{10}$$

(3)十六进制数

十六进制数有 0~9、A、B、C、D、E、F 这十六个数码,分别对应于十进制数的 0~15。十六进制数按照"逢十六进一""借一当十六"的原则计数,16 是它的基数,各数位的权为 16 的幂。例如

$$(3EC)_{16} = (3×16^2 + 14×16^1 + 12×16^0)_{10} = (1\ 004)_{10}$$

3. 数制转换

(1)二进制数转换为十进制数

将二进制数按权位展开,然后各项相加,就得到相应的十进制数。

例 6-1 将二进制数 10011 转换成十进制数。

解: $(10011)_2 = (1 \times 2^4 + 0 \times 2^3 + 0 \times 2^2 + 1 \times 2^1 + 1 \times 2^0)_{10} = (19)_{10}$

(2)十进制数转换为二进制数

十进制整数转换为二进制数采用"除 2 取余,逆序排列"法,用 2 去除十进制整数,可以得到一个商和余数;再用 2 去除商,又会得到一个商和余数,如此进行,直到商为 0 时为止,然后把先得到的余数作为二进制数的低位有效位,后得到的余数作为二进制数的高位有效位,依次排列起来。

例 6-2 将 $(11)_{10}$ 转换二进制数。

解:

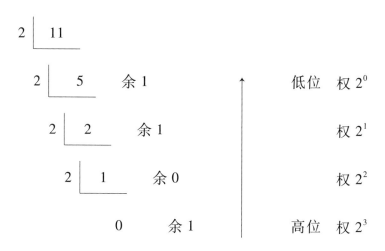

所以 $(11)_{10} = (1011)_2$。

4. 编码

编码是用数字代码表示文字、符号、图形等非数字信息的特定对象的过程。用二进制代码表示有关对象的过程称为二进制编码。

计算机及数字仪表等数字电路只能接收和处理 0 和 1 这两个数字信息,都采用二进制数码,而实际生活中常用的是十进制数码,因此,在数字电路中,常用一组 4 位二进制码来表示 1 位十进制数,这种编码方法称作二-十进制编码,亦称 BCD 码。8421BCD 码是最常见的一种 BCD 码,见表 6-1。

从表中可看出 8421BCD 码是用 4 位二进制数表示 1 位十进制数。必须注意 8421BCD 码和二进制数所表示的多位十进制数的方法不同。

例 6-3 将十进制数 93 分别用 8421BCD 码和二进制数来表示。

解: 十进制数　　　9　　　　3

8421BCD 码　　1001　　0011

即 $(93)_{10} = (10010011)_{8421BCD码}$，而 $(93)_{10} = (1011101)_2$。

表 6-1　8421BCD 码

十进制数	8421BCD 码
0	0 0 0 0
1	0 0 0 1
2	0 0 1 0
3	0 0 1 1
4	0 1 0 0
5	0 1 0 1
6	0 1 1 0
7	0 1 1 1
8	1 0 0 0
9	1 0 0 1
位权	8 4 2 1

二、基本逻辑门电路

（一）门电路概述

数字电路实现的是逻辑关系。所谓逻辑是指事物的条件或原因与结果之间的关系。如果把数字电路的输入信号视为条件，输出信号视为结果，那么数字电路的输入与输出信号之间就存在着一定的因果关系（即逻辑关系），能实现一定逻辑功能的数字电路称为逻辑门电路（简称门电路）。门电路一般有多个输入端和一个输出端。

门电路在输入信号满足一定的条件后，电路开启，处理信号，产生信号输出；相反，若输入信号不满足条件，门电路关闭没有信号输出。就好像一扇门的开启需要满足一定的条件一样。门电路的特点是某时刻的输出信号完全取决于即时的输入信号，即没有存储和记忆信息的功能。

在数字电路中，一般用 0 和 1 两个二进制数码表示逻辑关系中输入、输出变量电平的高低，如果用 1 表示高电平，0 表示低电平，则称为正逻辑；反之则称为负逻辑。若无特殊说明，一般均采用正逻辑。

（二）基本的逻辑门电路

数字电路的基本逻辑关系有 3 种：与逻辑、或逻辑和非逻辑。任何一个复杂的逻辑关系都可以用这 3 种基本逻辑关系表示出来。能够实现这 3 种基本逻辑关系的门电路分别称为与门、或门和非门。

1. 与门电路

（1）与逻辑关系

如果决定某事件成立（或发生）的诸原因（或条件）都具备，事件才发生；而只要其中一个条件不具备，事件就不能发生。这种逻辑关系称为与逻辑关系。

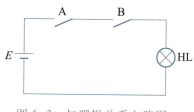

图 6-3　与逻辑关系电路图

如图 6-3 所示电路，只有两个开关 A 和 B 都闭合，电灯才能亮；只要有一个开关未闭合，电灯就不会亮。这两个开关闭合（条件）与电灯亮（结果）之间就构成了与逻辑关系。

如果用 1 表示开关闭合，灯亮；用 0 表示开关断开，灯不亮。将条件与结果之间的逻辑关系列于表 6-2 中，这种反映逻辑关系的表格称为真值表。

表 6-2　与逻辑真值表

A	B	Y
0	0	0
0	1	0
1	0	0
1	1	1

由表 6-2 可看出与逻辑关系为：有 0 出 0，全 1 出 1。

（2）与门逻辑符号

图 6-4 所示为两个输入端的与门图形符号。

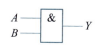

图 6-4　与门图形符号

（3）逻辑表达式

与门逻辑表达式为：

$$Y = A \cdot B = AB \tag{6-1}$$

2. 或门电路

（1）或逻辑关系

如果决定某事件成立（或发生）的诸原因（或条件）中，只需要具备其中一个条件，事件就会发生；只有所有的条件均不具备时，事件才不能发生。这种逻辑关系称为或逻辑关系。

如图 6-5 所示电路，只要两个开关 A 或 B 闭合，电灯就会亮；只有全部开关都断开，电灯才不会亮。这两个开关闭合（条件）与电灯亮（结果）之间就构成了或逻辑关系。或逻辑的真值表见表 6-3。

由表 6-3 可看出或逻辑关系为：有 1 出 1，全 0 出 0。

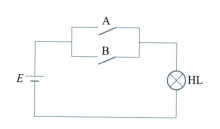

图 6-5　或逻辑关系电路图

表 6-3 或逻辑真值表

A	B	Y
0	0	0
0	1	1
1	0	1
1	1	1

（2）或门逻辑符号

图 6-6 所示为两个输入端的或门图形符号。

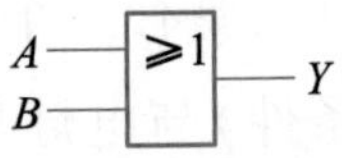

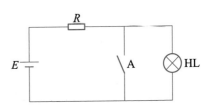

图 6-6　或门图形符号

（3）逻辑表达式

或门逻辑表达式为：
$$Y=A+B \tag{6-2}$$

3. 非门电路

（1）非逻辑关系

如果决定某事件成立（或发生）的原因（或条件）只有一个，该条件具备，事件就不发生；该条件不具备，事件就发生。这种逻辑关系称为非逻辑关系。

如图 6-7 所示电路，开关 A 闭合，电灯就不亮；开关 A 断开，电灯就亮。这一个开关闭合（条件）与电灯亮（结果）之间就构成了非逻辑关系。非逻辑的真值表见表 6-4。

图 6-7　非逻辑关系电路图

表 6-4　非逻辑真值表

A	Y
0	1
1	0

由表 6-4 可看出非图形关系为：有 1 出 0，有 0 出 1。

（2）非门逻辑符号

图 6-8 所示为非图形符号，可见非门只有一个输入端 A 和一个输出端 Y。

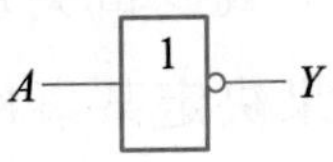

图 6-8　非门图形符号

（3）逻辑表达式

非门逻辑表达式为：
$$Y=\overline{A} \tag{6-3}$$

（三）复合逻辑门电路

用上述 3 种基本的逻辑门电路就可以组合成复合逻辑门电路，常用的复合逻辑门电路有与非门、或非门和与或非门。

1. 与非门

与非逻辑是由一个与逻辑和一个非逻辑直接构成的,其中与逻辑的输出作为非逻辑的输入。图 6-9 所示为与非门的逻辑结构及图形符号。

与非逻辑表达式为: $$Y = \overline{AB} \tag{6-4}$$

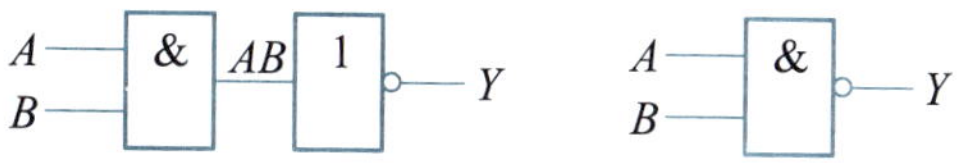

(a) 逻辑结构　　　　(b) 图形符号

图 6-9　与非门

与非逻辑真值表见表 6-5,可见与非逻辑具有"全 1 出 0,有 0 出 1"的特点。

表 6-5　与非逻辑真值表

A	B	Y
0	0	1
0	1	1
1	0	1
1	1	0

2. 或非门

或逻辑和一个非逻辑连接起来就可以构成一个或非逻辑,其中或逻辑的输出作为非逻辑的输入。图 6-10 所示为或非门的逻辑结构及图形符号。

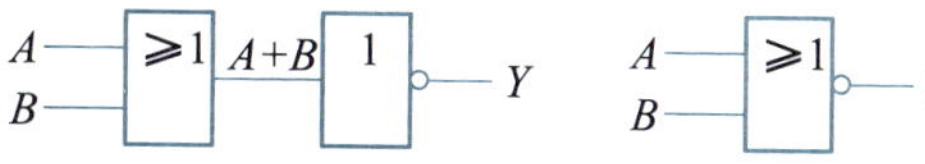

(a) 逻辑结构　　　　(b) 图形符号

图 6-10　或非门

或非逻辑表达式为: $$Y = \overline{A+B} \tag{6-5}$$

或非逻辑真值表见表 6-6,可见或非逻辑具有"全 0 出 1,有 1 出 0"的特点。

3. 与或非门

与或非逻辑是由两个与逻辑和一个或逻辑及一个非逻辑构成的,其中与逻辑的输出作为或逻辑的输入,或逻辑的输出作为非逻辑的输入。图 6-11 所示为与或非门的逻辑结构及图形符号。

与或非门逻辑表达式为: $$Y = \overline{AB+CD} \tag{6-6}$$

表 6-6　或非逻辑真值表

A	B	Y
0	0	1
0	1	0
1	0	0
1	1	0

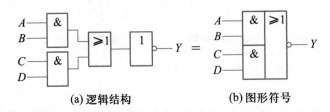

(a) 逻辑结构　　　　　(b) 图形符号

图 6-11　与或非门

与或非逻辑真值表见表 6-7,由表可见与或非逻辑具有以下特点:

① 当任一组与门的输入全为高电平时,输出为低电平。

② 当每一组与门的输入均有低电平时,输出为高电平。

表 6-7　与或非逻辑真值表

A	B	C	D	Y
0	0	0	0	1
0	0	0	1	1
0	0	1	0	1
0	0	1	1	0
0	1	0	0	1
0	1	0	1	1
0	1	1	0	1
0	1	1	1	0
1	0	0	0	1
1	0	0	1	1
1	0	1	0	1
1	0	1	1	0
1	1	0	0	0
1	1	0	1	0
1	1	1	0	0
1	1	1	1	0

相关链接　TTL 和 CMOS 集成门电路

集成逻辑门电路主要有 TTL 和 CMOS 两大类,它是数字电路中应用十分广泛的一种器件。

1. TTL 集成逻辑门电路

TTL 集成逻辑门电路是三极管-三极管逻辑门电路的简称,是一种双极型集成电路,与分立元器件相比,具有速度快、可靠性高和微型化等优点。

标准型 TTL 集成门电路常采用双列直插式封装,对电源电压要求较严,规定值为($1\pm10\%$)5 V,最大值不能超过 5.5 V,若电源电压值太低,则会影响输出的高电平数值。

2. CMOS 集成逻辑门电路

CMOS 集成逻辑门电路是以金属-氧化物-半导体场效晶体管为基础的集成门电路,是一种单极型集成电路。常见的型号有 4000/4500 系列,以及引脚可与 TTL 集成电路 54/74 系列兼容的 54/74HC。CMOS 电路的主要优点是:

① 功耗小。CMOS 电路静态电流很小,约为纳安数量级。

② 抗干扰能力很强。输入噪声容限可达到 $V_{DD}/2$。

③ 电源电压范围宽。多数 CMOS 电路可在 3~18 V 的电源电压范围内正常工作。

④ 输入阻抗高。

由于功耗低,CMOS 电路易于实现大规模集成,并广泛应用于由电池供电的设备中,例如手持计算器和数字式万用表等。CMOS 电路的缺点是工作速度比 TTL 电路低,而且若防护措施不当,很容易因静电荷而被烧毁。

图 6-12 所示为 CMOS 集成或非门 CD4002 引脚排列图,在其内部集成了 2 个互相独立的或非门,每个或非门有 4 个输入端,简称为双 4 输入或非门。

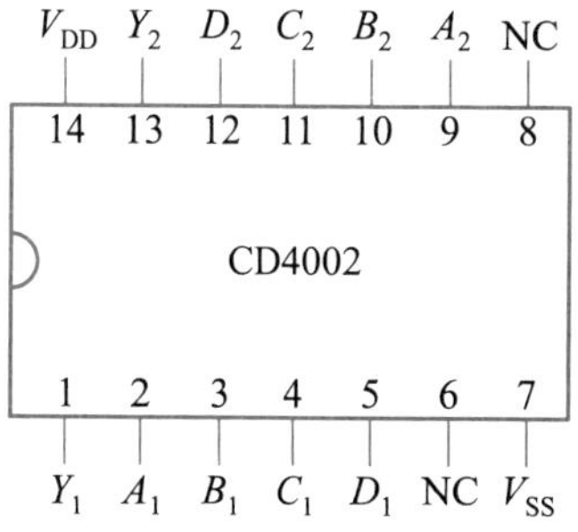

图 6-12　CMOS 集成或非门
CD4002 引脚排列图

三、逻辑代数

逻辑代数是分析、研究逻辑门电路的数学工具。可利用逻辑代数去分析已知逻辑门电路的功能,或分析所需要的逻辑功能,进一步简化逻辑电路。

用二进制数码进行逻辑运算的代数称为逻辑代数,又称为布尔代数。

1. 基本公式

$$A+0 = A \qquad\qquad A+1 = 1$$
$$A \cdot 0 = 0 \qquad\qquad A \cdot 1 = A$$
$$A\,\overline{A} = 0 \qquad\qquad A+\overline{A} = 1$$

2. 基本定律

交换律：$A+B=B+A$ $AB=BA$

结合律：$A+B+C=(A+B)+C=A+(B+C)$

          $ABC=(AB)C=A(BC)$

重叠律：$A+A=A$ $AA=A$

吸收律：$A+AB=A$ $A(A+B)=A$

         $A+\overline{A}B=A+B$ $A(\overline{A}+B)=AB$

非非律：$\overline{\overline{A}}=A$

冗余律：$AB+\overline{A}C+BC=AB+\overline{A}C$

反演律（摩根定律）：$\overline{A+B}=\overline{A}\cdot\overline{B}$ $\overline{AB}=\overline{A}+\overline{B}$

3. 应用（化简）举例

逻辑代数的应用是对逻辑电路及其功能进行分析，以取得最简逻辑表达式。最简逻辑表达式可使与之对应的逻辑电路为最简单，从而实现完成同一逻辑功能下的逻辑电路使元器件数量减少，降低成本，提高电路工作的可靠性和稳定性。

最简表达式的要求是：

① 乘积项的个数应最少。可使逻辑电路所用的门电路的个数最少。

② 乘积项中的变量应最少。可使逻辑电路所用的门电路的输入端最少。

在此仅介绍利用上述基本公式和基本定律化简逻辑表达式的方法。

例 6-4 化简图 6-13(a)所示的门电路。

解：

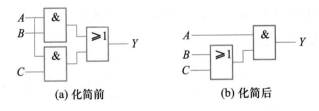

图 6-13 例 6-4 图

根据图 6-13(a)有

$$Y=AB+AC=A(B+C)$$

所以经化简后得

$$Y=A(B+C)$$

所对应的逻辑门电路如图 6-13(b)所示。

四、基本组合逻辑电路

按电路的逻辑功能分类,数字电路可分为组合逻辑电路和时序逻辑电路。组合逻辑电路在任一时刻的输出仅取决于该时刻电路的输入,而与电路过去的输入状态无关;时序逻辑电路在任一时刻的输出不仅取决于该时刻电路的输入,而且还取决于电路原来的状态。常见的基本组合逻辑电路有编码器、译码器、数据选择器、数据分配器和加法器等。

(一) 编码器

在二进制运算系统中,每1位二进制数只有0和1两个数码,只能表达两个不同的信号或信息。如果要用二进制数码表示更多的信号,就必须采用多位二进制数,并按照一定的规律进行编排。把若干个0和1按一定的规律编排在一起,组成不同的代码,并且赋予每个代码以固定的含义,这称为编码。能完成编码功能的逻辑电路称为编码器。下面简单介绍二-十进制编码器。

将0~9十个十进制数编成二进制代码的电路,称为二-十进制编码器。常见的二-十进制编码是前面介绍过的8421BCD码。图6-14所示为8421BCD编码器逻辑图,表6-8所示为其真值表。

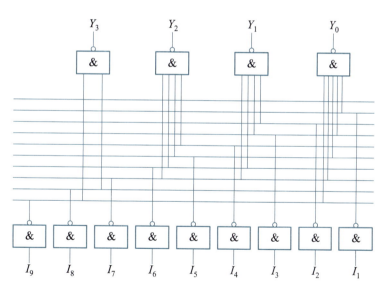

图 6-14 8421BCD 编码器逻辑图

表 6-8 8421BCD 编码器真值表

十进制数	输入	输出(8421BCD 码)			
		Y_3	Y_2	Y_1	Y_0
0	I_0	0	0	0	0
1	I_1	0	0	0	1

十进制数	输入	输出（8421BCD 码）			
		Y_3	Y_2	Y_1	Y_0
2	I_2	0	0	1	0
3	I_3	0	0	1	1
4	I_4	0	1	0	0
5	I_5	0	1	0	1
6	I_6	0	1	1	0
7	I_7	0	1	1	1
8	I_8	1	0	0	0
9	I_9	1	0	0	1

（二）译码器

译码是编码的反过程,它是将代码的组合译成一个特定的输出信号,实现译码功能的电路称为译码器。对应于编码器,译码器也有二进制译码器和二-十进制译码器。此外,还有一类能将数字电路的运算结果用十进制数显示出来的译码器,称为显示译码器。下面介绍二-十进制译码器和显示译码器。

1. 二-十进制译码器

将 4 位 8421BCD 码翻译为对应的十进制数输出信号的逻辑电路称为二-十进制译码器。图 6-15 所示为集成译码器 74LS42 的逻辑图和引脚排列图。它有 4 个输入端 A_0、A_1、A_2、A_3 和 10 个输出端 $\overline{Y}_0 \sim \overline{Y}_9$,故也称为 4 线-10 线译码器。该译码器输出低电平有效,具有输入伪码处理功能（当输入为 1010~1111 时,全部输出均为高电平）。

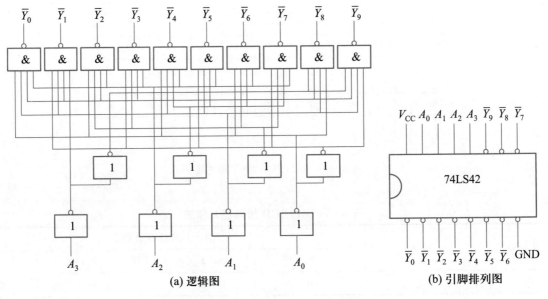

(a) 逻辑图   (b) 引脚排列图

图 6-15　74LS42 集成译码器

2. 显示译码器

在数字控制系统中,经常要将测量和运算的结果直接以十进制数字的形式显示出来,这样就必须将上述二-十进制译码器的输出作为驱动十进制数码显示器件的信号。因为各种数字显示器件的工作方式不同,因此对显示译码器的逻辑功能要求也不同。例如,点阵显示和数字字段显示两种不同的方式对译码器的要求肯定是不同的。显示译码器的工作原理框图如图 6-16 所示。无论何种显示方式,译码器逻辑功能的设计方法(组合逻辑电路的设计方法)是一

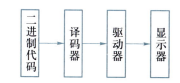

图 6-16 显示译码器的工作原理框图

样的,不同的是驱动器对译码器的输出信号要求不一样,故译码器输入与输出之间的逻辑关系不同;驱动器与显示器的连接方式不一样。

目前常见的数码显示器有七段数码管、液晶显示器等,如图 6-17 所示。七段数码管($a \sim g$)再加上小数点(dp)构成八段数码管,有共阳极和共阴极两种连接方法,如图6-18所示。

采用译码器 74LS248 与八段数码管相连接构成的数码显示电路如图 6-19 所示,电路中的数码管采用共阴极接法。从 74LS248 的输入端输入 4 位 BCD 码,数码管显示相应的十进制数字。

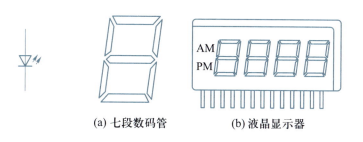

(a) 七段数码管　　　　(b) 液晶显示器

图 6-17 常见的数码显示器

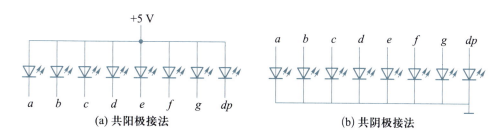

(a) 共阳极接法　　　　(b) 共阴极接法

图 6-18 八段数码管的两种连接方法

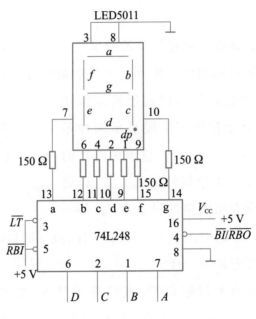

图 6-19　数码显示电路

工作步骤

步骤一：制作电路

① 根据图 6-19 所示电路自己列出元器件清单，并自行配齐所需要的元器件。

② 查阅有关手册，画出集成电路 74LS248 及数码管的引脚排列图，掌握其引脚的功能。

③ 在数字电路实验箱上正确连接（或在单孔印制电路板上焊接）电路。

步骤二：测试电路

完成电路的连接并经检查无误后，接通 5 V 直流电源，进行测量。只要按图安装无误，该电路不用调试，通电即可工作。按表 6-9 对电路进行测试，通过电平开关改变 74LS248 输入端（A、B、C、D）的 8421BCD 码数值，观察数码管的显示结果是否与输入的 8421BCD 码数值相一致，并将结果记录于表6-9中。

表 6-9　74LS248 逻辑功能表

十进制数/ 功能项	输入							$\overline{BI/RBO}$	输出							数码管 显示
	$\overline{LT}$	$\overline{RBI}$	D	C	B	A			a	b	c	d	e	f	g	
0	1	1	0	0	0	0		1								
1	1	×	0	0	0	1		1								
2	1	×	0	0	1	0		1								
3	1	×	0	0	1	1		1								
4	1	×	0	1	0	0		1								

十进制数/功能项	输入			$\overline{BI}/\overline{RBO}$	输出	数码管显示
	$\overline{LT}$	$\overline{RBI}$	D C B A		a b c d e f g	
5	1	×	0 1 0 1	1		
6	1	×	0 1 1 0	1		
7	1	×	0 1 1 1	1		
8	1	×	1 0 0 0	1		
9	1	×	1 0 0 1	1		
10	1	×	1 0 1 0	1		
11	1	×	1 0 1 1	1		
12	1	×	1 1 0 0	1		
13	1	×	1 1 0 1	1		
14	1	×	1 1 1 0	1		
15	1	×	1 1 1 1	1		
灭灯	×	×	× × × ×	0(入)		
清零	1	0	0 0 0 0	0		
灯测试	0	×	× × × ×	1		

学习任务6.2　测试触发器逻辑功能

基础知识

一、触发器的基本特点

在数字系统中,除了广泛使用数字逻辑门部件输出信号,还常常需要记忆和保存这些二进制数码信息,这就要用到另一个数字逻辑部件——触发器。数字电路中,将能够存储1位二进制信息的逻辑电路称为触发器。触发器是构成时序逻辑电路的基本单元,它具备以下两个基本特点:

1. 两个稳定状态

触发器有两个输出端,分别记为 Q 和 $\overline{Q}$,其状态是互补的。$Q=1$、$\overline{Q}=0$ 是一个稳定状态,称为1态。$Q=0$、$\overline{Q}=1$ 是另一个稳定状态,称为0态。

如出现 $Q=\overline{Q}=1$ 或 $Q=\overline{Q}=0$,因不满足互补的条件,故称为不定状态。

2. 功能

根据输入的不同,触发器可以置于 0 态,也可以置于 1 态。所置状态在输入信号消失后保持不变,即它具有存储 1 位二进制信号的功能。

3. 分类

触发器种类很多,按触发方式的不同,可分为同步触发器(电平触发器)、主从触发器及边沿触发器等。根据逻辑功能的差异,可分为 RS 触发器、JK 触发器、D 触发器等几种类型。

二、RS 触发器

(一) 基本 RS 触发器

1. 电路结构

基本 RS 触发器是由两个与非门 G1、G2 交叉耦合构成的,如图 6-20(a)所示。图 6-20(b)所示为其图形符号。$\overline{R}_D$ 和 $\overline{S}_D$ 为信号输入端,它们上面的非号表示低电平有效,在图形符号中用小圆圈表示。Q 和 $\overline{Q}$ 为输出端,在触发器处于稳定状态时,它们的状态相反。

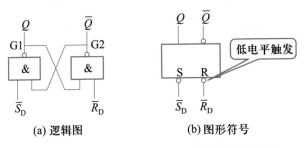

图 6-20　基本 RS 触发器的逻辑图和图形符号

2. 逻辑功能

由与非门构成的基本 RS 触发器,其逻辑功能用功能表描述,见表 6-10。

表 6-10　基本 RS 触发器逻辑功能表

$\overline{R}_D$	$\overline{S}_D$	Q^n(现态)	Q^{n+1}(次态)	功能说明
0	0	0	×	不定状态(禁用)
0	0	1	×	
0	1	0	0	置0(复位)
0	1	1	0	
1	0	0	1	置1(置位)
1	0	1	1	
1	1	0	0	保持原状态
1	1	1	1	

3. 特点及用途

由图 6-20 可见,在基本 RS 触发器中,输入信号直接加在输出门上,所以输入信号在全部的时间里都能直接改变输出端 Q 和 $\overline{Q}$ 的状态,故把 $\overline{R}_D$ 端称为直接复位端,$\overline{S}_D$ 端称为直接置位端。

基本 RS 触发器不仅电路结构简单,是构成其他功能触发器必不可少的组成部分,而且可用作数码寄存器、消抖开关和脉冲变换电路等。

(二)同步 RS 触发器

在实际应用中,希望触发器按一定的节拍翻转。为此,给触发器加一个时钟控制端 CP,只有在 CP 端上出现时钟脉冲时,触发器的状态才能变化。具有时钟脉冲控制的触发器状态的改变与时钟脉冲同步,所以称为同步触发器。

1. 电路结构

同步 RS 触发器的逻辑图和逻辑符号如图6-21所示。

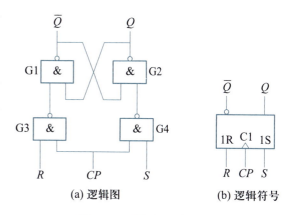

图 6-21 同步 RS 触发器

2. 逻辑功能

当 $CP = 0$ 时,控制门 G3、G4 关闭,都输出 1,这时,不管 R 端和 S 端的信号如何变化,触发器的状态保持不变。

当 $CP = 1$ 时,控制门 G3、G4 打开,R、S 端的输入信号才能通过这两个门,使基本 RS 触发器的状态改变。其输出状态由 R、S 端的输入信号和电路的原有状态 Q^n 决定。同步 RS 触发器的逻辑功能见表6-11。

表 6-11 同步 RS 触发器逻辑功能表

R	S	Q^n(现态)	Q^{n+1}(次态)	功能说明
0	0	0	0	保持原状态
0	0	1	1	
0	1	0	1	输出状态与 S 相同(置1)
0	1	1	1	
1	0	0	0	输出状态与 R 相同(置0)
1	0	1	0	
1	1	0	×	不定状态(禁用)
1	1	1	×	

3. 特点

同步 RS 触发器的特点是在 $CP = 1$ 的全部时间里,R 和 S 的输入信号变化都将引起触发器输出端状态的变化。

例 6-5 已知同步 RS 触发器的波形如图 6-22 所示，试画出 Q 和 $\overline{Q}$ 端对应的波形。设初态为 0 态。

解: 这是一个用已知的 CP、R、S 状态确定 Q 和 $\overline{Q}$ 状态的问题。只要根据每个时间段 CP、R、S 的状态，查功能表中 Q 和 $\overline{Q}$ 的相应状态，即可画出波形图，如图 6-22 所示。

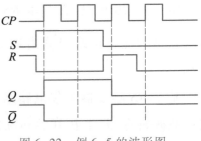

图 6-22　例 6-5 的波形图

三、主从 JK 触发器

（一）逻辑符号

主从 JK 触发器的图形符号如图 6-23 所示。$\overline{R}_D$ 和 $\overline{S}_D$ 分别为直接预置 0 和置 1 端，$\overline{R}_D = 0$ 或者 $\overline{S}_D = 0$ 将优先决定触发器的状态，但不允许 $\overline{R}_D$ 和 $\overline{S}_D$ 同时为 0;在触发器工作时应使 $\overline{R}_D = \overline{S}_D = 1$。$CP$ 端有小圆圈的表示下降沿触发有效，无小圆圈的表示上升沿触发有效（下同）。

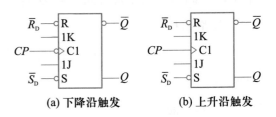

(a) 下降沿触发　　(b) 上升沿触发

图 6-23　主从 JK 触发器的图形符号

（二）逻辑功能

JK 触发器的逻辑功能与 RS 触发器的逻辑功能基本相同,不同之处是 JK 触发器没有约束条件。在 $J=K=1$ 时,每输入一个时钟脉冲后,触发器的状态翻转一次。JK 触发器逻辑功能表见表 6-12。

表 6-12　JK 触发器逻辑功能表

J	K	Q^n（现态）	Q^{n+1}（次态）	功能说明
0	0	0	0	保持原状态
0	0	1	1	
0	1	0	0	输出状态与 J 状态
0	1	1	0	相同（置 0）
1	0	0	1	输出状态与 K 状态
1	0	1	1	相同（置 1）
1	1	0	1	每输入一个脉冲
1	1	1	0	输出状态改变一次（取反）

例 6-6 已知 JK 触发器的输入 J、K、CP 的波形如图 6-24 所示。试画出输出 Q 端的波形图。设初态为 0 态。

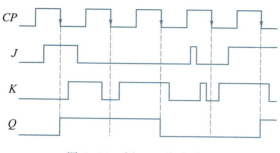

图 6-24　例 6-6 的波形图

解：这是一个用已知的 CP、J、K 状态确定 Q 状态的问题。只要根据每个时间里 CP、J、K 的状态，查功能表中 Q 的相应状态，即可画出波形图，如图 6-24 所示。

在画主从 JK 触发器的波形图时应注意以下两点：

① 触发器的触发仅发生在时钟脉冲的下降沿。

② 在 $CP=1$ 期间，如果输入信号 J、K 的状态没有变化，则判断触发器次态的依据是时钟脉冲下降沿前一瞬间输入端 J、K 的状态。

四、D 触发器

D 触发器的图形符号如图 6-25 所示，其逻辑功能见表 6-13。D 触发器只有一个信号输入端，时钟脉冲 CP 未到来时，输入端的信号不起作用；在 CP 信号到来的瞬间，输出端立即变成与输入端相同的电平，即 $Q^{n+1}=D$。

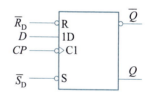

图 6-25　D 触发器的图形符号

表 6-13　D 触发器的逻辑功能表

D	Q^n	Q^{n+1}	功能
0	0	0	
0	1	0	
1	0	1	输出状态与 D 状态相同
1	1	1	

工作步骤

步骤一：实训准备

完成学习任务 6.2 所需要的工具与器材、设备见表 6-14。

表 6-14　完成学习任务 6.2 所需要的工具与器材、设备明细表

序号	名称	型号/规格	单位	数量
1	集成 *JK* 触发器	74LS112	块	1
2	万用表	MF-47 型	台	1
3	直流稳压电源	0~±12 V（连续可调）		1
4	数字电路实验箱		台	1
5	电烙铁	15~25 W	支	1
6	焊接材料	焊锡丝、松香助焊剂、烙铁架等,连接导线若干	套	1
7	电工电子实训通用工具	验电笔、锤子、螺丝刀(一字和十字)、电工刀、电工钳、尖嘴钳、剥线钳、镊子、小刀、小剪刀、活动扳手等	套	1
8	面包板		块	1
9	数字逻辑笔		支	1

步骤二:*JK* 触发器逻辑功能的测试

（1）在数字逻辑实验箱中插入 74LS112A（其引脚排列图如图 6-26 所示），输入端 $\overline{R}_{\mathrm{D}}$、$\overline{S}_{\mathrm{D}}$、$J$、$K$ 接逻辑开关 K,CP 接单次脉冲源 P_1,输出端 Q、$\overline{Q}$ 接电平指示器 LED1、LED2(发光二极管),如图 6-27 所示。

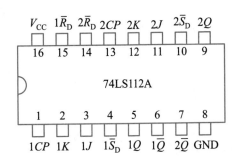

图 6-26　集成触发器 74LS112 引脚排列图

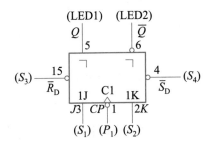

图 6-27　*JK* 触发器逻辑功能测试

（2）完成电路的连接并经检查无误后,接通电源。按表 6-15 的要求测试逻辑功能,观察并记录输出端 Q 和 $\overline{Q}$ 的状态变化。

表 6-15　*JK* 触发器逻辑功能测试表

输入					输出		
$\overline{R}_{\mathrm{D}}$	$\overline{S}_{\mathrm{D}}$	CP	J	K	Q	$\overline{Q}$	功能
0	1	×	×	×			
1	0	×	×	×			
1	1	↓	0	1			
1	1	↓	1	0			
1	1	↓	0	0			
1	1	↓	1	1			

注:"×"表示任意状态,箭头向下表示 CP 下降沿,箭头向上表示 CP 上升沿。

拓展训练　制作与调试四人抢答器

一、四人抢答器的电路组成

智力竞赛抢答器是一种在智力游戏或竞赛中使用的电子设备,参加竞赛的多人中,只要有一人首先按下抢答器,则其后按下的无效,直到主持人按下复位按键进入下一轮竞赛。本拓展训练所制作的四人抢答器可供 4 位参赛者使用,电路组成如图 6-28 所示。图中 IC1 为四三态 RS 锁存器 CD4043,IC2 为双 4 输入或非门 CD4002,它们组成 4 路按键输入,为互锁电路。CD4043 中的 4 个置 1 端 1S~4S 与 4 个抢答输入按键 SB1~SB4 相连,4 个输出端 1Q~4Q 通过 CD4002 与抢答输入按键的另一端相连。4 个复位端 1R~4R 并联后与复位按键 SB5 相连,供主持人总复位用。

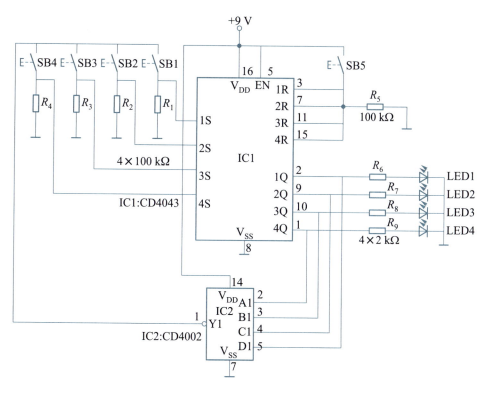

图 6-28　四人抢答器电路图

CD4043 的引脚排列如图 6-29 所示,其内部包含 4 个基本 RS 触发器,它采用三态单端输出,其中芯片的 5 脚 EN 为控制端。CD4043 的功能表见表 6-16,由表可见,三态 RS 锁存器是在普通 RS 触发器的基础上加上控制端 EN,其输出端除了出现高电平和低电平外,还可以出现第三种状态——高阻状态。控制端 EN 为高电平有效:当 $EN=1$ 时为工作状态,实现正常的逻辑功能;当 $EN=0$ 时输出端呈现高阻状态。

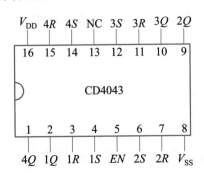

图 6-29 CD4043 的引脚排列图

表 6-16 CD4043 的功能表

EN	S	R	Q
0	×	×	高阻
1	0	0	Q^n(原态)
1	0	1	0
1	1	0	1
1	1	1	×

二、电路的工作原理

接通电源后,主持人先按下复位按键 SB5,9 V 工作电压通过 SB5 加至 4 个复位端,使 4 个触发器均复位,输出端输出低电平,输出端的低电平加至或非门 IC2 的输入端,反相后变为高电平,使 4 个抢答输入按键的一端为高电平,而 4 个 RS 触发器的置 1 端通过下控电阻 $R_1 \sim R_4$ 将其置于低电平,整个电路处于等待状态。

当有某一参赛队员,例如,1 号队员按下 SB1 时,高电平通过 SB1 加至 IC1 的 $1S$ 端,1 号触发器被置位,$1Q$ 输出高电平。一方面通过 IC2 反相为低电平后使 4 个抢答按键的一端由高电平变为低电平,使其后按下的按键不能再使它对应的触发器翻转,起到了互锁作用。

SB5 为复位按键,每次抢答过后由主持人按下,使电路复位后进行下一轮的抢答。

三、工作步骤

完成本拓展训练所需要的工具与器材、设备见表 6-17。

表 6-17　完成本拓展训练所需要的工具与器材、设备明细表

序号	名称	符号	型号/规格	单位	数量
1	四三态 RS 锁存器		CD4043	块	1
2	双 4 输入或非门		CD4002	块	1
3	按钮开关	SB1～SB5		个	5
4	电阻器	R_1～R_5	100 kΩ	个	5
5	电阻器	R_6～R_9	2 kΩ	个	4
6	发光二极管	LED1～LED4		个	4
7	指针式万用表		MF-47 型	台	1
8	数字式万用表		DT-830 型	台	1
9	直流稳压电源		0～±12 V（连续可调）		1
10	电烙铁		15～25 W	支	1
11	焊接材料		焊锡丝、松香助焊剂、烙铁架等，连接导线若干	套	1
12	电工电子实训通用工具		验电笔、锤子、螺丝刀（一字和十字）、电工刀、电工钳、尖嘴钳、剥线钳、镊子、小刀、小剪刀、活动扳手等	套	1
13	单孔印制电路板			块	1

按表 6-17 准备工具与器材，在单孔印制电路板上焊接图 6-28 所示的四人抢答器，完成电路安装与焊接的实物图如图 6-30 所示。

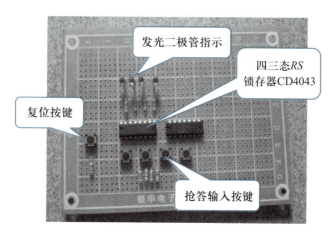

图 6-30　四人抢答器的实物图

完成电路的连接并经检查无误后，方能接通 9 V 直流电源，进行测量。只要按图安装无

误,该电路不用调试,通电即可工作。

① 按下按键 SB5 时,观察发光二极管 LED1~LED4 的亮灭情况,记录于表 6-18。

② 依次按下按键 SB1~SB4,观察发光二极管 LED1~LED4 的亮灭情况,记录于表 6-18。

表 6-18　抢答器的工作情况记录

按键	发光二极管的亮灭情况			
	LED1	LED2	LED3	LED4
SB5(按下)				
SB1(按下)				
SB2(按下)				
SB3(按下)				
SB4(按下)				

学习任务 6.3　制作与调试循环彩灯控制器

基础知识

一、时序逻辑电路

在本学习任务中将介绍时序逻辑电路。时序逻辑电路是由组合逻辑电路和存储电路(触发器)两部分组成,其框图如图 6-31所示。图中 X 为一个或一个以上的输入信号,Y 为一个或一个以上的输出信号,CP 为时钟脉冲信号,Q 为存储电路(触发器)的状态输出。

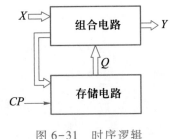

图 6-31　时序逻辑电路组成框图

时序逻辑电路按状态转换情况可分为同步时序逻辑电路和异步时序逻辑电路两大类。同步时序逻辑电路是指在同一时钟脉冲 CP 的控制下,电路中所有触发器 Q 的状态都在同一时刻发生改变。而异步时序逻辑电路是在时钟脉冲 CP 的控制下,各触发器 Q 的状态改变不在同一时刻发生。

最常用的时序逻辑电路是各种类型的寄存器和计数器。

二、寄存器

（一）概述

寄存器是用于接收、暂存、传递数码及指令等信息的数字逻辑部件，是一种常用的时序逻辑电路。寄存器存放数码及指令等信息的方式有并行输入和串行输入两种：

① 并行输入——数码及指令等信息从各对应位置的输入端同时输入寄存器中。

② 串行输入——数码及指令等信息从一个输入端逐位输入寄存器中。

寄存器传递数码及指令等信息的方式也有并行输出和串行输出两种：

① 并行输出——数码及指令等信息同时出现在各对应位置的寄存器的输出端。

② 串行输出——数码及指令等信息在一个寄存器的输出端逐位出现。

寄存器分为数码寄存器和移位寄存器：

① 数码寄存器——用于暂时存放数码的逻辑记忆电路。

② 移位寄存器——除具有存放数码的记忆功能外，还具有移位功能。

（二）数码寄存器

数码寄存器是简单的存储器，具有接收、暂存数码和传递原有数码的功能。

寄存器存储数据的位数就是构成触发器的个数。如 4 位寄存器就由 4 个触发器构成；8 位寄存器就由 8 个触发器构成。

寄存器在时钟脉冲 CP 的控制作用下，将数据存放到对应的触发器中。

图 6-32 所示为采用 D 触发器组成的 4 位数码寄存器。4 个触发器 FF0~FF3 的时钟脉冲输入端连接在一起，作为接收数码的控制端，$D_0 \sim D_3$ 为寄存器的数码输入端，$Q_0 \sim Q_3$ 是寄存器的数码输出端，各触发器的复位端（直接置 0 端）$\overline{R}_D$ 连接在一起，作为寄存器的总清零端，低电平有效。

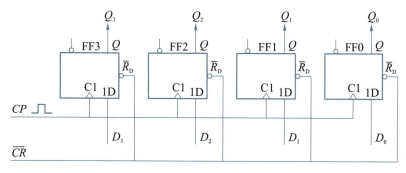

图 6-32　4 位数码寄存器

寄存器工作过程如下：

1. 工作前的清零或清除原有数码

寄存数码前,寄存器应清零;使 $\overline{R}_{\mathrm{D}} = 0$,根据 D 触发器的特性,即在脉冲的下降沿时,寄存器清除原有数码,$Q_3Q_2Q_1Q_0 = 0000$。

2. 寄存数码

只要将要存放的数码同时加到相对应的寄存器的数码输入端 $D_0 \sim D_3$,当时钟脉冲 CP 的上升沿到来时,根据 D 触发器的特性,触发器 FF0~FF3 的状态即由输入端 $D_0 \sim D_3$ 来决定;这样就可将二进制数码并行输入寄存器中,并同时可以从寄存器的输出端 $Q_0 \sim Q_3$ 输出。

例如,现要存放的二进制数码为 1100。首先将数码 1100 加到相对应寄存器的输入端 $D_3 \sim D_0$ 端,即 $D_3 = 1, D_2 = 1, D_1 = 0, D_0 = 0$。因而,当时钟脉冲 CP 的上升沿一到来时,各触发器 FF0~FF3 的状态马上与输入端 $D_0 \sim D_3$ 的状态相同,即有 $Q_3Q_2Q_1Q_0 = 1100$。于是 4 位二进制数码 1100 便存放到寄存器中,并可同时输出。

3. 保存数码

在时钟脉冲 CP 消失后,各触发器 FF0~FF3 都处于保持状态,即记忆(存储);与各输入端 $D_0 \sim D_3$ 的状态无关。

这样,就完成了接收并暂时存放数码的功能。

由于该寄存器能同时输入各位数码,并同时输出各位数码,故又称并行输入、并行输出数码寄存器。

(三)移位寄存器

移位是指在移位脉冲的作用下,能把寄存器中的数码依次左移或右移。移位寄存器是在数码寄存器的基础上发展而成的,它除了具有存放数码的功能外,还具有移位的功能。

移位寄存器可分为单向移位(左移或右移)寄存器和双向移位(左移和右移)寄存器。在移位脉冲作用下,所存数码只能向某一方向移动的寄存器称为单向移位寄存器,单向移位寄存器有左移寄存器和右移寄存器两种。若寄存器所存数码既能左移又能右移,具有双向移位功能的寄存器称为双向移位寄存器。

1. 左移寄存器

图 6-33 所示为采用上升沿触发 D 触发器组成的 4 位左移寄存器。由图可见,4 个 D 触发器的时钟脉冲输入端连在一起,作为移位脉冲的控制端,受同一移位脉冲 CP 上升沿触发控制。各触发器的复位端 $\overline{R}_{\mathrm{D}}$ 连在一起,作为寄存器的总清零端,低电平触发有效。最低位触发器 FF0 的输入端 D_0 为数码输入端,每个低位触发器的输出端 Q 与高一位触发器的输入端 D 相连。

工作过程:

① 使 $\overline{R}_{\mathrm{D}} = 0$,即在脉冲的低电平时,寄存器清除原有数码,使 $Q_3Q_2Q_1Q_0 = 0000$,完成清零。

② 按移位脉冲 CP 的工作节拍,数码输入的顺序应先进入高位数码,然后依次逐位输入低

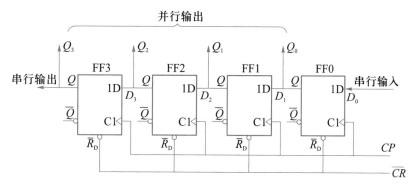

图 6-33　4 位左移寄存器

位数码到输入端 D_0。

例如,现要存放的二进制数码为 1100。当第一个移位脉冲 CP 的上升沿到来后,第 1 位数码 1 移入 FF0 的输入端 D_0,使 $Q_0 = 1$,其余寄存器的状态保持原态不变,即左移寄存器的输出为 $Q_3 Q_2 Q_1 Q_0 = 0001$;当第二个移位脉冲 CP 的上升沿到来后,第 2 位数码 1 移入 FF0 的输入端 D_0,使 $Q_0 = 1$,同时原 FF0 中的数码 1 被移入 FF1 中,使 $Q_1 = 1$,其余寄存器的状态保持原态不变,即左移寄存器的输出为 $Q_3 Q_2 Q_1 Q_0 = 0011$;当第 3 个移位脉冲 CP 的上升沿到来后,第 3 位数码 0 移入 FF0 的输入端 D_0,使 $Q_0 = 0$,同时原 FF0 中的数码 1 被移入 FF1 中,使 $Q_1 = 1$,同样原 FF1 中的数码 1 被移入 FF2 中,使 $Q_2 = 1$,寄存器 FF3 的状态保持原态不变,即左移寄存器的输出为 $Q_3 Q_2 Q_1 Q_0 = 0110$;以此类推,经过 4 个移位脉冲 CP 的上升沿后,要存放的二进制数码由高位到低位依次逐位移入寄存器中。因此,该寄存器具有串行输入、串行输出的功能。若从 4 个触发器的输出端 $Q_3 Q_2 Q_1 Q_0$ 可以同时输出数码,又具有并行输出的功能。

2. 右移寄存器

图 6-34 所示为 D 触发器组成的 4 位右移寄存器,由图可见该电路的结构与左移寄存器相似。右移寄存器与左移寄存器的区别是:最高位触发器 FF3 的输入端 D_3 为数码输入端,各触发器的连接方式是高位触发器的输出 Q 与低一位触发器的输入端 D 相连。要存放的数码应从高位到低位依次逐位往右移动送到最低位触发器 FF0 的输入端。同样具有串行输入、串行输出或并行输出等功能。

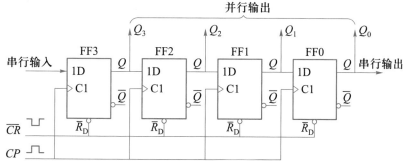

图 6-34　4 位右移寄存器

三、计数器

（一）概述

计数是指统计脉冲的输入个数,而能实现计数功能的电路称为计数器,主要用于计数,还可以用于分频、定时和数字运算等。计数器由触发器组合构成。

计数器的种类:

① 按计数进制的不同可分为二进制、十进制、N进制(任意进制)计数器。

② 按计数器中各触发器翻转的先后次序可分成异步计数器、同步计数器。

③ 按计数过程中累计脉冲个数的增减可分成加法计数器、减法计数器、加法/减法计数器(可逆计数器)等。

在数字电路中,任何进制数都是以二进制数为基础,所以二进制计数器是各种进制计数器的基础。在这里仅介绍异步二进制加法和异步十进制加法计数器。

（二）异步二进制加法计数器

1. 电路组成

二进制数只有 0 和 1 两个数码,而触发器亦有两个稳态,即一个触发器可以用来表示 1 位二进制数。

异步二进制加法计数器如图 6-35 所示,由 3 个 JK 触发器组成;低位 JK 触发器的输出端 Q 接到高一位的 JK 触发器的控制端,而最低位 JK 触发器 FF0 的控制端用于接收计数脉冲 CP。每个触发器的 J、K 端接高电平(相当于 $J=K=1$),使其工作更稳定、可靠;根据 JK 触发器的逻辑功能,JK 触发器处于计数状态。因此,当各个触发器的控制端接收到由 1 变为 0 的负跳变信号(相当于脉冲下降沿)时,触发器的状态就会翻转。

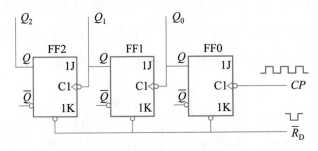

图 6-35　异步二进制加法计数器

2. 工作过程

① 工作前的清零:使 $\overline{R}_\mathrm{D}=0$,即脉冲的下降沿时,$Q_2Q_1Q_0=000$。

② 第 1 个计数脉冲 CP 的下降沿到来时,最低位 JK 触发器 FF0 状态发生翻转,Q_0 由 0 跳

变为 1，即 $Q_0 = 1$。

Q_0 是正跳变信号（相当于脉冲上升沿），对 FF1 不起作用，FF1 保持原态不变，即 $Q_1 = 0$。

由于 FF1 保持原态不变，FF2 也保持原态不变，即 $Q_2 = 0$。

因此，加法计数器的输出为 $Q_2 Q_1 Q_0 = 001$。

③ 第 2 个计数脉冲 CP 的下降沿到来时，最低位 JK 触发器 FF0 状态又发生翻转，Q_0 由 1 跳变为 0，即 $Q_0 = 0$。

Q_0 是负跳变信号（相当于脉冲下降沿），加到中间位 JK 触发器 FF1 的控制端，使 FF1 状态发生翻转，Q_1 由 0 跳变为 1，即 $Q_1 = 1$。

Q_1 是正跳变信号，对 FF2 不起作用，FF2 保持原态不变，即 $Q_2 = 0$。

因此，加法计数器的输出为 $Q_2 Q_1 Q_0 = 010$。

④ 第 3 个计数脉冲 CP 的下降沿到来时，最低位 JK 触发器 FF0 状态又发生翻转，Q_0 由 0 跳变为 1，即 $Q_0 = 1$。

Q_0 是正跳变信号，对 FF1 不起作用，FF1 保持原态不变，即 $Q_1 = 1$。

由于 FF1 保持原态不变，FF2 也保持原态不变，即 $Q_2 = 0$。

因此，则加法计数器的输出为 $Q_2 Q_1 Q_0 = 011$。

⑤ 依次类推，当第 7 个计数脉冲 CP 的下降沿到来时，加法计数器的输出为 $Q_2 Q_1 Q_0 = 111$。

⑥ 当第 8 个计数脉冲 CP 的下降沿到来时，3 个 JK 触发器又重新恢复为 000，则加法计数器的输出为 $Q_2 Q_1 Q_0 = 000$。进入下一个计数周期或循环。

随着计数脉冲 CP 的不断输入，3 个 JK 触发器状态不断发生翻转，完成计数功能。各触发器的状态转换是从低位 JK 触发器到高位 JK 触发器，依次翻转，不是同时翻转；且计数器是递增计数的。因此称为异步二进制加法计数器。

（三）异步十进制加法计数器

由于日常广泛采用十进制数，因此十进制计数器的使用更方便、更广泛。

1. 电路组成

十进制数有 0～9 共 10 个数码，4 个触发器可以有 16 个状态的输出，去掉 6 个状态就可以用其余 10 个状态表示十进制数的 10 个数码；即采用 4 位二进制数可以表示 1 位十进制数。通常是采用 0000～1001 的 4 位二进制数共 10 个数码表示十进制数的相应数码。

异步十进制加法计数器如图 6-36 所示，它由 4 个下降沿触发的 JK 触发器 FF0～FF3 组成。FF0 和 FF1 的输出端 Q 接到高一位触发器的控制端，而 FF3 的控制端直接接 Q_0；最低位的触发器 FF0 的控制端用于接收计数脉冲 CP。

FF0 的 J、K 端悬空，即 $J_0 = K_0 = 1$，FF0 处于计数状态。触发器 FF1 的 K 端悬空，即 $K_1 = 1$，$J_1 = \overline{Q_3}$。触发器 FF2 的 J、K 端悬空，即 $J_2 = K_2 = 1$，FF2 处于计数状态。触发器 FF3 的 K 端悬

空，即 $K_3 = 1$，$J_3 = Q_2 Q_1$。

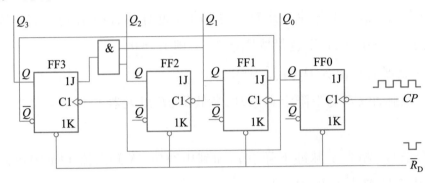

图 6-36　异步十进制加法计数器

2. 工作过程

① 工作前的清零：使 $\overline{R}_D = 0$，即脉冲的下降沿时，$Q_3 Q_2 Q_1 Q_0 = 0000$。

② 由于与 3 位异步二进制加法计数器电路结构相似；因此，计数器从 0000～0111，工作过程与前述的 3 位异步二进制加法计数器完全相同。

当计数器的状态 $Q_3 Q_2 Q_1 Q_0 = 0111$ 时，因 $Q_2 = Q_1 = 1$，即 $J_3 = Q_2 Q_1 = 1$，$K_3 = 1$，所以触发器 FF3 处于计数状态。

③ 第 8 个计数脉冲 CP 的下降沿到来时，触发器 FF0 状态发生翻转，Q_0 由 1 跳变为 0，即 $Q_0 = 0$。Q_0 是负跳变信号，使触发器 FF1 状态发生翻转，Q_1 由 1 跳变为 0，即 $Q_1 = 0$。Q_1 也是负跳变信号，使触发器 FF2 状态发生翻转，Q_2 由 1 跳变为 0，即 $Q_2 = 0$。Q_0 端的负跳变信号同时加到触发器 FF3 的控制端，使 FF3 状态发生翻转，Q_3 由 0 跳变 1，即 $Q_3 = 1$。因此加法计数器的输出为 $Q_3 Q_2 Q_1 Q_0 = 1000$。

④ 第 9 个计数脉冲 CP 的下降沿到来时，触发器 FF0 状态发生翻转，Q_0 由 0 跳变为 1，即 $Q_0 = 1$。Q_0 是正跳变信号，对触发器 FF1 不起作用，FF1 保持原态不变，即 $Q_1 = 0$。Q_1 不变，使触发器 FF2 保持原态不变，即 $Q_2 = 0$。Q_0 是正跳变信号，同样对触发器 FF3 不起作用，FF3 保持原态不变，即 $Q_3 = 1$。因此加法计数器的输出为 $Q_3 Q_2 Q_1 Q_0 = 1001$。

注意：此时触发器 FF1 的 K 端悬空，即 $K_1 = 1$，$J_1 = \overline{Q}_3 = 0$。

⑤ 第 10 个计数脉冲 CP 的下降沿到来时，触发器 FF0 状态发生翻转，Q_0 由 1 跳变为 0，即 $Q_0 = 0$。Q_0 是负跳变信号，但由于触发器 FF1 的 $K_1 = 1$，$J_1 = \overline{Q}_3 = 0$，故 FF1 保持原态不变，即 $Q_1 = 0$。Q_1 不变，使触发器 FF2 保持原态不变，即 $Q_2 = 0$。Q_0 的负跳变信号同时加到触发器 FF3 的控制端，使 FF3 状态发生翻转，Q_3 由 1 跳变 0，即 $Q_3 = 0$。因此加法计数器的输出为 $Q_3 Q_2 Q_1 Q_0 = 0000$。

第 10 个计数脉冲 CP 到来后，计数器的状态恢复为 0000，完成 0000～1001（相当于 0～9）这 10 个数码的计数，并跳过了 1010～1111 这 6 个状态。同时，Q_3 由 1 变为 0 时，即向高一位输出一个负跳变进位脉冲,从而完成了 1 位十进制计数的全过程。

工作步骤

步骤一:器材准备

完成学习任务 6.3 所需要的工具与器材、设备见表 6-19。

表 6-19　完成学习任务 6.3 所需要的工具与器材、设备明细表

序号	名称	符号	型号/规格	单位	数量
1	同步二进制加法计数器	IC	74HC163	块	1
2	集成电路插座		16 脚	个	1
3	直流稳压电源		0~±12 V	台	1
4	脉冲信号发生器			台	1
5	示波器		双踪	台	1
6	线路板			块	1
7	万用表		MF-47 型	台	1
8	电烙铁		15~25 W	支	1
9	焊接材料		焊锡丝、松香助焊剂、烙铁架等	套	1
10	电工电子实训通用工具		验电笔、锤子、螺丝刀(一字和十字)、电工刀、电工钳、尖嘴钳、剥线钳、镊子、小刀、小剪刀、活动扳手等	套	1
11	单相交流电源		220 V	台	1
12	电源线、安装连接导线				若干

步骤二:连接与调试电路

① 按图 6-37 连接电路。

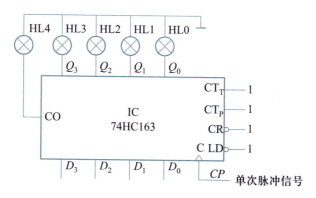

图 6-37　多路循环彩灯控制器

② 将 74HC163(自行查阅其引脚和技术资料)插入集成电路插座及线路板。

③ 调节直流稳压电源,使输出电压为+5 V。

④ 接入脉冲信号发生器,并调节脉冲信号发生器,使其产生频率为 1 kHz、幅度为 3.6 V 的方波信号。

⑤ 将计数器置零,即使 $\overline{CR}=0$,在脉冲到来时,计数器自动清零。

⑥ 将计数器置于计数状态,即使 $\overline{LD}=\overline{CR}=CT_P=CT_T=1$。

⑦ 选择脉冲信号发生器的单次脉冲输出。

⑧ 接入示波器,观察 $Q_0 \sim Q_3$ 及 CO 的状态和 HL0 ~ HL4 的状态变化(亮或灭),并将结果填入表 6-20 中。

表 6-20　多路循环彩灯控制器状态测量记录

CP	CO	Q_3	Q_2	Q_1	Q_0
1					
2					
3					
4					
5					
6					
7					
8					
9					
10					
11					
12					
13					
14					
15					
16					

评价反馈

根据实训任务完成情况进行自我评价、小组互评和教师评价,评分值记录于表 6-21 中。

表 6-21　评　价　表

项目内容	配分	评分标准	自评	互评	师评
1. 选配元器件	10 分	（1）能正确选配元器件,选配出现一个错误扣 1~2 分 （2）能正确识别集成电路的引脚,识别出现错误扣 2 分			
2. 安装工艺与焊接质量	30 分	安装工艺与焊接质量不符合要求,每处可酌情扣 1~3 分,例如： （1）元器件成形不符合要求 （2）元器件排列与接线的走向错误或明显不合理 （3）导线连接质量差,没有紧贴电路板 （4）焊接质量差,出现虚焊、漏焊、搭锡等			
3. 电路调试	20 分	（1）各电路一次通电调试成功,得满分 （2）如在通电调试时发现元器件安装或接线错误,每处扣 3~5 分			
4. 电路测试	20 分	（1）能正确设置电路测试点,写出调试步骤,且记录完整,可得满分 （2）否则按调试步骤酌情扣 2~5 分			
5. 安全、文明操作	20 分	（1）违反操作规程,产生不安全因素,可酌情扣 7~10 分 （2）着装不规范,可酌情扣 3~5 分 （3）迟到、早退、工作场地不清洁,每次扣 1~2 分			
总评分（自评分×30%+互评分×30%+师评分×40%）					

阅读材料　555 集成定时器及其应用

一、概述

555 定时器是一种将模拟电路和数字电路巧妙地结合在一起的混合集成电路,其用途广泛,几乎遍及电子应用的各个领域。只需要外接几个电阻、电容元件,就可以很方便地构成施密特触发器、单稳态电路及多谐振荡器等电路。典型产品有 5G555、NE555、CC7555 等。在同一集成电路上集成了 2 个 555 单元电路的,其型号为 556;在同一集成电路上集成了 4 个 555 单元电路的,则其型号为 558。

下面介绍的变音警笛电路是 555 集成定时器的应用之一。应用 555 集成定时器可以安装许多有趣的电子小制作,如音乐门铃、光控电灯等,有兴趣的读者可查阅有关资料。

二、外形与引脚排列

555 集成定时器的外形和引脚排列如图 6-38 所示。图中 1 脚为接地端 GND;2 脚为低电平触发输入端 $\overline{TR}$;3 脚为输出端 OUT;4 脚为置 0 复位端 $\overline{R}_D$;5 脚为电压控制端 CO;6 脚为高电平触发输入端 TH;7 脚为放电端 D;8 脚为电源输入端 V_{CC}(+5 V)。

(a) 外形

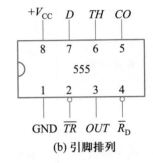

(b) 引脚排列

图 6-38　555 集成定时器

三、逻辑功能

① CO 端若外加控制电压,可改变电路内部的参考电压或基准电压;CO 端若不外加控制电压或不使用时,不可悬空,一般通过一个 0.01 μF 电容接地,以旁路高频干扰信号。

② 若 $\overline{R}_D$ 为低电平,则两输入端 TH 和 $\overline{TR}$ 不论为何值,输出端 OUT 一定为 0。因此在正常工作时 $\overline{R}_D$ 应为高电平。

③ 当 $\overline{TR}$ 端电平小于基准电压 $\left(\dfrac{V_{CC}}{3}\right)$,并且 TH 端电平小于基准电压 $\left(\dfrac{2}{3}V_{CC}\right)$ 时,输出端 OUT 为 1。

④ 当 $\overline{TR}$ 端电平大于基准电压 $\left(\dfrac{V_{CC}}{3}\right)$,并且 TH 端电平大于基准电压 $\left(\dfrac{2}{3}V_{CC}\right)$ 时,输出端 OUT 为 0。

⑤ 当 $\overline{TR}$ 端电平大于基准电压 $\left(\dfrac{V_{CC}}{3}\right)$,并且 TH 端电平小于基准电压 $\left(\dfrac{2}{3}V_{CC}\right)$ 时,输出端 OUT 将保持原状态不变。

555 集成定时器逻辑功能见表 6-22 中。

表 6-22　555 集成定时器逻辑功能表

$\overline{R}_D$	TH	$\overline{TR}$	OUT
0	×	×	0
1	$<\dfrac{2}{3}V_{CC}$	$\dfrac{V_{CC}}{3}$	1
1	$>\dfrac{2}{3}V_{CC}$	$\dfrac{V_{CC}}{3}$	0
1	$<\dfrac{2}{3}V_{CC}$	$\dfrac{V_{CC}}{3}$	保持原状态

四、应用

1. 单稳态电路

单稳态触发器为只有一个稳定状态的触发器;在没有外界信号时,电路将保持这一稳定状态不变;但在外界触发信号作用下,电路将会从原来的稳态翻转到另一个状态;但是这一状态是暂时的,经过一段时间后,电路将自动返回到原来的稳定状态。因此,单稳态触发器常用于脉冲的整形和延时。

（1）电路构成

由 555 集成定时器构成的单稳态电路如图 6-39 所示。

将 555 集成定时器的高触发输入端 TH 和放电端 D 连接在一起,低电平触发输入端 $\overline{TR}$ 作为触发信号 u_1 的输入端,从 555 集成定时器的 OUT 端输出 u_0;电阻 R 和电容 C_1 为定时元件。

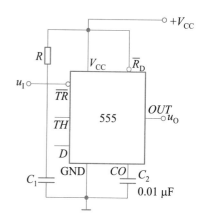

图 6-39　555 集成定时器构成的单稳态电路

（2）工作过程

① 电路初始状态,电容 C_1 没有存储电荷,因此,电容 C_1 的端电压 u_c 为 0。输出 u_0 为低电平。在输入端没有负脉冲时,即输入信号 u_1 为高电平。

② 接通电源后,电源 $+V_{CC}$ 通过电阻 R 对电容 C_1 充电,电容 C_1 的端电压 u_c 上升;当 u_c 上升到 $\frac{2}{3}V_{CC}$ 时,输出 u_0 为 0,同时电容 C_1 通过放电端 D 迅速放电;电路进入稳态,输出 u_0 保持为 0 状态不变。

③ 当输入端加入负脉冲时,即输入信号 u_1 从 1 跳变为 0;在 $u_1 = \overline{TR} < \dfrac{V_{CC}}{3}$ 时,从 555 集成定时器的功能可知,电路状态将发生翻转,即输出 u_0 由 0 跳变为高电平 1。同时,电源 $+V_{CC}$ 又通过电阻 R 对电容 C_1 充电,电容 C_1 的端电压 u_c 上升,此时,电路进入暂稳态,输出 u_0 保持为 1 状态不变,输入信号 u_1 返回为高电平,为下一次触发做准备。

④ 当 u_c 上升到 $\frac{2}{3}V_{CC}$ 时,输出 u_0 由 1 翻转为 0,同时电容 C_1 通过放电端 D 迅速放电;电路又进入稳态。等待下一个触发脉冲的到来。

上述过程如图 6-40 所示。可见,单稳态电路有一个稳态和一个暂稳态,暂稳态时间（又称为定时时间）是电容 C_1 充电,其端电压 u_c 从 0 到 $\frac{2}{3}V_{CC}$ 所需的时间,该时间使电路有对应的输出脉冲宽度 t_w;调节定时元件（电阻 R 和电容 C_1）的值就可以改变输出脉冲宽

度 t_w。

（3）单稳态电路的应用

① 波形整形　通过单稳态电路将不规则的输入信号 u_I 整形为幅度和宽度都相同或规则的矩形脉冲波 u_O，如图 6-41 所示。

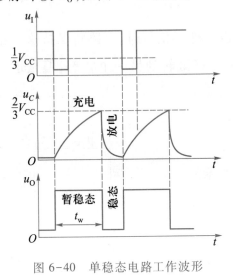

图 6-40　单稳态电路工作波形

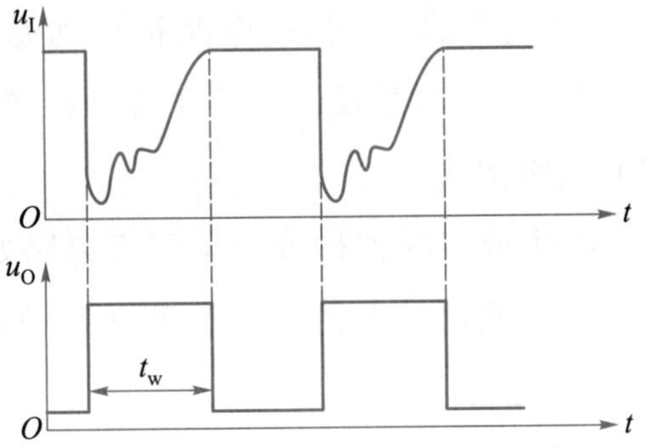

图 6-41　整形

② 延时器　单稳态电路的输出信号 u_O 的下降沿总是滞后于输入信号 u_I 的下降沿，而且滞后时间就是脉冲的宽度 t_w，如图 6-41 所示。因此，可利用这种滞后作用来达到延时的目的。

③ 定时器　利用单稳态电路输出的脉冲信号作为定时控制信号。脉冲宽度就是控制（定时）时间。

2. 施密特触发器

施密特触发器有两个稳定状态，电路从第一稳态翻转到第二稳态，然后再从第二稳态翻转到第一稳态，两次翻转所需的触发电平不相同，其差值称为回差电压。因此，施密特触发器常用于脉冲的整形或波形变换，如正弦波、三角波等变换为矩形波输出。

（1）电路构成

电路如图 6-42 所示。将 555 集成定时器的高电平触发输入端 TH 和低电平触发输入端 $\overline{TR}$ 连接在一起作为触发信号 u_I 的输入端，从 555 集成定时器的 OUT 端输出 u_O，便构成一个反相输出的施密特触发器。

（2）施密特触发器的应用

① 波形变换

通过施密特触发器可以将连续变化、缓慢变化的输入信号 u_I（如正弦波或三角波等）变换为矩形脉冲波信号 u_O 输出，如图 6-43（a）、（b）所示。由于两个输入端 TH 和 $\overline{TR}$ 连接在一起，所以

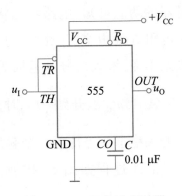

图 6-42　555 集成定时器构成的施密特触发器

从表 6-22 的 555 集成定时器逻辑功能表很容易理解波形变换的全过程。

输入信号上升过程：当 $u_I \leqslant \dfrac{V_{CC}}{3}$ 时，输出 $u_O = 1$；当 $\dfrac{V_{CC}}{3} < u_I < \dfrac{2}{3}V_{CC}$ 时，输出端将保持 $u_O = 1$；当 $u_I \geqslant \dfrac{2}{3}V_{CC}$ 时，输出 $u_O = 0$。

输入信号下降过程：当 $\dfrac{V_{CC}}{3} < u_I < \dfrac{2}{3}V_{CC}$ 时，输出端将保持 $u_O = 0$；当输入 $u_I \leqslant \dfrac{V_{CC}}{3}$ 时，输出端 $u_O = 1$。

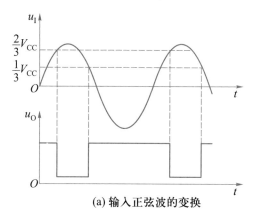 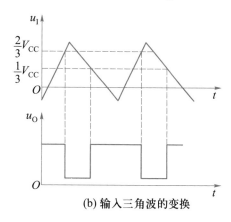

(a) 输入正弦波的变换　　(b) 输入三角波的变换

图 6-43　波形变换

由上述波形变换过程可看出，施密特触发器有两个稳定状态：第一稳态 $u_O = 1$，第二稳态 $u_O = 0$，所以是一个双稳态电路。从第一稳态翻转到第二稳态和从第二稳态翻转到第一稳态的触发电平值不同，其差值 $\dfrac{2}{3}V_{CC} - \dfrac{1}{3}V_{CC} = \dfrac{1}{3}V_{CC}$ 称为回差电压，显然回差电压值是不变的。

② 波形整形

当信号在传输过程中受到干扰，导致波形变差或变得不规则，如顶部不平整、前后沿变形等；可通过施密特触发器对受到干扰的信号进行整形以消除干扰。如图 6-44 所示，输入脉冲信号 u_I 波形的顶部不平整，经施密特触发器和一级反相器后，输出信号 u_O 波形的顶部平整。

③ 波形幅度鉴别

根据施密特触发器的原理，对于幅度不等的输入信号，只有当其幅度达到 $\dfrac{2}{3}V_{CC}$ 时才能使施密特触发器翻转，在输出端才有脉冲信号输出，如图 6-45 所示。

3. 多谐振荡器

多谐振荡器为无稳态电路，其只有两个暂稳态，在无需外界信号作用下，就能在两个暂稳态之间自行转换，从而产生一定频率的矩形波脉冲。因此，多谐振荡器广泛应用于脉冲信号发生器。

（1）电路构成

图 6-46 所示电路为由 555 集成定时器构成的多谐振荡器。将 555 集成定时器的高触发

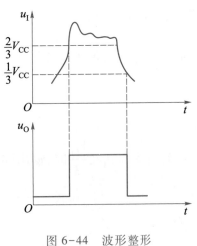

图 6-44 波形整形

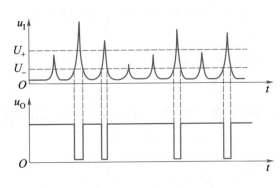

图 6-45 波形幅度鉴别

输入端 TH 和低触发输入端 $\overline{TR}$ 连接在一起;不需要输入触发信号,接通电源后就能产生矩形脉冲或方形脉冲;从 555 集成定时器的 OUT 端输出 u_0;R_1、R_2、C_1 为定时元件。

（2）工作过程

① 接通电源后,输出 u_0 的初始状态为高电平。电源 $+V_{CC}$ 通过电阻 R_1 和 R_2 对电容 C_1 充电,电容 C_1 的端电压 u_c 上升;当 u_c 上升到 $\frac{2}{3}V_{CC}$ 时,输出 u_0 变为低电平,并同时电容 C_1 通过电阻 R_2 和放电端 D 放电;电路进入第一暂稳态,输出 u_0 保持为低电平状态不变。

② 随着电容 C_1 的放电,u_c 随之下降;当 u_c 下降到 $\frac{V_{CC}}{3}$ 时,输出 u_0 发生翻转,由低电平跳变为高电平;同时,电源 $+V_{CC}$ 又通过电阻 R_1 和 R_2 对电容 C_1 充电,电路进入第二暂稳态,输出 u_0 保持为高电平状态不变;随之返回第一暂稳态。

可见,电容 C_1 的端电压 u_c 将在 $\frac{2}{3}V_{CC}$ 和 $\frac{V_{CC}}{3}$ 之间来回充电或放电,从而使电路产生振荡,输出矩形脉冲或方形脉冲。上述过程如图 6-47 所示。

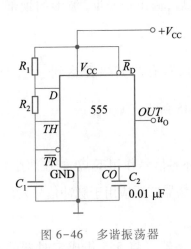

图 6-46 多谐振荡器

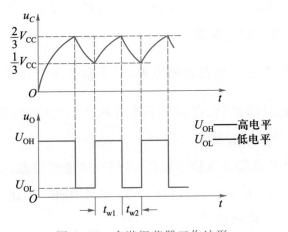

图 6-47 多谐振荡器工作波形

调节定时元件(电阻 R_1、R_2 和电容 C_1)的值就可以改变电容 C_1 的充电时间,决定输出脉冲宽度 t_{w1};调节定时元件(电阻 R_2 和电容 C_1)的值就可以改变电容 C_1 的放电时间,决定输出脉冲宽度 t_{w2}。

4. 555 集成定时器应用举例——变音警笛电路

如图 6-48 所示为变音警笛电路,其基本工作原理是:由两片 555 集成定时器构成两个多谐振荡器,即由 IC1、R_1、R_P 和 C_2 等元件组成的低频振荡器,振荡频率为 0.5~14.4 kHz(可由 R_P 调节);由 IC2、R_3、R_4 和 C_3 等元件组成的高频振荡器,振荡频率为 0.7 kHz。IC1 的输出端经 R_2 接到 IC2 的控制端 5 脚,可对 IC2 组成的振荡器的输出频率进行调制。当 IC1 输出低电平时,IC2 的输出信号频率就高;而当 IC1 输出高电平时,IC2 的输出信号频率就低。从而使扬声器发出高低频率相间的"滴、嘟、滴、嘟……"的警笛声音。

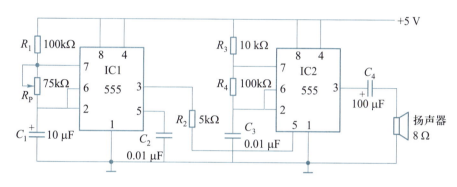

图 6-48 变音警笛电路

项 目 小 结

1. 数字电路是处理数字信号的电路,它着重研究的是输入、输出信号之间的逻辑关系,也称为逻辑电路。

2. 逻辑函数常用的基本表示方法有真值表、逻辑函数表达式、逻辑电路图、波形图 4 种,各种表示方法之间可以互相转换。

3. 实现数字逻辑功能的基本门电路有与门、或门和非门,由基本门电路可构成各种复合逻辑门电路,如与非门、或非门、与或非门等。

4. 逻辑代数是分析、研究逻辑电路的数学工具,利用这一数学工具可使逻辑电路的设计和分析变得简便。

5. 根据实际需要,通过设计,可由各种逻辑门电路构成功能各异的数字电路。按电路逻辑功能分类,数字电路可分为组合逻辑电路和时序逻辑电路。组合逻辑电路在任一时刻的输出仅取决于该时刻电路的输入,而与电路过去的输入状态无关;时序逻辑电路在任一时刻的输出不仅取决于该时刻电路的输入,而且还取决于电路原来的状态。常见的基本组合逻辑电路有编码器、译码器、数据选择器、数据分配器和加法器等。

6. 触发器是能存储 1 位二进制码 0、1 的电路,有互补输出(Q 和 $\overline{Q}$)。按照触发方式不同,可以把触发器分为同步触发器、主从触发器和边沿触发器。按照逻辑功能不同,可以把触发器分为 RS 触发器、JK 触发器、D 触发器等。基本 RS 触发器没有时钟输入端,触发器状态随输入电平的变化而变化。集成触发器产品通常为 D 触发器和 JK 触发器。各种触发器性能的比较见表 6-23,在选用集成触发器时,不仅要知道它的逻辑功能,还必须知道它的触发方式,只有这样,才能正确使用触发器。

表 6-23　各种触发器性能比较表

触发器种类	逻辑符号	状态转换真值表			
基本 RS 触发器	Q　$\overline{Q}$ S　R $\overline{S}_\mathrm{D}$　$\overline{R}_\mathrm{D}$	$\overline{R}_\mathrm{D}$	$\overline{S}_\mathrm{D}$	Q^{n+1}	功能
		0	0	×	不定
		0	1	0	置0
		1	0	1	置1
		1	1	Q^n	保持
同步 RS 触发器	$\overline{Q}$　Q 1R C1 1S R　CP　S	R	S	Q^{n+1}	功能
		0	0	Q^n	保持
		0	1	1	置1
		1	0	0	置0
		1	1	×	不定
JK 触发器	Q　$\overline{Q}$ 1J C1 1K J　CP　K	J	K	Q^{n+1}	功能
		0	0	Q^n	保持
		0	1	0	置0
		1	0	1	置1
		1	1	Q^n	翻转
D 触发器	D—1D—Q CP—C1—$\overline{Q}$	D		Q^{n+1}	功能
		0		0	置0
		1		1	置1

7. 时序逻辑电路有两种典型的电路:寄存器和计数器。寄存器分为数码寄存器和移位寄存器。数码寄存器具有暂时存放数码的逻辑记忆功能,移位寄存器除具有存放数码的记忆功能外,还具有移位功能。在移位脉冲作用下,移位寄存器所存数码若只能向某一方向移动的寄

存器称为单向移位寄存器,单向移位寄存器又分为左移寄存器和右移寄存器两种。若寄存器所存数码既能左移又能右移,具有双向移位功能,这种寄存器称为双向移位寄存器。

计数器能对输入脉冲进行计数操作。计数器按不同的方法分类,可分为二进制计数器、十进制计数器等,也可以分为同步计数器、异步计数器、加法计数器和减法计数器等。

8. 在完成本项目之后,应能识别和选用基本的 TTL、COMS 集成门电路,应懂得寄存器和计数器的应用和工作过程的分析;逐步掌握数字电路的分析方法和步骤。

 练习题

一、填空题

1. 数字电路中工作信号的变化在时间和数值上都是_____的,数字信号可以用_____和_____表示。

2. 二进制数只使用_____和_____两个数码,其计数基数是_____。

3. 十进制数若用 8421BCD 码表示,则十进制数的每一位数码可用_____表示,其权值从高位到低位依次为_____、_____、_____、_____。

4. 逻辑变量和函数的取值有_____和_____两种。

5. 逻辑代数中 3 种最基本的逻辑运算是_____、_____、_____。基本逻辑门电路有_____、_____、_____ 3 种。

6. 逻辑函数有_____、_____、_____、_____、_____ 5 种表示方法。

7. 常用集成逻辑门电路主要有_____和_____两大类。

8. 编码器由_____和_____组成。

9. 编码器按具体功能的不同分成_____、_____、_____ 3 种。它的功能是将输入信号(如_____、_____、_____)转化为数码。

10. 译码器按具体功能的不同分成_____、_____、_____ 3 种。

11. 半导体数码管按内部发光二极管的接法不同可分成_____和_____两种。

12. 异或门的逻辑表达式是_____。

13. 触发器有两个稳定状态:$Q = 1$、$\overline{Q} = 0$ 为触发器的_____态;$Q = 0$、$\overline{Q} = 1$ 为触发器的_____态。触发器的状态指的是_____端的状态。

14. 按逻辑功能分,触发器主要有_____、_____、_____和_____几种类型。

15. RS 触发器提供了_____、_____和_____ 3 种功能。

16. JK 触发器提供了_____、_____、_____和_____4 种功能。

17. 时序逻辑电路是由_____和_____两部分所组成。

18. 寄存器分为_____寄存器和_____寄存器。

19. 数码寄存器具有_____、_____和_____的功能。

20. 移位是指在_____的作用下,能把寄存器中的数码依次_____或_____。

21. 计数器主要用于_____,还可以用于_____、_____和_____等。

22. 计数器由_____和_____组成。

23. 一个触发器可以构成_____位二进制计数器。

24. 设计一个二十四进制计数器,至少需要_____个触发器。

二、选择题

1. 十进制数 181 转换为二进制数为(　　　　),转化成 8421BCD 码为(　　　　)。

A. 10110101　　　　　　B. 000110000001　　　　　　C. 11000001　　　　　　D. 10100110

2. 2 线–4 线译码器有(　　　　)。

A. 2 条输入线,4 条输出线　　　　　　　　　　B. 4 条输入线,2 条输出线

C. 4 条输入线,8 条输出线　　　　　　　　　　D. 8 条输入线,2 条输出线

3. 与门的输出与输入符合(　　　　)逻辑关系,或门的输出与输入符合(　　　　)逻辑关系,与非门的输出与输入符合(　　　　)逻辑关系,或非门的输出与输入符合(　　　　)逻辑关系。

A. 有 1 出 0,全 0 出 1　　　　　　　　　　　　B. 有 1 出 1,全 0 出 0

C. 有 0 出 0,全 1 出 1　　　　　　　　　　　　D. 有 0 出 1,全 1 出 0

4. 能将输入信号转变为二进制代码的电路称为(　　　　)。

A. 译码器　　　　　　B. 编码器　　　　　　C. 数据选择器　　　　　　D. 数据分配器

5. 优先编码器同时有两个输入信号时,是按(　　　　)的输入信号编码。

A. 高电平　　　　　　B. 低电平　　　　　　C. 高频率　　　　　　D. 高优先级

6. 2 输入端的或非门,其输入端为 A、B,输出端为 Y,则其表达式 $Y=$(　　　　)。

A. AB　　　　　　B. $\overline{AB}$　　　　　　C. $\overline{A+B}$　　　　　　D. $A+B$

7. 2 输入端的与非门,其输入端为 A、B,输出端为 Y,则其表达式 $Y=$(　　　　)。

A. AB　　　　　　B. $\overline{AB}$　　　　　　C. $\overline{A+B}$　　　　　　D. $A+B$

8. 基本 RS 触发器输入端禁止使用(　　　　)。

A. $\overline{R}_D=0,\overline{S}_D=0$　　B. $\overline{R}_D=1,\overline{S}_D=1$　　C. $\overline{R}_D=0,\overline{S}_D=1$　　D. $\overline{R}_D=1,\overline{S}_D=0$

9. JK 触发器的 S_D 端称为(　　　　)。

A. 直接置 0 端　　　　B. 直接置 1 端　　　　C. 复位端　　　　D. 置零端

10. JK 触发器的 J、K 端同时输入高电平,则处于(　　　　)状态。

A. 保持　　　　　　B. 置 0　　　　　　C. 翻转　　　　　　D. 置 1

11. 下降沿 JK 触发器,当现态为 0 时,只要 CP 下降沿到来前(　　　),对应 CP 下降沿触发器状态就翻转。

A. $K = 0$　　　　B. $K = 1$　　　　C. $J = 0$　　　　D. $J = 1$

12. 时序逻辑电路由(　　　)组成。

A. 组合逻辑电路　　　　　　　　　　B. 触发器

C. 组合逻辑电路和触发器　　　　　　D. 以上都不是

13. (　　　)是指数码及指令等信息从一个输入端逐位输入寄存器中。

A. 并行输入　　　B. 串行输入　　　C. 并串行输入　　　D. 以上都不对

14. 寄存器存储数据的位数(　　　)构成触发器的个数。

A. 小于　　　　　　B. 等于　　　　　　C. 大于　　　　　　D. 以上都不对

15. 计数器由(　　　)组合构成。

A. 与门　　　　　　B. 与非门　　　　　C. 触发器　　　　　D. 寄存器

16. 数码寄存器具有(　　　)数码的功能。

A. 接收和传递　　　B. 保存　　　　　C. A 和 B　　　　　D. 以上都不对

17. 触发器有(　　　)个稳态。

A. 1　　　　　　　B. 2　　　　　　　C. 3　　　　　　　D. 4

18. 异步二进制加法计数器的各触发器的状态转换总是(　　　)。

A. 从低位触发器到高位触发器翻转　　　　B. 从高位触发器到低位触发器翻转

C. 同时翻转　　　　　　　　　　　　　　D. 不翻转

19. 1 位十进制数的数码至少需要用(　　　)个触发器表示。

A. 1　　　　　　　B. 2　　　　　　　C. 3　　　　　　　D. 4

三、判断题

1. 二进制数的进位规则是逢二进一,所以 1+1=10。 (　　　)

2. 如果 $A+B=A+C$,则 $B=C$。 (　　　)

3. 如果 $A \cdot 0 = B \cdot 1$,则 $AB = A+B$。 (　　　)

4. 负逻辑规定:逻辑 1 代表低电平,逻辑 0 代表高电平。 (　　　)

5. 数字电路中,高电平和低电平表示一定的电压范围,不是一个固定不变的数字。

(　　　)

6. 在非门电路中,输入为高电平时,输出为低电平。 (　　　)

7. 组合逻辑电路的特点是具有记忆功能。 (　　　)

8. 触发器能够存储 1 位二值信息。 (　　　)

9. 当触发器互补输出时,通常规定 $Q=0, \overline{Q}=1$,称为 0 态。 (　　　)

10. JK 触发器和 RS 触发器所实现的逻辑功能相同。 （ ）

11. JK 触发器没有约束条件。 （ ）

12. 异步时序逻辑电路是在时钟脉冲的控制下,各触发器的状态先后发生改变。 （ ）

13. 移位寄存器除具有存放数码的记忆功能外,还具有移位功能。 （ ）

14. 移位是指在移位脉冲的作用下,只能把寄存器中的数码依次右移。 （ ）

15. 一个触发器可以用来表示 1 位十进制数。 （ ）

16. 构成计数器电路的器件必须具有记忆功能。 （ ）

四、综合题

1. 将下列二进制数转换成十进制数。

（1）$(111)_2$ （2）$(100001)_2$ （3）$(1101001)_2$ （4）$(1101101)_2$

2. 将下列十进制数转换成二进制数。

（1）$(17)_{10}$ （2）$(31)_{10}$ （3）$(25)_{10}$ （4）$(76)_{10}$

3. 将下列十进制数转换成 8421BCD 码。

（1）$(23)_{10}$ （2）$(13)_{10}$ （3）$(56)_{10}$ （4）$(74)_{10}$

4. 将下列 8421BCD 码转换成十进制数。

（1）$(01110101)_{8421BCD码}$ （2）$(10010101)_{8421BCD码}$ （3）$(10000011)_{8421BCD码}$

5. 写出图 6-49 所示逻辑电路的表达式,并列出该电路的真值表。

图 6-49　综合题 5 附图

6. 已知某逻辑关系的真值表见表 6-24,写出 Y 的逻辑表达式。

表 6-24　综合题 6 附表

A	B	C	D
0	0	0	1
0	0	1	1
0	1	0	1
0	1	1	0
1	0	0	0
1	0	1	0
1	1	0	0
1	1	1	1

7. 试分析图 6-50 所示逻辑电路，写出 Y_1、Y_2 的逻辑表达式。

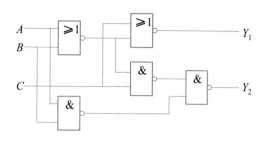

图 6-50　综合题 7 附图

8. 列出逻辑函数 $Y=AB+BC+AC$ 的真值表，并画出逻辑图。

9. 如图 6-51 所示，根据已知条件画出输出波形。

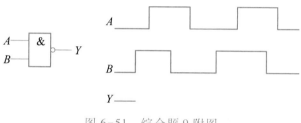

图 6-51　综合题 9 附图

10. 图 6-52 所示是非门的输入逻辑变量 A 的波形图，试画出相对应的输出逻辑变量 Y 的波形图。

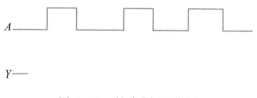

图 6-52　综合题 10 附图

11. 图 6-53 是或门的两个输入逻辑变量 A、B 的波形图，试画出相对应的输出逻辑变量 Y 的波形图。

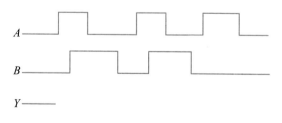

图 6-53　综合题 11 附图

12. 如果图 6-53 是与门、与非门、或非门的两个输入逻辑变量 A、B 的波形图，能否画出相对应的输出逻辑变量 Y 的波形图?

13. 什么是触发器?

14. 对基本 RS 触发器的输入有什么要求?

15. 同步触发器的 CP 脉冲何时有效?

16. 试述时序逻辑电路与组合逻辑电路有何区别。

17. 什么是并行输出? 什么是串行输出?

18. 数码寄存器与移位寄存器有何区别?

19. 什么是移位? 移位寄存器与数码寄存器有何区别?

20. 试述异步二进制加法计数器与异步二进制减法计数器的区别。

21. 什么是异步计数器? 什么是同步计数器?

22. 触发器如图 6-54(a)所示,根据图 6-54(b)所示的输入波形,画出 Q 端的输出波形,设电路初态为 0。

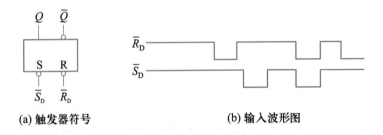

(a) 触发器符号　　　　　　　　　　(b) 输入波形图

图 6-54　综合题 22 附图

23. 触发器如图 6-55(a)所示,根据图 6-55(b)所示的输入波形,画出 Q 端的输出波形,设电路初态为 0。

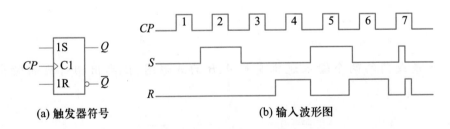

(a) 触发器符号　　　　　　　　　　(b) 输入波形图

图 6-55　综合题 23 附图

24. 触发器如图 6-56(a)所示,根据图 6-56(b)所示的输入波形,画出 Q 端的输出波形,设电路初态为 0。

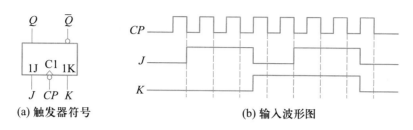

(a) 触发器符号   (b) 输入波形图

图 6-56 综合题 24 附图

25. 3 位数码寄存器如图 6-57 所示,若电路初态 $Q_2Q_1Q_0 = 101$,输入数据 $D_2D_1D_0 = 011$,则 CP 脉冲到来后,电路状态如何变化?

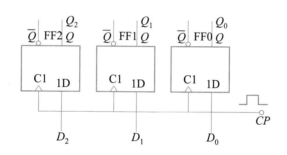

图 6-57 综合题 25 附图

五、学习记录与分析

1. 复习表 6-15 的记录,并分析 JK 触发器的逻辑功能。

2. 回顾在本项目中使用了哪几种集成触发器,其在何时刻触发?

3. 回顾在本项目中使用了哪几类集成电路。它们的功能特点如何?

项目7 电动机及其控制——安装电动机控制电路

引导门

电能作为能源,主要用于提供动力,将电能转变成动力(机械能)的装置是电动机。电动机通电后为什么能转动? 它的转速与转矩之间有什么关系? 如何对它进行控制? 本项目将介绍电动机及其控制方面的知识。

学习目标

掌握常用单、三相交流电动机的结构、原理和使用方法,学会安装三相异步电动机控制电路。

应知

① 了解三相异步电动机的结构、原理、铭牌参数和使用方法。

② 了解三相异步电动机的继电器-接触器控制电路的构成和电气原理图的读图方法。

③ 理解三相异步电动机各种基本运行控制电路的工作原理。

④ 了解三相异步电动机控制电路使用的主要低压电器的结构、原理、主要用途和使用方法。

⑤ 初步了解单相异步电动机和直流电动机的结构、原理和应用。

应会

① 学会三相异步电动机的接线,能测量绝缘电阻和运行电流。

② 学会识别、安装、使用各种低压电器。

③ 掌握三相异步电动机单向运行和正反转控制电路的安装和接线方法。

学习任务7.1 运行与测试三相异步电动机

基础知识

电机是利用电磁感应原理实现机-电能量和信号相互转换的装置,它是电动机、发电机和信号电机的总称。而电动机则是将电能转换成机械能（旋转运动或直线位移）的装置。

按照电源的种类，可将电动机分为交流电动机和直流电动机，目前应用最广泛的是三相交流异步电动机（简称三相异步电动机）、单相交流异步电动机和直流电动机。

一、三相交流异步电动机的基本结构

三相异步电动机主要由定子和转子两大部分，以及机壳、端盖、轴承、风扇等部件构成，如图7-1所示。

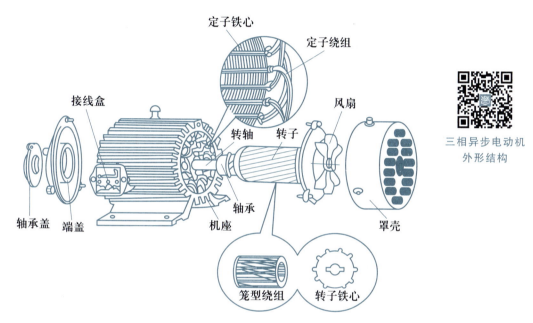

三相异步电动机
外形结构

图7-1　三相异步电动机的基本结构示意图

1. 定子

电动机的定子由定子铁心和定子绕组构成，如图7-1所示。定子铁心作为电动机磁路的一部分，一般要求有较好的导磁性能和较小的铁损耗，所以定子铁心是用冷轧硅钢片冲压成形后，再叠压成圆筒状。其内圆均匀分布若干凹槽，用来嵌放定子绕组。硅钢片之间涂有绝缘漆，以减小涡流损耗。

定子绕组是电动机的电路部分，是用漆包线绕成线圈，再按一定的规律连接而成。每个线圈的两个边嵌放在定子铁心槽内，线圈和铁心之间还衬有绝缘纸。三相异步电动机的定子绕组为空间互差120°电角度的三相对称绕组U1-U2、V1-V2、W1-W2，三相定子绕组一般连接成星形或三角形联结，如图7-2所示。

2. 转子

电动机的转子由转子铁心、转子绕组和转轴构成，如图7-3所示。转子铁心作为电动机

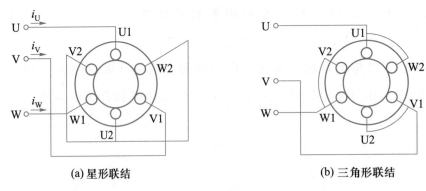

(a) 星形联结　　　　　　　　　(b) 三角形联结

图 7-2　三相定子绕组示意图及连接方式

磁路的组成部分,也是用硅钢片叠压而成。沿其外圆周均匀分布着若干个槽,用来嵌放转子绕组,中间穿有转轴。

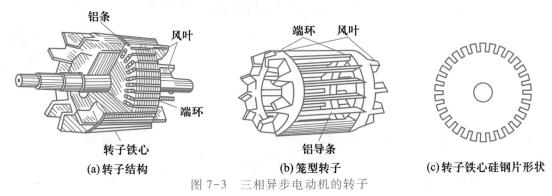

(a) 转子结构　　　　　　(b) 笼型转子　　　　　(c) 转子铁心硅钢片形状

图 7-3　三相异步电动机的转子

三相异步电动机根据转子绕组的结构形式分为笼型电动机和绕线转子电动机。笼型转子绕组大多是斜槽式的,绕组的导条、端环和散热用的风叶多用铝材一次浇铸成形。其中端环的作用是将所有导条并接起来形成闭合的转子电路,以便能够在导条中形成感应电流,产生电磁转矩。绕线式转子绕组与定子绕组一样,是用绝缘导线在转子铁心槽中绕成的三相对称绕组,其末端为星形联结,首端通过滑环和电刷装置与外电路的起动设备或调速设备相连,可以提高起动性能和调速性能。

3. 其他部件

三相异步电动机的其他部件还有机壳、前后端盖、风叶等。

二、三相异步电动机的转动原理

1. 转动原理

如图 7-4(a)所示,在一个马蹄形磁铁上装有旋转手柄,两磁极之间放一个可以自由转动的笼型转子,磁极和转子之间是空气隙,没有机械或电气的联系。当转动手柄使磁铁旋转时,会观察到以下现象:

① 笼型转子随着磁极一起转动,且两者转动的快慢基本相同。

② 若改变磁极旋转方向,笼型转子也跟着改变旋转方向。

③ 仔细观察还会发现,笼型转子的转速总是低于磁极的转速,两者的转速不能同步,即所谓"异步"。

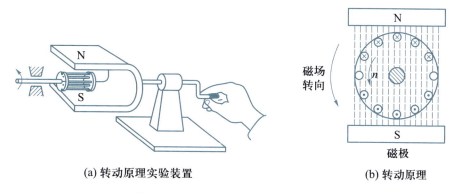

(a) 转动原理实验装置　　　　(b) 转动原理

图 7-4　三相异步电动机转动原理

上述实验现象可通过图7-4(b)来分析说明。设磁极按逆时针方向旋转,形成一个旋转磁场,置于旋转磁场中的转子导条切割磁感线,产生感应电动势,由于笼型转子绕组是闭合结构,所以转子绕组中产生感应电流。根据右手定则,可以判断出位于N极下的导条感应电流方向为进入纸面;而位于S极下的导条感应电流方向为穿出纸面。又因为载流导体在磁场中会受到电磁力的作用,根据左手定则可判断出位于N极下的导条受力方向向左;位于S极下的导条受力方向向右。这样,在笼型转子上就形成一个逆时针方向的电磁转矩,从而驱动转子跟随旋转磁场按顺时针方向转动。

若磁极按顺时针方向旋转,同理,转子也会改变方向按顺时针方向转动。另外,磁场若加快旋转,转子上感应电流及电磁转矩将增大,则转子转速加快。

那么对"异步"的现象又如何解释呢?由上述原理可知,异步电动机的转子转向与旋转磁场转向一致,如果转子与旋转磁场转速相等,则转子与旋转磁场之间没有相对运动,转子导条不再切割磁感线,没有电磁感应,感应电流和电磁转矩为零,转子失去旋转动力。在固有阻力矩的作用下,转子转速必然低于旋转磁场转速,因而产生了"异步"现象。

如果能设法使电动机转子与旋转磁场以相同的转速旋转,这种电动机称为同步电动机。

2. 转差率

异步电动机旋转磁场转速(也称同步转速 n_0)与转子转速 n 之差称为转差,转差与同步转速 n_0 的比值用转差率 s 表示

$$s = \frac{n_0 - n}{n_0} \tag{7-1}$$

转差率 s 是反映异步电动机运行状态的一个重要参数。异步电动机额定转速时的转差率

称为额定转差率 s_N，一般很小(2%～5%)，即异步电动机在额定状态下运行时的转速 n_N 很接近同步转速 n_0。

例 7-1 某台三相异步电动机的同步转速为 1 500 r/min，电动机的额定转速为 1 470 r/min，求电动机的额定转差率。

解：
$$s = \frac{n_0 - n}{n_0} = \frac{1\ 500 - 1\ 470}{1\ 500} \times 100\% = 2\%$$

3. 旋转磁场

由以上分析可知，异步电动机必须首先建立一个旋转磁场，才能驱动转子旋转。三相异步电动机的旋转磁场是由对称的三相定子绕组通入对称的三相交流电流(在时间上互有 120° 相位差)产生的。对称的三相交流电流、对称的三相定子绕组，在电流的一个周期内 $t_0 \sim t_4$ 五个时刻所产生的合成磁场的方向如图 7-5 所示，由图可见，电流交变一周，合成磁场的方向也在空间旋转了一圈(360°)。图 7-5 所示为一对磁极($p = 1$)的情况，如果三相异步电动机的定子绕组每相由两组线圈组成，如图 7-6 所示，各相绕组首端或末端在空间上互差 60°(电角度仍是120°)。通入三相对称电流后，可判断电动机将产生两对磁极，并且仍按 U1→V1→W1 方向旋转。但是电流变化一个周期 360°，合成磁场只转了半圈即 180°。由此可知，旋转磁场的转速 n_0(同步转速)与交流电源的频率 f 成正比而与磁极对数 p 成反比，即

$$n_0 = \frac{60f}{p} \tag{7-2}$$

式中，f 为交流电源的频率；p 为定子磁极对数。

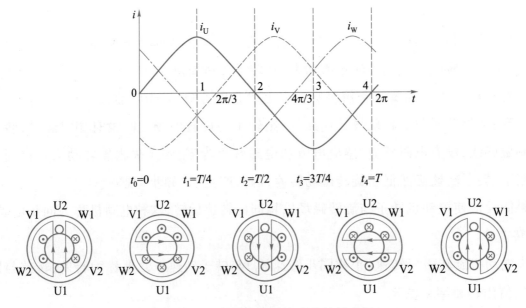

图 7-5　三相交变电流产生的旋转磁场

旋转磁场建立后，利用旋转磁场与转子的转速差在转子上产生感应电流，产生电磁转矩，

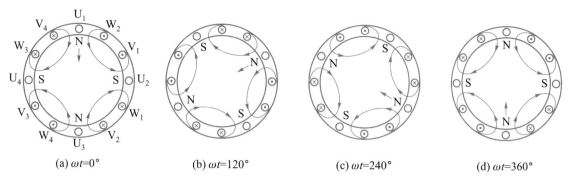

(a) $\omega t=0°$ (b) $\omega t=120°$ (c) $\omega t=240°$ (d) $\omega t=360°$

图 7-6　两对磁极的旋转磁场

使电动机沿旋转磁场方向旋转起来。

三、三相异步电动机的机械特性

1. 三相异步电动机的机械特性曲线

电动机作为动力设备,使用时需要考虑其输出转矩和转速,转矩与转速之间的关系称为机械特性。如果用横坐标表示转矩,纵坐标表示转速,将机械特性用曲线表示出来,则称为(电动机的)机械特性曲线。图 7-7 所示为三相异步电动机的机械特性曲线,图中 A、B、C、D 点分别为电动机的同步点、额定运行点、临界点和起动点。由图可见电动机在 D 点起动后,随着转速的上升,转矩随之上升,在达到转矩的最大值后(C 点),进入 A-C 段工作区域。

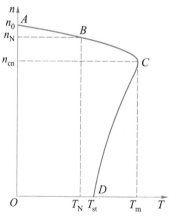

图 7-7　三相异步电动机的机械特性曲线

2. 三相异步电动机的运行性能

下面用图 7-7 所示的机械特性曲线来分析三相异步电动机的运行性能:

① 曲线的 A-C 段　在这一段的曲线近似于线性,随着异步电动机的转矩增加而转速略有下降,从同步点 $A(n=n_0, s=0, T=0)$ 到满载的 B 点(额定运行点),转速仅下降 2%~6%,可见三相异步电动机在 A-C 段的工作区域有较"硬"的机械特性。

② 额定运行状态　在 B 点,电动机工作在额定运行状态,在额定电压、额定电流下产生额定的电磁转矩,以拖动额定的负载,此时对应的转速、转差率均为额定值(额定值均用下标"N"表示)。电动机工作时应尽量接近额定状态运行,以使电动机有较高的效率和功率因数。

③ 临界状态　在 C 点产生的转矩为最大转矩 T_m,它是电动机运行的临界转矩,因为一旦负载转矩大于 T_m,电动机因无法拖动而使转速下降,工作点进入曲线的 C-D 段,在 C-D 段随着转速的下降转矩继续减小,使转速很快下降至零,电动机出现堵转。C 点为曲线 A-C 段与 C-D 段交界点,所以称为临界点,该点对应的转差率均为临界值。

电动机产生的最大转矩 T_m 与额定转矩 T_N 之比称为电动机的过载能力 λ，即

$$\lambda = \frac{T_m}{T_N} \tag{7-3}$$

一般三相异步电动机的 λ 在 1.8~2.2 之间，这表明在短时间内电动机轴上带动的负载只要不超过 $1.8 T_N \sim 2.2\,T_N$，电动机仍能继续运行，因此一定的 λ 表明电动机所具有的过载能力的大小。

④ 起动状态　D 点称为起动点。在电动机起动瞬间，$n = 0, s = 1$，电动机轴上产生的转矩称为起动转矩 T_{st}（又称为堵转转矩）。T_{st} 必须大于负载转矩，电动机才能起动，否则电动机将无法起动。

起动转矩 T_{st} 与额定转矩 T_N 之比称为电动机的起动能力，即

$$起动能力 = \frac{T_{st}}{T_N} \tag{7-4}$$

一般三相异步电动机的起动能力在 1~2 之间。

四、三相异步电动机的型号和技术数据

1. 三相异步电动机的铭牌

在每台电动机的外壳上都有一块标牌，一般是用金属做的，称为铭牌，图 7-8 所示为一块三相异步电动机的铭牌。在铭牌上标注了电动机的型号和主要技术数据，因此电动机的额定值又称为铭牌值。

三相异步电动机			
型号Y-112M-4		编号	
4.0 kW		8.8 A	
380 V	1440 r/min		LW 82 dB
接法△	防护等级IP44	50 Hz	45 kg
标准编号	工作制SI	B级绝缘	年　月
× × × ×　　　电机厂			

图 7-8　三相异步电动机铭牌

2. 型号

以Y-112M-4型为例：

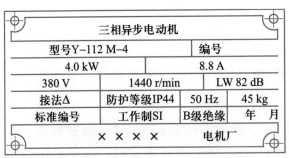

Y - 112M - 4
└─ 磁极数
　└─ 机座类别（L-长机座，M-中机座，S-短机座）
　　└─ 中心高度（mm）
　　　└─ 异步电动机

3. 电动机的额定值

电动机的额定工作状态,是指电动机能够可靠地运行并具有良好性能的最佳工作状态,此时电动机的有关数据称为电动机的额定值,以图 7-8 所示的铭牌为例,说明如下:

① 额定电压(380 V)　指在额定的条件下电动机绕组所加的工作电压(单位:V)。

② 额定功率(4.0 kW)　指电动机在长期持续运行时转轴上输出的机械功率(单位:W 或 kW)。

③ 额定电流(8.8 A)　指电动机在输出额定功率时,电源电路通过的电流(单位:A)。

④ 额定转速(1 440 r/min)　指电动机在额定状态下运行时的转速(单位:r/min)。

⑤ 额定转矩　指电动机在额定运行时产生的电磁转矩(单位:N·m)。

转矩与功率、转速之间的关系为

$$T_N = 9550 \frac{P_N}{n_N} \tag{7-5}$$

式中,T_N 为额定转矩(N·m),P_N 为额定功率(kW),n_N 为额定转速(r/min)。

4. 电动机的其他技术数据

(1) 起动电流 I_{st} 和起动转矩 T_{st}

电动机的起动状态,是指电动机已接通电源产生运转的动力,但因机械惯性还没有转动起来(转速为零),此时的电流和电磁转矩称为起动电流和起动转矩。

(2) 最大转矩 T_m

指电动机所能产生的电磁转矩的最大值。

(3) 电动机的效率

电动机从电源输入电功率,通过内部的电磁作用产生电磁转矩,驱动机械负载旋转做功。电动机在将电功率转换为机械功率的同时,也会在其内部产生损耗,这些损耗包括铜损耗(电路的损耗)、铁损耗(磁路的损耗)和机械损耗。电动机的效率为输出的机械功率与输入的电功率之比

$$\eta = \frac{P_2}{P_1} \times 100\% \tag{7-6}$$

式中,η 为电动机的效率,P_2 和 P_1 分别为电动机输出的机械功率和输入的电功率。

5. 电动机的定额工作制

是指电动机按额定值工作时,可以持续运行的时间和顺序。一般电动机的定额为 S1、S2、S3 三种:

① 连续定额 S1　表示电动机按额定值工作时可以长期连续运行。这种工作制较适用于水泵、风机等。

② 短时定额 S2　表示电动机按额定值工作时只能在规定的时间内短时运行。我国规定的短时运行时间为 10 min、30 min、60 min 和 90 min 4 种。这种工作制较适用于制冷用电动机等。

③ 断续定额 S3　表示电动机按额定值工作时,运行一段时间然后再停止一段时间地周期性地运行。我国规定一周期为 10 min,持续运行时间为工作周期的 15%、25%、40% 和 60% 4 种。

除以上技术数据外,还有电动机的连接方法、防护等级和绝缘等级等。

工作步骤

步骤一:实训准备

按表 7-1 准备好完成本学习任务所需的设备、工具和器材。

表 7-1　学习任务 7.1 所需工具、器材与设备明细表

序号	名称	型号/规格	单位	数量
1	三相交流电源	3×380 V/220 V　16 A　电压可调		
2	钳形电流表	MG-27 型　0-10 A-50 A-250 A　0-300 V-600 V 0~300 Ω	台	1
3	兆欧表	ZC11-8 型　500 V　0~100 MΩ	台	1
4	万用表	MF-47 型	台	1
5	三相笼型异步电动机	Y2-802-4 型　0.75 kW　2 A　1 390 r/min	台	1
6	组合开关	HZ10-10/3 型　10 A	个	1
7	熔断器	RL1-15 型　配 5A 熔体	套	3
8	电工电子实训通用工具	验电笔、锤子、螺丝刀(一字和十字)、电工刀、电工钳、尖嘴钳、剥线钳、镊子、小刀、小剪刀、活动扳手等	套	1
9	导线			若干

步骤二:三相异步电动机的运行与测试

1. 观察三相异步电动机的铭牌

观察实训室提供的三相异步电动机的铭牌,将铭牌数据记录于表 7-2 中。

表 7-2　三相异步电动机铭牌数据记录表

型号		额定功率	
接法		额定电压	
额定电流		额定转速	
额定频率		功率因数	
温升			

2. 用兆欧表测量电动机定子绕组的绝缘电阻

打开三相异步电动机的接线盒:

① 测量 U、V、W 三个接线端对地的绝缘电阻。

② 测量 U、V、W 三个接线端之间的绝缘电阻。测量结果均记录于表 7-3 中。

表 7-3   三相异步电动机定子绕组绝缘电阻测量记录表

U-地	V-地	W-地
U-V	V-W	W-U

【建议】   可由实训室提供好的和坏的电动机各一台,让学生检查、判别。

3. 测量三相异步电动机的起动电流和空载电流

按图 7-11 接线:

① 合上电源开关,用钳形电流表测量电动机的起动电流。

② 待电动机的转速稳定后,测量电动机的空载运行电流。

测量结果均记录于表 7-4 中。

表 7-4   三相异步电动机起动电流和空载电流测量记录表

起动电流	空载电流

相关链接

一、兆欧表及其使用方法

兆欧表(绝缘电阻表)主要由一台小容量、输出高电压的手摇直流发电机和一只磁电系比率表及测量线路组成,又称为摇表,其外形如图 7-9(a)所示。

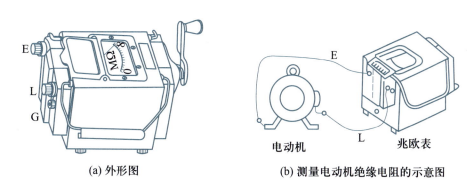

(a) 外形图   (b) 测量电动机绝缘电阻的示意图

图 7-9   兆欧表

使用兆欧表测量电器绝缘电阻的方法如下：

① 测量前，使被测设备与电源脱离，禁止在设备带电的状态下测量。

② 使用前应先对兆欧表进行检查，方法是：将兆欧表水平放置。L 端与 G 端开路时，表针应在自由状态。然后将 L 端与 E 端短接，按规定的方向缓慢摇动手柄，观察指针是否指向 0 刻度。若不能，则表明兆欧表有故障，不能用于测量。

③ 测量前要将被测端短路放电，以防止测试前设备电容储能在测量时放电，造成操作者触电或兆欧表损坏。

④ 测量时一般只使用兆欧表的 L 端和 E 端，如图 7-9(b)所示。

⑤ 连接兆欧表与被测对象宜使用单股导线，不要使用双股绞线或双股并行线，并注意不要让两根测量线缠绕在一起，以免影响读数的准确。

⑥ 手柄摇动的速度尽量保持在 120 r/min，待指针稳定 1 min 后再进行读数。

⑦ 测试完毕，先降低手柄摇动的速度，并将 L 端与被测对象断开，然后停止摇动手柄，以防止设备的电容损坏兆欧表。注意此时手勿接触导电部分。

二、钳形电流表及其使用方法

钳形电流表简称为钳表或卡表，用于测量交流电流，如图 7-10(a)所示。以图 7-10(b)为例介绍其测量原理如下：测量时先将转换开关置于比预测电流略大的量程上，然后扳动铁心开关使钳口张开，将被测的导线放入钳口中，并松开开关使铁心闭合，利用互感原理，就能从电表中读出被测导线中的电流值。

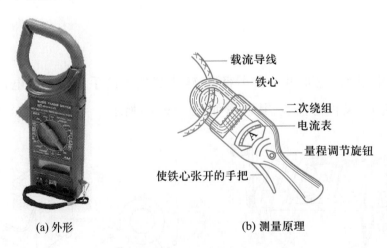

(a) 外形　　　　　　(b) 测量原理

图 7-10　钳形电流表

用钳形电流表测量交流电流虽然准确度不高，但可以不用断开被测电路，使用方便，因而得到广泛应用。使用钳形电流表测量时应注意：

① 使用前，应检查钳形电流表的外观是否完好，绝缘有无破损，钳口铁心的表面有无污垢

和锈蚀。

② 为使读数准确,钳口铁心两表面应紧密闭合。如铁心有杂声,可将钳口重新开合一次;如仍有杂声,就要将钳口铁心两表面上的污垢擦拭干净再测量。

③ 在测量小电流时,若指针的偏转角很小,读数不准确,可将被测导线在钳口上绕几圈以增大读数,此时实际测量值应为表头的读数除以所绕的匝数。(想一想:这是为什么?)

④ 钳形电流表一般用于测量低压电流,不能用于测量高压电流。在测量时,为保证安全,应戴上绝缘手套,身体各部位应与带电体保持不小于 0.1m 的安全距离。为防止造成短路事故,一般不得用于测量裸导线,也不准将钳口套在开关的闸嘴上或套在熔断器上进行测量。

⑤ 在测量中不准带电流转换量程挡位,应将被测导线退出钳口或张开钳口后再换挡。使用完毕,应将钳形电流表的量程挡位开关置于最大量程挡。

学习任务 7.2　安装三相异步电动机控制电路

基础知识

为了使电动机能按照设备的要求运转,需要对电动机进行控制。传统的电动机控制系统主要由各种低压电器组成,称为继电器-接触器控制系统。图 7-11 所示是一个最简单的三相电动机控制电路[图(a)为实物示意图,图(b)为电气原理图]。用一个刀开关控制电动机的起动和停转,用三相熔断器对电动机进行短路保护,这个简单的电路就具有对电动机进行控制和保护的基本功能。

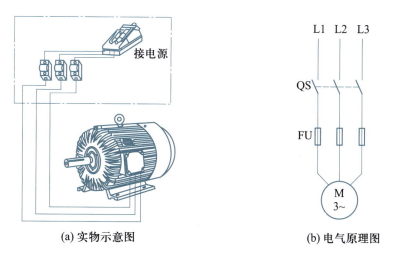

(a) 实物示意图　　　　　(b) 电气原理图

图 7-11　用刀开关控制三相异步电动机单向运行电路图

图 7-11 所示的电路只能对电动机进行手动控制,自动控制电路由各种电器组成,它能根

据控制指令,实现对电动机的自动控制、保护和监测等功能。电器可以根据控制指令,自动或手动接通和断开电路,实现对用电设备或非电对象的切换、控制、保护、检测和调节,如各种开关、继电器、接触器、熔断器等。低压电器是指工作电压在交流 1 200 V 或直流 1 500 V 以下的电器。

根据动作原理的不同,电器可分为手控电器和自动电器;而根据其功能的不同,又可以分为控制电器和保护电器。我国低压电器型号是按照产品的种类编制的,具体可查阅有关资料,下面将在介绍电动机控制电路时结合介绍电器的型号、功能和使用方法。

一、三相异步电动机单向运行控制电路

(一)用刀开关控制电动机单向运行

图 7-11 所示就是用刀开关控制三相异步电动机单向运行的电路,该电路的工作原理是:

合上电源开关 QS→三相异步电动机通电→电动机起动运行

断开 QS→电动机断电停转

该电路除电动机外,使用的电器有刀开关和熔断器两种。

1. 刀开关

刀开关属于手动电器,可用于不频繁地接通和分断容量不大的低压供电线路,也可以用来直接起动小容量的三相异步电动机。刀开关的文字符号为 QS,图形符号如图 7-12(c)所示(FU 为刀开关所附熔断器的文字符号)。常用的刀开关有开启式负荷开关、封闭式负荷开关和组合开关 3 种。

(1)开启式负荷开关

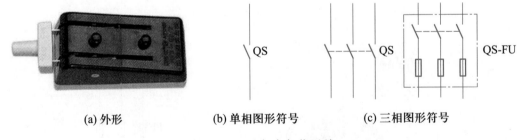

(a)外形   (b)单相图形符号   (c)三相图形符号

图 7-12　开启式负荷开关

开启式负荷开关又称为胶盖瓷底刀开关,其外形如图 7-12(a)所示。由刀开关和熔断器两部分组成,外面罩上塑料外壳,起绝缘和防护作用。刀开关有双刀和三刀两种,可用作单相和三相线路的电源隔离开关。刀开关的主要缺点是动作速度慢,带负荷动作时容易产生电弧,不安全,而且体积较大,现已普遍被空气断路器所取代。例如,用三刀开关直接控制三相异步电动机不频繁地起动和停转,则电动机的功率一般不能超过 5.5 kW。

常用开启式负荷开关的 HK 系列其型号的含义如下：

$$\text{HK}\ \square\ -\ \square\ /\ \square$$

开启式负荷开关 ——
设计序号 ——
极数
额定电流

例如：HK2-15/3 型——HK2 系列，额定电流 15A，3 极（三刀）。

（2）封闭式负荷开关

封闭式负荷开关因其早期产品都有一个铸铁的外壳，所以也称为铁壳开关，如今这种外壳已被结构轻巧、强度更高的薄钢板冲压外壳或工程塑料所取代。封闭式负荷开关的外形和结构如图 7-13 所示，其结构上有 3 个特点：一是装有储能作用的速断弹簧，提高了开关的动作速度和灭弧性能；二是设有箱盖和操作手柄的联锁装置，保证在开关合闸时不能打开箱盖，在箱盖打开时也不能合闸；三是有灭弧装置。因此与刀开关相比，铁壳开关使用更加安全，可用于分断较大的负荷，如用于电力排灌、电热器和电气照明的配电设备中不频繁地接通和分断电路，也可以不频繁地直接起动三相异步电动机。封闭式负荷开关内也带有熔断器。

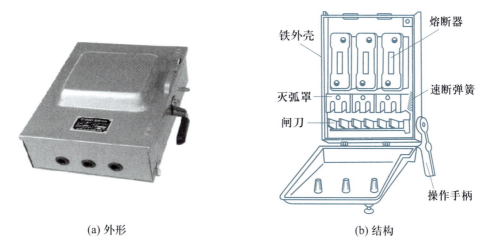

(a) 外形　　　　　　　　　　　　　(b) 结构

图 7-13　封闭式负荷开关

封闭式负荷开关的系列代号为 HH，例如 HH3-30/3 型（HH3 系列、额定电流 30A、三刀）。

（3）组合开关

组合开关又称为转换开关，外形与内部结构如图 7-14 所示。与前面介绍的两种开关不同的是，组合开关是用旋转手柄左右转动使开关动作的，且不带有熔断器；组合开关在转轴上也装有储能弹簧，使开关动作的速度与手柄旋转速度无关。组合开关的结构较紧凑，便于装在电气控制面板上和控制箱内，一般用于不频繁地接通和分断小容量的用电设备和三相异步电动机。

组合开关的系列代号为 HZ，例如 HZ10-60 型（HZ10 系列、额定电流 60A）。

2. 熔断器

各种熔断器的外形如图 7-15(a)所示，熔断器的文字符号为 FU，图形符号如图（c）所示。

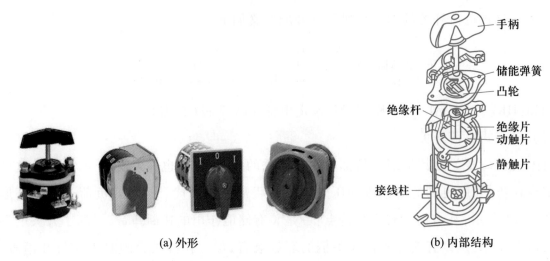

	手柄
	储能弹簧
	凸轮
绝缘杆	
	绝缘片
	动触片
	静触片
接线柱	

(a) 外形   (b) 内部结构

图 7-14   HZ10 系列组合开关

熔断器是一种使用广泛的短路保护电器,将它串联在被保护的电路中,当电路因发生严重过载或者短路而流过大电流时,由低熔点合金制成的熔体由于过热迅速熔断,从而在设备和线路被损坏前切断电路。不仅电动机控制电路采用熔断器作短路保护,一般照明电路及许多电气设备上都装有熔断器作短路保护。

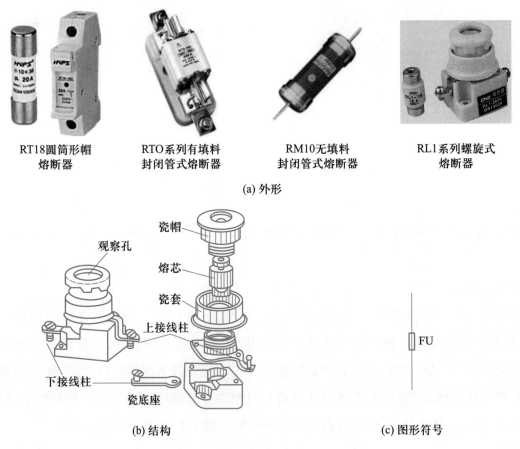

RT18圆筒形帽   RTO系列有填料   RM10无填料   RL1系列螺旋式
熔断器   封闭管式熔断器   封闭管式熔断器   熔断器

(a) 外形

观察孔 —— 瓷帽

熔芯

瓷套

上接线柱

下接线柱

瓷底座

FU

(b) 结构   (c) 图形符号

图 7-15   熔断器的外形、结构与符号

在电动机控制电路上常用的熔断器是螺旋式熔断器,其结构如图7-15(b)所示,它由熔管及其支持件(瓷底座、瓷套和带螺纹的瓷帽)组成。熔体装在熔管内并填满灭弧用的石英砂,熔管上端的色点是熔断的标志,熔体熔断后,色标脱落,需要更换熔管。在装接时,注意将熔管的色点向上,以便观察。同时注意将电源进线接瓷底座的下接线柱,负荷线接与金属螺纹壳相连的上接线柱。螺旋式熔断器体积小,熔管被瓷帽旋紧不容易因振动而松脱,所以常用在机床电路中。其系列代号为RL,常用的有RL1、RL6、RL7等系列。其他类型的熔断器还有半封闭插入式熔断器、有填料的和无填料的封闭管式熔断器、快速熔断器等。

熔断器的主要技术参数有额定电压、额定电流和熔体(熔丝)的额定电流,选用时应保证熔断器的额定电压大于或等于线路的额定电压,熔断器的额定电流大于或等于熔体的额定电流,而熔体的额定电流则根据不同的负载及其负荷电流的大小来选定。

(二)用接触器控制电动机单向起动

采用刀开关控制的电路仅适用于不频繁起动的小容量电动机,如果要实现对电动机的远距离控制和自动控制,就需要采用接触器控制电路。除前面介绍的刀开关和熔断器外,接触器控制电路所使用的还有接触器、热继电器和按钮开关3种低压电器。

1. 接触器

接触器是一种自动控制电器,它用于频繁地远距离接通或切断交直流电路及大容量控制电路。接触器的主要控制对象是电动机,也可用于控制其他电力负载,如电焊机、电阻炉等。按照所通断电流的种类,接触器分为交流接触器和直流接触器两大类,使用较多的是交流接触器。交流接触器从结构上可分为电磁系统、触点系统和灭弧装置三大部分。图7-16所示为交流接触器的基本结构和工作原理示意图。接触器的工作原理是:当电磁线圈通电后,产生的电磁吸力将动铁心往下吸,带动动触点向下运动,使动断触点断开、动合触点闭合,从而分断和接通电路。当线圈断电时,动铁心在复位弹簧的作用下向上弹回原位,动断触点重新接通、动合触点重新断开。由此可见,接触器实际上是一个电磁开关,它由电磁线圈电路控制开关(触点系统)的动作。

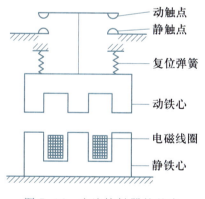

图7-16 交流接触器的基本结构和工作原理示意图

接触器触点又分为主触点和辅助触点。主触点一般为三极动合触点,可通过的电流较大,用于通断三相负载的主电路。辅助触点有动合和动断触点,用于通断电流较小的控制电路。由于主触点通过的电流较大,一般配有灭弧罩,在切断电路时产生的电弧在灭弧罩内被分割、冷却而迅速熄灭。

接触器外形如图7-17(a)所示,其文字符号为KM,图形符号如图7-17(b)所示。常用的交流接触器有CJ10、CJ12、CJ20系列产品。型号的含义如下:"C"表示接触器,"J"表示交流,数字为产品序列代号,短杠后的数字则表示主触点的额定电流,如 CJ20-63 型(CJ20 系列交流接触器,主触点额定电流为 63 A)。此外还有许多新产品,如 3TB 和 3TF 系列、LC1-D 系列、B 系列等,这些产品的特点是其结构和材质有所改进,体积小,并采用"积木式"组合结构,可与多种附件组装以增加触点数量及扩大使用功能,使用更加灵活方便。

交流接触器
工作原理

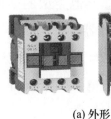

(a) 外形

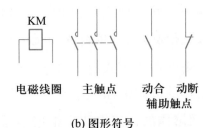

电磁线圈　主触点　动合　动断
辅助触点

(b) 图形符号

图 7-17　交流接触器

2. 热继电器

继电器是一种根据外界输入的信号来控制电路通断的自动切换电器。继电器种类很多,应用广泛,按照用途可分为控制继电器和保护继电器,若按照输入的信号分,有电压继电器、电流继电器、时间继电器、热继电器与温度继电器、速度继电器、压力继电器等。

热继电器是继电器中的一种,主要用于电动机的过载保护、断相及电流不平衡运行的保护。热继电器是根据电动机过载保护需要而设计的,它利用电流热效应的原理,当热量积聚到一定程度时使触点动作,从而切断电路以实现对电动机的保护。按照动作的方式,热继电器可分成双金属片式、热敏电阻式、易熔合金式、电子式[如图 7-18(a)所示]等几种,使用最普遍的是双金属片式,它结构简单、成本较低,且具有良好的反时限特性(即电流越大动作时间越短,电流与动作时间成反比)。双金属片式热继电器的外形如图 7-18(b)所示,其基本工作原理是:双金属片是由两种热膨胀系数不同的金属材料压合而成;绕在双金属片外面的发热元件串联在电动机的主电路中;当电动机过载时,过载电流产生的热量大于正常的发热量,双金属片受热弯曲;电流越大,过载时间越长,双金属片就弯曲程度越大,在达到一定程度时,通过传动机构使触点系统动作。热继电器动作后,要等一段时间,待双金属片冷却后,才能按下复位按钮,使触点复位。热继电器动作电流值的大小可用位于复位按钮旁边的旋钮进行调节。

热继电器的文字符号为 FR,图形符号如图 7-18(c)所示。常用的热继电器有 JR0、JR15、JR16、JR20 等系列。其中 JR15 为两相结构,其余大多为三相结构,并可带断相保护装置。型号中的"J"表示"继电器","R"表示"热",例如 JR16-20/3D 型,表示为 JR16 系列热继电器,额定电流 20A,三相结构,"D"表示带断相保护装置。一种型号的热继电器可配有若干种不同规格的热元件,并有一定的调节范围,选用时应根据电动机的额定电流来选择热元件,并用调节旋钮将其整定为电动机额定电流的 0.95~1.05 倍,在使用中再根据电动机的过载能力进行调节。

需要指出的是:熔断器和热继电器这两种保护电器,都是利用电流的热效应原理进行过电流保护的,但它们的动作原理不同,用途也有所不同。熔断器是由熔体直接受热而在瞬间迅速熔断,主要用于短路保护;为避免在电动机起动时熔断,应选择熔体的额定电流大于电动机的额定电流,因此在电动机过载量不大时,熔断器不会熔断,所以熔断器不宜作电动机的过载保护。而热继电器动作有一定的惯性,在过电流时不可能迅速切断电路,所以绝不能用于短路保护。

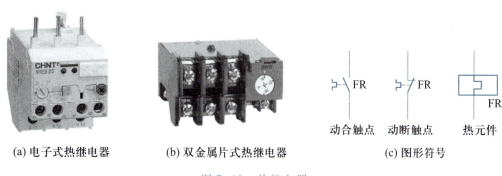

(a) 电子式热继电器　　　　(b) 双金属片式热继电器　　　　(c) 图形符号

图 7-18　热继电器

3. 按钮开关

按钮开关也称为控制按钮。作为一种典型的主令电器,按钮主要用于发出控制指令,接通和分断控制电路。按钮的文字符号是 SB,其外形、内部结构和原理及图形符号如图 7-19 所示。

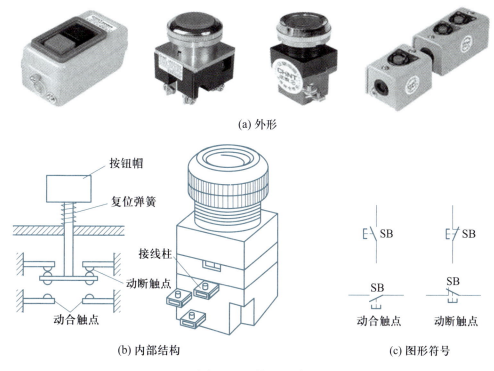

(a) 外形

(b) 内部结构　　　　(c) 图形符号

图 7-19　按钮开关

按钮开关是一种手动电器,由图 7-19(b)可见:当按下按钮帽时,上面的动断触点先断开,下面的动合触点后闭合;当松开时,在复位弹簧作用下触点复位。按钮开关的种类很多,有单个的,也有两个或数个组合的;有不同触点类型和数目的;根据使用需要还有带指示灯的和旋钮式、钥匙式的,等等。常用的有 LA10、LA18、LA19、LA20、LA25、LAZ 等系列。

4. 控制电路

接触器控制电动机单向起动的电路如图 7-20 所示,电路的工作原理和操作过程如下:

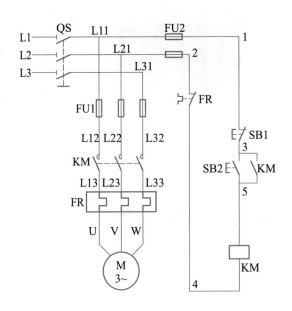

图 7-20 接触器控制三相异步电动机单向起动的电路

① 合上电源开关 QS。

② 起动:按下起动按钮SB2→接触器KM因电磁线圈通电吸合

       KM主触点闭合→电动机M起动

       KM辅助动合触点闭合自锁

③ 停机:按下停止按钮SB1→KM因线圈断电而释放

       KM主触点断开→电动机M停转

       KM辅助动合触点断开,解除自锁

在电路中,接触器 KM 的辅助动合触点与起动按钮 SB2 并联,当松开 SB2 后,KM 的电磁线圈仍能依靠其辅助动合触点保持通电,使电动机能连续运行,这一作用称为自锁(或自保),KM 的辅助动合触点也称为自锁触点。显然,如果没有接自锁触点,当按下 SB2 时电动机运行,一旦松手电动机即停转,这称为点动控制。

图 7-20 电路对电动机有 4 种保护功能：

① 短路保护——由熔断器 FU1、FU2 分别对主电路和控制电路实行短路保护。

② 过载保护——由热继电器 FR 实现。FR 的热元件串联在电动机的主电路中，当电动机过载达一定程度时，FR 的动断触点断开，KM 因线圈断电而释放，从而切断电动机的主电路。

③ 失电压保护——图 7-20 电路每次都必须按下起动按钮 SB2，电动机才能起动运行，这就保证了在突然停电而又恢复供电时，不会因电动机自行起动而造成设备和人身事故。这种在突然停电时能够自动切断电动机电源的保护称为失电压（或零电压）保护。

④ 欠电压保护——如果电源电压过低（如降至额定电压的 85% 以下），则接触器线圈产生的电磁吸力不足，接触器会在复位弹簧的作用下释放，从而切断电动机电源，所以接触器控制电路对电动机有欠电压保护的作用。

（三）用低压断路器控制电动机单向运行的电路

低压断路器也被称为空气断路器、自动空气开关等，简称断路器。它相当于刀开关、熔断器、热继电器和欠电压继电器的组合，是一种既有手动开关作用又能自动进行欠电压、失电压、过载和短路保护的电器。图 7-21 所示为低压断路器控制三相异步电动机单向运行的电路。由图 7-21 可以大致了解低压断路器的基本结构和动作原理。低压断路器的 3 对主触点串联在电动机的主电路中，在合闸后，搭钩将锁键钩住，使主触点闭合，电动机通电起动运行。扳动手柄至"分"的位置（或按下"分"的按钮），搭钩脱开，主触点在复位弹簧的拉力作用下断开，切断电动机电源。除手动分断之外，断路器还可以分别由 3 个脱扣器自动分断：

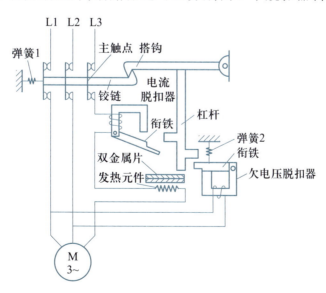

图 7-21 低压断路器控制三相异步电动机单向运行的电路

① 过电流脱扣器——由图 7-21 可见，过电流脱扣器的线圈与主电路串联，当电路电流正常时，所产生的电磁吸力不足以吸合衔铁；只有当电路过电流时，其电磁吸力才能将衔铁吸合，将杠杆往上顶，使搭钩脱开，主触点复位切断电源。

② 热脱扣器——热脱扣器原理与前述双金属片式热继电器一样,主电路过电流使双金属片向上弯曲,达到一定程度即可推动杠杆动作。

③ 欠电压脱扣器——与过电流脱扣器相反,欠电压脱扣器的线圈并联在主电路中,当电路电压正常时,所产生的电磁吸力足以吸合衔铁;当电路电压下降到电磁吸力小于弹簧的反作用力时,衔铁释放,将杠杆往上顶从而切断主电路。

与刀开关和熔断器相比,低压断路器具有结构紧凑、功能完善、操作安全且方便等优点,而且其脱扣器可重复使用,不必更换,因而使用广泛。除用在电动机控制电路外,还在各种低压配电线路中使用。低压断路器种类很多,主要有万能式断路器和塑料外壳式断路器。万能式断路器又称为框架式断路器,其主要产品有 DW10、DW15 系列。塑料外壳式断路器的产品型号为 DZ 系列。常用的有保护电动机用的 DZ5、DZ15 型;配电及保护用的 DZ10 型;照明线路保护用的 DZ12、DZ13、DZ15 型等,此外还有 C45、S250S、S060 等系列,它可以以单极开关为单元组合拼装成双极、三极、四极,拼装的多极开关需在手柄上加一联动罩,以使其同步动作。各种低压断路器的外形、图形与文字符号如图 7-22 所示。

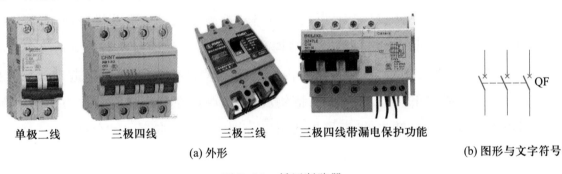

单极二线　　三极四线　　三极三线　　三极四线带漏电保护功能

(a) 外形　　　　　　　　　　　　　　　　　　　(b) 图形与文字符号

图 7-22　低压断路器

二、三相异步电动机的正反转控制电路

1. 按钮开关控制电动机正反转电路

图 7-20 所示的电路只能控制电动机朝一个方向旋转,而许多机械设备要求实现正反两个方向的运动,如机床主轴的正反转、工作台的前进与后退、提升机构的上升与下降、机械装置的夹紧与放松等,因此都要求拖动电动机能够正反转。根据三相异步电动机工作原理,只要将电动机主电路的 3 根电源线的其中 2 根对调就可以实现电动机的反转。图 7-23 所示的电路中,使用两个交流接触器控制电动机正反转。

图 7-23(a) 所示的电路中,接触器 KM1 和 KM2 的主触点使三相电源的其中两相调换,因此 KM1 和 KM2 分别控制电动机的正、反转,SB2 和 SB3 分别为正、反转控制按钮,SB1 为停止按钮。

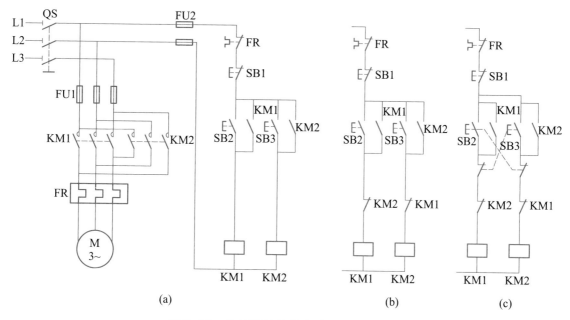

图 7-23　按钮开关控制电动机正反转电路

图 7-23(a)电路存在的问题是:按下正转按钮 SB2 使电动机正转后,如需要使电动机反转,若未按停止按钮 SB1 而直接按下反转按钮 SB3,则将使 KM1 和 KM2 同时接通,造成电动机主电路两相电源短路。也就是说,KM1 和 KM2 两个接触器在任何时候只能接通其中一个,因此在接通其中一个之后就要设法保证另一个不能接通。这种相互制约的控制称为互锁(或联锁)控制。

图 7-23(b)、(c)两图为互锁控制电路[只画出控制电路,其主电路与图(a)相同]。图 7-23(b)电路采取的方法是:将 KM1、KM2 的辅助动断触点分别串联在对方线圈支路中。显然,在其中一个接触器通电后,由于其动断触点的断开,保证了另一个接触器不能再通电。两个实现互锁控制的动断触点称为互锁触点。

但是图 7-23(b)的控制电路在起动电动机使其运行后,若要改变电动机的转向,必须先按下停止按钮 SB1,操作不够方便。此外,如果互锁触点损坏而无法断开,同样会造成 KM1 和 KM2 同时通电。图 7-23(c)的电路对此作了进一步的改进,除了用 KM1、KM2 的辅助动断触点互锁之外,还串入了正、反转起动按钮 SB2、SB3 的动断触点各一对,起双重保险作用,因此称为双重互锁控制电路。该电路可实现电动机的直接正反转,但在操作时应注意不要使电动机的反转过于频繁(特别是大容量的电动机)。

2. 行程控制电路

许多机械设备需要对其运动部件的行程进行控制,较典型的如电梯行驶到一定位置要停下来,起重机将重物提升到一定高度要停止上升。又如图 7-24 所示的机床工作台,需要在行程开关 SQ1、SQ2 所限制的区间内自动往复运动,其极限不能超越行程开关 SQ3、SQ4 所限制。实现行程控制的电器主要是行程开关。

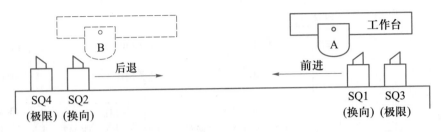

图 7-24　机床工作台往复运动示意图

图 7-25 所示为行程开关的外形、内部结构和图形符号。行程开关的原理与按钮开关相同,所不同的是它不是手动操作,而是靠机械的运动部件撞击其推杆或滚轮,使内部的触点动作,从而对控制电路发出位置控制的信号。行程开关有按钮式(又称直动式)、旋转式(又称滚动式)和微动式等几种,常用的产品有 LX19、LX21、LX23、JLXK1 等系列。

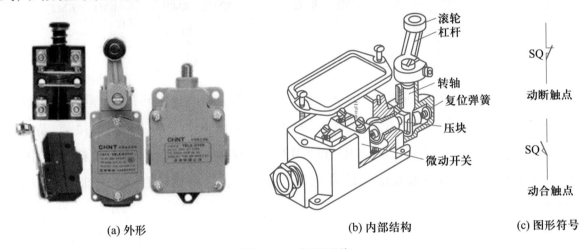

(a) 外形　　　　　　　　　　(b) 内部结构　　　　　　(c) 图形符号

图 7-25　行程开关

实现图 7-24 所示机床工作台往复运动的电动机控制电路如图 7-26 所示,与图 7-23(c)电路相比,不同之处在于增加了行程开关 SQ1、SQ2;此外,还在 KM1、KM2 支路中分别串入了 SQ3、SQ4 的动断触点,其作用是在因 SQ1、SQ2 损坏而超越行程时作极限位置保护。在掌握图 7-23 电路工作原理的基础上,不难分析图 7-26 电路的工作原理和过程。

行程开关因经常受机械撞击而容易损坏,因此常用干簧管继电器或电子接近开关代替。

三、三相异步电动机降压起动控制电路

1. 三相异步电动机的起动

三相异步电动机起动时,定子绕组的起动电流也可达额定电流的 5～7 倍。虽然起动时转子电流很大,但因为转子功率因数最低,所以起动转矩并不大,最大也只有额定转矩的两倍左右。因此,三相异步电动机起动的主要问题是:起动电流大而起动转矩并不大。

在正常情况下,三相异步电动机的起动时间很短(一般为几秒到十几秒),短时间的起动

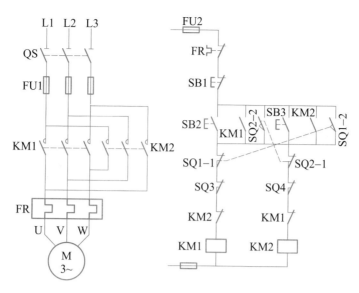

图 7-26　行程开关控制电动机正反转电路

大电流一般不会对电动机造成损害(但对于频繁起动的电动机则需要注意起动电流对电动机工作寿命的影响),但它会在电网上造成较大的电压降从而使供电电压下降,影响同一电网上其他用电设备的正常工作,同时又会造成正在起动的电动机起动转矩减小、起动时间延长甚至无法起动。

另外,由于三相异步电动机的起动转矩不大,因此有时可让电动机先空载或轻载起动,待升速后再用机械离合器加上负载。但有的设备(如起重机械)要求电动机能带负载起动,因此要求电动机有较大的起动转矩。但过大的起动转矩又可能使电动机加速过猛,使机械传动机构受到冲击而容易损坏,所以有时又要求电动机在起动时先减小其起动转矩,以消除转动间隙,然后再过渡到所需的起动转矩有载起动。

综上所述,对三相异步电动机起动的基本要求是:在保证有足够的起动转矩的前提下尽量减小起动电流,并尽可能采取简单易行的起动方法。

在一般情况下,如果电动机的容量不超过供电变压器容量的 20%,则可以把电动机直接接到电网上进行起动,称为直接起动。在此之前介绍的电动机单向运转或正反转控制电路,都是直接起动的电路。直接起动方法简单易行、工作可靠且起动时间短,但要求能将电动机起动所造成的电网电压降控制在许可范围以内(一般不超过线路额定电压的 5%)。一般 20 kW 以下的电动机允许直接起动。

如果电动机的容量相对供电变压器的容量较大,就不能采取直接起动,而需要采用降压起动。所谓降压起动,就是在起动时采用各种方法先降低电动机定子绕组的电压,以减小起动电流,待电动机升速后再加上额定电压运行。降压起动的主要问题是造成起动转矩的减小,所以应考虑保证有足够的起动转矩。

三相笼型异步电动机常用的降压起动方法有串电阻(电抗)降压起动和星-三角降压起

动。所谓串电阻(电抗)降压起动就是在起动时电动机定子绕组先串入三相电阻(或电抗)降压,待升速后再用刀开关将电阻短接,使电动机全压运行。由于电阻(电抗)上有一定的功率损耗,所以这种降压起动方法仅适用于容量较小的电动机。在此主要介绍星-三角降压起动控制电路。

2. 星-三角降压起动控制电路

(1) 星-三角降压起动的原理

如果三相异步电动机在正常运行时定子绕组为三角形接法,而在起动时先将定子绕组接成星形,则定子相电压仅为额定电压的 $1/\sqrt{3}$,因此起动电流和起动转矩均降至全压起动时的 1/3。起动结束后再改为三角形联结运行。星-三角降压起动方法比较简单,不需要附加设备,而且没有串电阻起动时的能量损耗。目前功率在 4 kW 以上的三相异步电动机多数为三角形联结,就是为了便于采用星-三角降压起动方法。但由于起动时转矩下降得较多,所以仅适用于空载或轻载起动的电动机。

(2) 星-三角降压起动自动控制电路

星-三角降压起动自动控制电路如图 7-27 所示,电路由 3 个交流接触器、1 个热继电器、2~3 个按钮开关和 1 个时间继电器组成。该电路已有定型产品,装在金属箱内,有的还带有指示灯和主电路电流表,和控制按钮一起装在箱盖上,称为自动星-三角起动器。

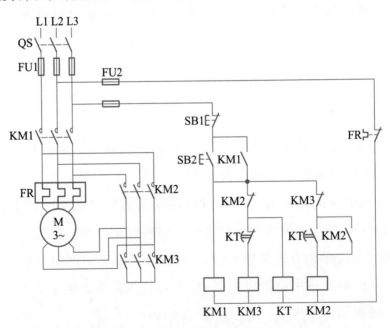

图 7-27　星-三角降压起动自动控制电路

图 7-27 电路的电动机起动过程为:

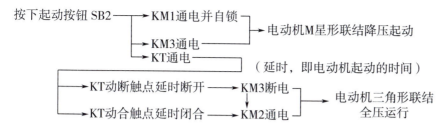

图 7-27 电路使用了时间继电器 KT 作电动机起动延时控制。时间继电器也称延时继电器,当其感测部分接收输入信号后,需要经过一段时间(延时),执行部分才会动作。时间继电器主要用于时间控制,在电动机控制电路中也很常用。目前常用的时间继电器有空气式、电动式、电子式,其外形和图形符号如图 7-28 所示。在使用中应按照需要调节时间继电器的延时时间,如果延时时间过短,会使电动机未升到额定转速就加上全压,达不到降压起动的目的;如果延时时间过长,又会造成电动机长时间星形联结运行,容易过载。

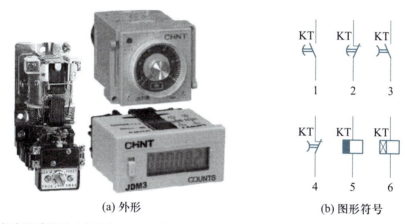

(a) 外形　　　　　　　　　(b) 图形符号

1—延时闭合瞬时断开动合触点;　2—延时断开瞬时闭合动断触点;　3—瞬时闭合延时断开动合触点;
4—瞬时断开延时闭合动断触点;　5—断电延时线圈;　　6—通电延时线圈

图 7-28　时间继电器

　　此外,三相异步电动机的降压起动控制还有自耦变压器降压起动控制和三相绕线转子异步电动机降压起动控制。

四、三相异步电动机调速控制电路

1. 三相异步电动机的调速

　　许多机械设备在运行时都要求能根据需要调节转速,如金属切削机床要求有不同的切削速度,起重机械在提升和下降重物时要求有不同的升降速度,电梯在平层前要换成慢速运行,电风扇要有快挡和慢挡以调节风量,等等。调速的方法分为机械调速和电气调速。例如用齿轮箱变速的方法就是机械调速,电气调速就是调节拖动电动机的转速,这两种方法可以分开也可以结合使用。采用电气调速方法具有调速精度高、平滑性好以及可以简化机械传动系统等优点,随着电力电子技术的发展,交流电动机变频调速技术的应用越来越广泛,电气调速已进入交流化的时代。

根据转差率公式可知三相异步电动机的转速为

$$n = n_1(1-s) = \frac{60f_1}{p}(1-s) \qquad (7-7)$$

可见三相异步电动机的调速方法不外乎以下 3 种:一是改变定子绕组磁极对数 p 的变极调速,二是改变转差率 s 的调速,三是改变电源频率 f_1 的变频调速。

2. 变极调速控制电路

变极调速是有级调速,而且改变旋转磁场的磁极对数,是通过改变电动机定子绕组的接线方式来实现的,因此要使用专门制造的多速电动机,一般也只有 2~4 种同步转速,调速范围有限。图 7-29 所示就是一台双速电动机的控制电路,电动机的定子绕组有两种接法:在三角形联结时,$p=2$,$n_1=1\,500$ r/min,为低速运行;而在双星形联结时,电动机两个定子绕组星接并联,则 $p=1$,$n_1=3\,000$ r/min,为高速运行。在该电路中,KM1 为低速控制接触器,其主触点将电动机定子绕组接成三角形;KM2 和 KM3 同为高速接触器,其主触点将电动机定子绕组接成双星形。SB2 为高速控制按钮,SB3 为低速控制按钮,电路采用按钮开关和接触器双重互锁。电路的工作原理可自行分析。

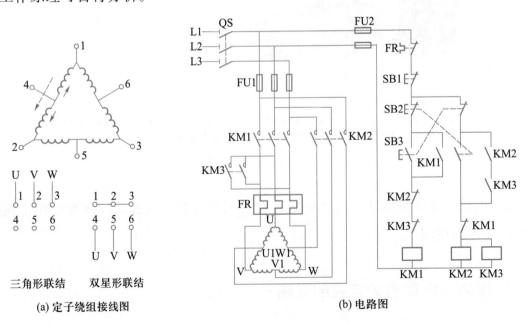

图 7-29 双速电动机控制电路

相关链接 三相异步电动机的其他两种调速方法

1. 变转差率调速

对于三相笼型异步电动机,可采用调节定子电压的方法调速。由图 7-30 可见,当定子电压下降时,电动机的转矩特性曲线是一族临界转差率不变而最大转矩随电压的平方下降的曲线。对于通风机型负载(负载转矩与转速的平方成正比,见图中的曲线 T_L),可获得较低的稳定转速和较宽的调速范围(见图中对应的 a、a'、a'' 点)。因此,目前电风扇多采用串电抗器调压调速或用晶闸管调压调速。而对于三相绕线转子异步电动机,则可以采用调节转子电阻的方法调节电动机的转速。

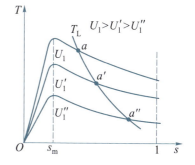

图 7-30　笼型异步电动机
调压调速转矩特性曲线

2. 变频调速

由式(7-7)可见,当磁极对数 p 不变时,电动机的转速 n 与电源频率 f_1 成正比,如果能连续地改变电源频率,就可以连续平滑地调节电动机的转速,这就是变频调速的原理。显然,变频调速完全不同于前面介绍的两种调速方式,它具有调速范围宽、平滑性好、机械特性较硬等优点,能获得较好的调速性能。随着交流变频技术的成熟并进入实用化,变频调速已成为三相异步电动机最主要的调速方式。在工业领域,三相交流异步电动机的变频调速已广泛应用于运输机械、电动汽车、电梯、机床,以及冶金、化工、造纸、纺织、轻工等行业的机械设备中。变频调速以其高效的驱动性能和良好的控制特性,在提高产品的数量和质量、节约电能等方面取得显著的效果,已成为改造传统产业、实现机电一体化的重要手段。据统计,风机、水泵、压缩机等流体机械中电动机的用电量占电动机总用电量的 70% 以上,如果使用变频器按照负载的变化相应调节电动机的转速,就可实现较大幅度的节能;在交流电梯上使用全数字控制的变频调速系统,可有效地提高电梯的乘坐舒适度等性能指标;而采用变频调速的交流电动机已逐步取代直流电动机作为电传动机车和城市轨道交通的动力。此外,变频技术也被应用到日用电器中。

随着生产技术的发展、生产规模的扩大和产品更新换代周期的缩短,继电器-接触器控制系统逐渐暴露出其使用的单一性和控制功能简单(局限于逻辑控制和定时、计数等简单控制)的缺点。而微电子技术和计算机技术的发展,使得可编程控制器(PLC)在处理速度和控制功能上都有了很大提高,不仅可以进行开关量的逻辑控制,还可以对模拟量进行控制,且具有数据处理、PID 控制和数据通信功能。用 PLC 取代继电器-接触器系统实现工业自动控制,不仅由于用软件编程取代了硬接线,在改变控制要求时只需要改变程序而无须重新配线,而且由于用 PLC 内部的"软继电器"取代了许多电器,从而大大减少了电器的数量、简化了电气控制系统的接线、减小了电气控制柜的安装尺寸,充分体现出设计、施工周期短,通用性强,可靠性高,成本低的优点。

工作步骤

步骤一:实训准备

按表 7-5 准备好完成本学习任务所需的设备、工具和器材,并对照图 7-20 的电气原理图

（组合开关用低压断路器替代），识别由实训室所提供的电器，观察其外形，了解其结构特点、安装与接线点的位置。

表 7-5　完成学习任务 7.2 所需设备、工具和器材明细表

序号	名称	符号	型号/规格	单位	数量
1	三相电源		3×380 V/220 V　16 A		
2	单相交流电源		220 V、36 V、6 V		
3	三相异步电动机	M	Y2-802-4 型　0.75 kW　2 A　1 390 r/min	台	1
4	低压断路器	QF	DZ10 型　10 A	个	1
5	交流接触器	KM	CJ20-16 型　线圈电压 380 V	只	1
6	热继电器	FR	JR16-20/3D 型　配 6 号热元件	只	1
7	熔断器	FU1	RL1-15 型　500 V　15 A　配 5 A 熔体	只	3
8	熔断器	FU2	RL1-15 型　500 V　15 A　配 2 A 熔体	只	2
9	按钮开关	SB1 SB2	LA10-2H 型　500 V　5 A　按钮数 2	个	1
10	接线端子排		JX2-1015 型　500 V　10 A　15 节	条	1
11	木螺钉		ϕ3 mm×20 mm	颗	25
12	平垫圈		ϕ4 mm	个	25
13	塑料软铜线		BVR-2.5 mm^2　颜色自定	m	10
14	塑料软铜线		BVR-1.5 mm^2　颜色自定	m	10
15	塑料软铜线		BVR-0.75 mm^2　颜色自定	m	5
16	木板		500 mm×450 mm×20 mm	块	1
17	线槽		TC3025　长 34 cm,两边打 3.5 mm 孔	条	5
18	异形塑料管		3 mm^2	m	0.2
19	万用表		MF-47 型	个	1
20	钳形电流表		MG-27 型　0-10-50-250 A　0-300-600 V　0~300 Ω	个	1
21	电工电子实训通用工具		验电笔、锤子、螺丝刀（一字和十字）、电工刀、电工钳、尖嘴钳、剥线钳、镊子、小刀、小剪刀、活动扳手等	套	1
22	圆珠笔或 2B 铅笔			支	1

步骤二：电路安装与配线

① 了解电气安装接线图构成规则，图 7-20 电路的安装接线图如图 7-31（a）所示（供参考）。

② 按照图 7-31（a）所示的安装接线图将电器安装在控制板上。

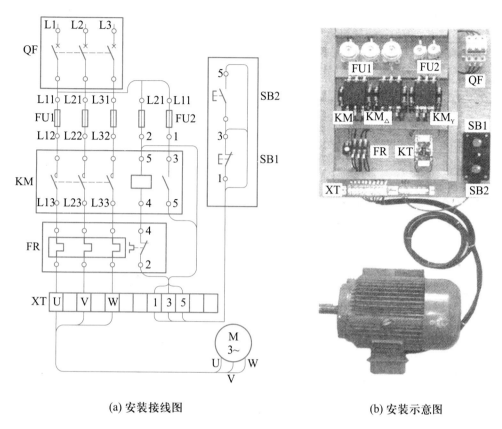

(a) 安装接线图　　　　　　(b) 安装示意图

图 7-31　电动机单向运行控制电路安装接线图

　　注意:在控制板上安装电器要注意定位准确,使电器排列整齐;安装要牢固,拧紧螺钉时用力要适中,注意不要拧得过紧导致电器的底座(如熔断器的陶瓷底座)破裂。

　　③ 配线　注意:在接线前应先了解电动机控制电路配线的方法与工艺要求;不要接错线(特别是穿过软管的接线),应该接一个线头就套上一个编码套管,并随后即在接线图上做标记。

　　接好线后的控制板如图 7-31(b)所示。

　　步骤三:通电试运行

　　1. 了解电动机控制电路通电试运行的步骤与要求

　　2. 通电前的检查

　　① 检查电路的接线是否正确、牢固。

　　② 检查电器的接线端有无接错,主要有:QF 与 FU 的进线端与出线端;KM 的主触点与辅助触点;KM 的辅助触点中的动合与动断触点;FR 的热元件与动断触点。

　　③ 测量线路的绝缘电阻。

　　④ 调整热继电器的整定值。

　　⑤ 检查各熔断器是否已装上熔体和熔体是否符合规格。

3. 通电试运行

① 先拆开与 SB2 并联的 KM 辅助动合触点的接线;合上 QF 接通电源;按下 SB2,观察电动机点动运行的情况。

② 接上与 SB2 并联的 KM 辅助动合触点;按下 SB2,观察电动机起动的情况;起动结束后,按下 SB1,电动机停转。

③ 如果电动机起动过程正常,再重新起动一次,用钳形电流表测量起动瞬间和稳定运行后电动机的电流值(可重复测量 2~3 次取其平均值),并记录于表 7-6 中。

表 7-6　电流测量记录表

起动电流/A	稳定运行电流/A

评价反馈

根据学习任务完成情况进行自我评价、小组互评和教师评价,见表 7-7。

表 7-7　评　价　表

项目内容	配分	评分标准	自评	互评	师评
1. 器材使用	10 分	(1) 器材选配和使用错误,每项扣 2~3 分 (2) 器材选配和使用不合适,每项扣 1~2 分			
2. 安装电器与接线	30 分	1. 主要根据电器安装与接线的工艺评分,出现以下情况每项可酌情扣 3~5 分 (1) 电器安装与接线和图纸不相符 (2) 电器安装不牢固,或安装时损坏了电器 (3) 接线错误,包括接线端错误(如螺旋式熔断器的进线端和出线端接反)和连接错误 (4) 线头没有套上编码套管,或编码错误 (5) 接线不牢固,未试运行已经松脱 2. 如接线工艺差,不美观,可酌情扣 5~8 分			
3. 通电试运行	20 分	在通电试运行时发现电器安装接线错误或试运行时操作错误,每项(次)扣 3~6 分			
4. 测量与记录	20 分	能正确测量绝缘电阻和运行电流,且记录完整,可得满分;否则每项酌情扣 2~5 分			
5. 安全、文明操作	20 分	(1) 违反操作规程,产生不安全因素,可酌情扣 7~10 分 (2) 着装不规范,可酌情扣 3~5 分 (3) 迟到、早退、工作场地不清洁,每次扣 1~2 分			
总评分(自评分×30%+互评分×30%+教师评分×40%)					

阅读材料　各种电动机及其应用

除三相交流异步电动机外,还有单相交流异步电动机和直流电动机,以及各种特殊用途的电动机(特种电机)。限于篇幅在此仅简单介绍单相交流异步电动机和直流电动机,有兴趣的读者可查阅相关书籍和资料。

一、单相交流异步电动机

1. 单相交流异步电动机的转动原理

单相交流异步电动机的结构与工作原理和三相异步电动机相似。单相交流异步电动机的定子绕组为单相绕组,在通入单相交流电后所产生的磁场如图 7-32 所示。假设在交流电的正半周时,电流从单相定子绕组的右半侧流入而从左半侧流出,则此时电流产生的磁场如图 7-32(a)所示,该磁场的大小随电流的大小而变化,方向则保持不变;当电流过零时,磁场也为零;当在交流电的负半周时,由于电流反向,所产生的磁场也反向,如图 7-32(b)所示。可见这个磁场的特点是其大小和方向按正弦规律周期性地变化,但磁场的轴线(图中为纵轴)却固定不变,这种磁场被称为脉动磁场。

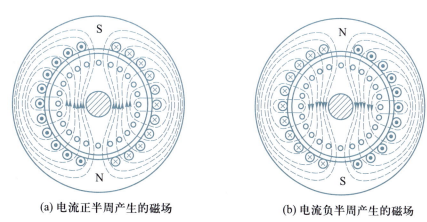

(a)电流正半周产生的磁场　　　　　(b)电流负半周产生的磁场

图 7-32　单相交流异步电动机的脉动磁场

单相交流异步电动机通电后不能自行起动,需要拨动一下电动机的转子,电动机才能朝拨动的方向转动起来。这是由于脉动磁场可以分解成大小相等、速度相同,但方向相反的两个旋转磁场,它们共同作用于同一个转子上,所以在脉动磁场作用下的电动机,相当于两个反相序的三相异步电动机同轴连接。因此单相交流电产生的脉动磁场在转子上形成的合成转矩为零,电动机无法自行起动,如图7-33所示的单相交流异步电动机机械特性曲线图中的坐标原点。但是如果朝任意一方向有外力(如用手拨动)推动转子达到一定速度(如图7-33中 a 点),只要电动机的合成转矩 T_a 大于阻转矩 T_b,即使去掉外力,电动机也将自动加速,一直到 b 点稳定运行。若外力使电动机反向转动,则反向加速运行(图中第Ⅲ象限的曲线),了解这一点将有助于分析单相交流异步电动机的故障。

结论:单相绕组只能建立脉动磁场;在脉动磁场作用下电动机的起动转矩为零,电动机不能自行起动,但在外力作用下起动后能运行。

为解决单相交流异步电动机的起动问题,必须在起动时建立一个旋转磁场,产生起动转矩。因此在电动机定子铁心上嵌放了主绕组(运行绕组或工作绕组)和辅助绕组(起动绕组),且两绕组在空间互差 90°电角度。为使两绕组在接同一单相电源时能产生相位不同的两相电流,往往在起动绕组中串

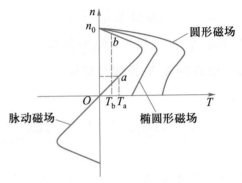

图7-33 单相交流异步
电动机的机械特性曲线

入电容或电阻(也可以利用两绕组自身阻抗的不同)进行分相,这样的电动机称为分相式单相交流异步电动机。按起动、运行方式的不同,分相式单相交流异步电动机又分为电阻起动、电容起动、电容起动运转等各种类型。还有一种结构更简单的单相交流异步电动机,其定子与分相式电动机定子不同,根据其定子磁极的结构特点称其为罩极式电动机。下面分别简单介绍。

2. 各种单相交流异步电动机

单相交流异步电动机有电阻起动式、电容起动式、电容运转式和电容起动运转式以及罩极式等多种,现仅介绍电容起动运转式电动机。

电容起动运转式电动机是最理想的一种单相交流异步电动机,其起动和运行性能都比较好,适用于各种家用电器、泵和小型机床等。如图7-34所示,在辅助绕组中使用了 C_1 和 C_2 两个并联电容器,其中 C_1 与起动开关 S 串联。起动时,两个电容同时工作,总电容量较大;运行时,起动开关 S 动作,切除 C_1,减小电容容量。适当选择 C_1 和 C_2 的容量,可使电动机起动、运行时都能产生近似圆形的旋转磁场,以获得较高的起动转矩、带载能力、功率因数和效率。

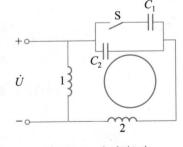

图7-34 电容起动
运转式电动机

在各种日用电器、办公设备、电动工具、医疗器械中使用的最多的电动机是单相交流异步电动机,此外还有单相同步电动机、单相串励电动机、直流电动机等。见表7-8。

表 7-8　日用电器和办公设备中常用的各种电动机

电动机类型		主要用途
交流电动机	单相电阻起动式异步电动机	电冰箱用压缩机、食物搅拌器、抽湿机、小型空调器
	单相电容起动式异步电动机	电冰箱用压缩机、空调器用压缩机、小型机床
	单相电容运行式异步电动机	冷藏箱用压缩机、空调器用风扇、台风扇、吊风扇、转页扇、排气扇、洗衣机、干衣机、洗碗机、抽油烟机
	单相电容起动运行式电动机	大型冷藏箱、冷饮机、大型空调器用压缩机
	罩极式电动机	台风扇、洗衣机、通风机、电吹风
	三相异步电动机	变频空调器
	单相同步电动机	电钟、电动程控定时器、记录仪、复印机、录像机、转页扇导风轮电动机
	单相串励电动机	电动工具、洗衣机、食物搅拌器和粉碎器、电吹风、家用吸尘器、家用电动缝纫机
直流电动机	永磁式(有刷)直流电动机	电动玩具、电吹风、吸尘器、电动剃须刀、汽车刮水器、汽车水泵、汽车窗门升降电动机
	无刷直流电动机	计算机、打印机、摄像机、家用音响影视设备、电风扇
步进电动机		计算机外围设备、办公自动化设备、指针式电子钟表

二、直流电动机

1. 直流电动机的基本结构

直流电动机使用直流电源,与交流异步电动机相比,直流电动机具有更好的起动和运行性能,因此直流电动机广泛应用在起重、运输机械、传动机构、精密机械、自动控制系统和电子电器、日用电器中。

和交流电动机一样,直流电动机的基本结构也是由定子、转子和结构件(端盖、轴承等)三大部分所组成。图 7-35 所示是一台直流电动机的结构示意图。

2. 直流电动机的转动原理

直流电动机转动原理示意图如图 7-36 所示:假设定子是永久磁铁(也可以是铁心上绕有励磁绕组的电磁铁),转子是矩形的线圈(图中只画出一匝)。给线圈接上直流电源,因为转子是可以绕轴 OO' 转动的,所以给线圈通电需通过电刷与换向器。由图 7-36(a)可见,电刷 A 接电源正极,电刷 B 接负极,通过换向器(即图中两片半圆形的铜片),电流在线圈中的方向是 d→c→b→a。根据载流导体在磁场中要受磁场力作用的原理,并按照左手定则,可判断出线圈的两条边在磁场中受力的方向是:ab 边向上,cd 边向下,所产生的力矩使线圈绕轴顺时针方向转动。当线圈转过了 180°[图(b)],线圈 ab 与 cd 两条边在磁场中的位置刚好对调,此时电流

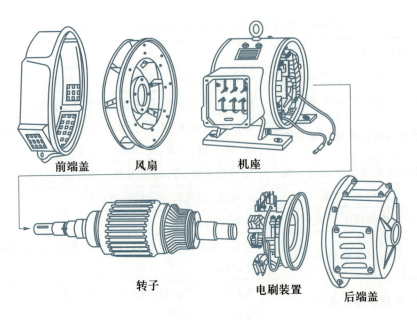

图 7-35　直流电动机结构示意图

（图中标注：前端盖　风扇　机座　转子　电刷装置　后端盖）

的方向为 a→b→c→d,虽然电流的方向变了,但在两磁极(N、S极)下导体电流的方向和受力的方向不变,因此线圈继续按顺时针方向转动。这就是直流电动机能持续旋转运动的原理。

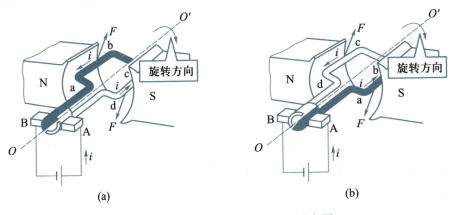

图 7-36　直流电动机转动原理示意图

3. 直流电动机的分类

根据定子磁场的不同,直流电动机主要可分为永磁式和励磁(电磁)式两大类,永磁式可分为有(电)刷和无(电)刷两类,而励磁式根据励磁绕组通电方式的不同,又可分成串励、并励、复励和他励 4 类:

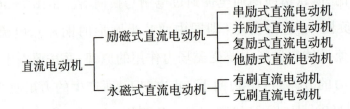

4. 直流电动机的机械特性

上述 4 种励磁方式的直流电动机的机械特性如图 7-37 所示。由图可见,他励、并励式直流电动机具有较"硬"的机械特性,因而被广泛应用于要求转速较稳定且调速范围较大的场合,如轧钢机、金属切削机床、纺织印染、造纸和印刷机械等。而串励式直流电动机具有软的机械特性,由图可见,电动机空载时转速很高,满载时转速很低。这种机械特性对电动工具很适用。

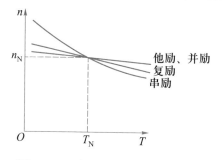

图 7-37　直流电动机的机械特性

串励式直流电动机适用于负载经常变化而对转速稳定性要求不高的场合,当负载增加时,转速将自动降低,而其输出功率却变化不大。因串励式直流电动机的电磁转矩与电枢电流的平方成正比,因此当转矩增加很多时,电流却增加不多,所以串励式直流电动机具有较强的带载能力。但是在轻载时转速将很高,空载时可能出现"飞车",因此绝不允许空载或轻载运行,在起动时至少要带上 20% ~ 30% 的额定负载。此外,还规定这种电动机与负载之间只能是齿轮或联轴器传动,而不能用皮带传动,以防皮带滑脱而造成"飞车"事故。

复励式直流电动机的机械特性介于上述两种电动机的机械特性之间,适用于起动转矩较大而转速变化不大的负载。

项 目 小 结

1. 电动机是将电能转换成机械能的旋转电气设备。使用最普遍的电动机是三相、单相交流异步电动机和直流电动机。

2. 在对称的三相定子绕组中通入对称的三相交流电,将产生一个沿定子内圆周旋转的旋转磁场。旋转磁场是交流电动机旋转的动力源。

旋转磁场的转速和转向是决定异步电动机运行的重要因素,因为异步电动机的转速接近于旋转磁场的转速,而转向与旋转磁场的转向相一致。

3. 异步电动机的转速随着转矩变化的关系称为异步电动机的机械特性,机械特性是描述异步电动机起动与运行的基本特性。

4. 三相交流异步电动机的起动方法分为直接起动和降压起动,常用的降压起动方法有定子绕组串电阻(电抗)降压起动和星-三角降压起动控制。常用的调速方法有变极、变频调速。

5. 三相交流异步电动机的基本控制电路由若干基本的控制和保护环节所组成,包括自锁、互锁、正反转控制、时间控制和行程控制,短路、过载、失电压、欠电压、限位等保护作用。

6. 设备的电气图主要有电气原理图、电器布置图和电气安装接线图 3 种。在掌握电动机控制电路基本环节的基础上,应注意掌握识读电气图纸(主要是电气原理图)的方法。

一、填空题

1. 三相六极异步电动机,当负载由空载增至满载时,其转差率由 0.5% 增至 4%,则转速由 _____ r/min 降至 _____ r/min(电源频率均为 50 Hz,下同)。

2. 根据三相交流异步电动机的工作原理,只要 _____ 就可以实现电动机的正反转。

3. 额定转速为 1 470 r/min 的三相交流异步电动机,其额定转差率为 _____ %,这是一台 _____ 极的电动机。

4. 三相异步电动机在起动时转差率 $s =$ _____,空载运行时 s _____,额定运行时 s _____,反接制动(转子的转向与旋转磁场的转向相反)时 s _____,再生发电制动(转子的转速高于旋转磁场的转速)时 s _____。

5. 三相交流异步电动机的 3 种调速方法是:调节 _____ 调速、调节 _____ 调速和调节 _____ 调速。

6. 根据动作原理的不同,电器可分为 _____ 电器和 _____ 电器;而根据其功能的不同,又可以分为 _____ 电器和 _____ 电器。

7. 交流接触器从结构上可分为 _____、_____ 和 _____ 三大部分。

8. 接触器的触点分为主触点和辅助触点。主触点一般为三极 _____ 触点,主要用于 _____。辅助触点有 _____ 和 _____ 触点,主要用于 _____。

9. 在图 7-20 电路中,起短路保护作用的电器是 _____,起过载保护作用的电器是 _____,起失电压保护作用的电器是 _____,起欠电压保护作用的电器是 _____。

10. 选用热继电器时应根据电动机的 _____ 电流来选择热元件,并用调节旋钮将其整定在电动机 _____ 电流的 _____ 倍左右。

11. 在图 7-23(c)电路中采用了 _____ 触点和 _____ 触点实现了"双重互锁"。

12. 三相交流异步电动机在 _____ 的情况下允许直接起动,一般 _____ kW 以下的电动机允许直接起动。

13. 笼型三相交流异步电动机常用的降压起动方法有: _____ 降压起动和 _____ 降压起动。

14. 采用星-三角降压起动的三相交流异步电动机在起动时,定子相电压为额定电压的 _____,起动电流和起动转矩均为全压起动时的 _____。

15. 请画出时间继电器触点的图形符号:① 通电延时型时间继电器的动合触点:_____;② 通电延时型时间继电器的动断触点:_____;③ 断电延时型时间继电器的动合触点:_____。

16. 请画出这些电器的动断触点的图形符号:① 行程开关的动断触点:_____;② 热继电器的动断触点:_____;③ 断电延时型时间继电器的动断触点:_____。

17. 请画出这些电器的动合触点的图形符号:① 按钮开关的动合触点:_____;② 接触器的动合触点:_____;③ 行程开关的动合触点:_____。

18. 星-三角降压起动适合于正常运行时定子绕组为_____形联结的三相交流异步电动机空载或轻载起动。

二、选择题

1. 在电源电压不变的情况下,若在允许的范围内增加三相交流异步电动机的负载转矩,则电动机的转速将____,电磁转矩将____,定子线电流将____。

A. 增大　　　　　　　　B. 减小　　　　　　　　C. 不变

2. 当电网电压下降时,三相交流异步电动机的最大电磁转矩将____;而适当增加转子电路电阻时,最大电磁转矩将____,起动转矩将____。

A. 增大　　　　　　　　B. 减小　　　　　　　　C. 不变

3. 三相交流异步电动机的额定功率是指____。

A. 电动机在额定状态下运行时输出的机械功率

B. 电动机从电网吸收的有功功率

C. 电动机的视在功率

4. 三相交流异步电动机的转向是由____决定的。

A. 交流电源的频率　　　B. 旋转磁场的转向　　　C. 转差率的大小

5. 三相交流异步电动机的转速在____时最高。

A. 空载　　　　　　　　B. 额定负载　　　　　　C. 超载

6. 三相交流异步电动机的电磁转矩在____达到最大值。

A. 起动时　　　　　　　B. 起动后某时刻　　　　C. 达到额定转速时

7. CJ20-63型交流接触器,其型号中的"63"是指____的额定电流为63A。

A. 主触点　　　　　　　B. 辅助触点　　　　　　C. 电磁线圈

8. JR16-20/3D型热继电器,其型号中的"20"是指____的额定电流为20A。

A. 热继电器　　　　　　B. 热继电器的动断触点　　C. 热继电器的热元件

9. 熔断器主要用于____保护,热继电器主要用于____保护。

A. 欠电压　　　　　　　B. 短路　　　　　　　　C. 过载

10. 在图7-23(a)、(b)、(c)3个控制电路中,如果同时按下两个起动按钮SB2和SB3,在正常情况下会出现的现象分别是:图(a)_____;图(b)_____;图(c)_____。

A. 电动机起动运行,但转动方向不确定

B. 电源短路,电动机不能起动运行

C. 电源不会短路,但电动机也不能起动

11. 在图 7-23(b)电路中,如果将 KM1、KM2 的互锁动断触点调换接错,当按下起动按钮 SB2 或 SB3 时,在正常情况下会出现的现象是____。

A. 电动机起动运行,但转动方向不确定

B. 电源短路,电动机不能起动运行

C. 电源不会短路,但电动机也不能起动

12. 在图 7-23(c)电路中,如果将 SB2、SB3 的互锁动断触点调换接错,当按下起动按钮 SB2 或 SB3 时,在正常情况下会出现的现象是____。

A. 电动机起动运行,但转动方向不确定

B. 电源短路,电动机不能起动运行

C. 电源不会短路,但电动机也不能起动

13. 在图 7-26 电路中,起行程控制作用的是____,起限位保护作用的是____。

A. SB1、SB2   B. SQ1、SQ2   C. SQ3、SQ4

三、判断题

1. 旋转磁场的同步转速与外加电压的大小有关,而与电源频率无关。 （　　）

2. 旋转磁场转向的变化并不影响交流电动机转子的旋转方向。 （　　）

3. 从工作原理上讲,如果把三相异步电动机的定子与转子的结构相互对调,电动机也有电磁转矩产生。 （　　）

4. 异步电动机的转差率越高,转速就越低。 （　　）

5. 当异步电动机的转速等于同步转速时,电动机所产生的电磁转矩最大。 （　　）

6. 当交流电源频率一定时,交流电动机的磁极对数越多,旋转磁场的转速就越低。

（　　）

7. 因为三相交流异步电动机的起动电流可达额定电流的 5~7 倍,所以在电动机起动时,按 1.5~2.5 倍额定电流选定的熔断器熔体会因过电流而熔断,从而造成电动机无法起动。

（　　）

8. 只要电路中有热继电器作保护,就不需要熔断器来保护。 （　　）

9. 熔断器不宜作电动机的过载保护。 （　　）

10. 热继电器不能用作短路保护。 （　　）

11. 在电动机控制电路中既然装有热继电器就不需要装熔断器了。 （　　）

12. 一种型号的热继电器只配有一种规格的热元件。 （　　）

13. 图 7-20 电路具有过载、失电压和欠电压保护功能。 （　　）

14. 三相交流异步电动机在变极调速时,若电动机旋转磁场的磁极对数增加一倍,同步转速也增加一倍,电动机转子的转速也随之增加一倍。　　　　　　　　　　　　(　　)

15. 三相交流异步电动机在变极调速时,若电动机旋转磁场的磁极对数增加一倍,同步转速就下降一半,电动机转子的转速也正好下降一半。　　　　　　　　　　　(　　)

16. 变极调速是平滑的无级调速。　　　　　　　　　　　　　　　　　　　(　　)

17. 所有的笼型三相交流异步电动机都可以采用变极调速。　　　　　　　　(　　)

18. 单相电容运行式异步电动机,其主绕组和副绕组中的电流是同相位的。　(　　)

19. 同时改变主绕组和副绕组的电流方向,可以使单相异步电动机反转。　　(　　)

四、综合题

1. 三相定子绕组通入三相交流电流,为什么能产生三相旋转磁场?

2. 三相交流异步电动机的笼型转子既无磁性又不通电,为什么在旋转磁场中能产生转矩而转动起来? 为什么在转动时达不到同步转速? 如果电动机的转速达到或超过同步转速会怎么样?

3. 三相交流异步电动机负载运行后为什么随着负载的增加转速将下降,而定子电流将增大?

4. 为什么三相交流异步电动机起动时起动电流达额定电流的4～7倍,而起动转矩一般最大也只有额定转矩的2.2倍?

5. 如果将一台28 kW、1 420 r/min的三相异步电动机换成一台14 kW、1 420 r/min的同类型电动机也能正常工作,有人说这样节省了一半功率,这样说对吗? 为什么?

6. 假如有两台额定功率相同的三相异步电动机,一台为两极,另一台为六极,哪一台额定转速高? 哪一台额定转矩大? 为什么?

7. 一台三相交流异步电动机的起动转矩是额定转矩的1.5倍,当负载为额定值的60%时,若采用星-三角降压起动法,电动机能否起动? 为什么?

8. 什么是低压电器? 低压电器按其动作原理可分为哪两大类? 按其功能又可分为哪两大类? 试各举一例说明之。

9. 接触器的主要用途和原理是什么?

10. 异步电动机的起动电流较大,在电动机起动时,熔断器会不会熔断? 热继电器会不会动作? 为什么?

11. 按钮开关、行程开关和刀开关都是开关,它们的作用有什么不同? 可否用按钮开关直接控制三相异步电动机?

12. 低压断路器能实现哪几种保护?

13. 熔断器的作用是什么? 既然在电动机的主电路中装有熔断器,为什么还要装热继电器? 它们的作用有什么不同? 装有热继电器可不可以不装熔断器? 为什么?

14. 什么是自锁？在图 7-20 电路中，如果没有 KM 的自锁触点会怎么样？如果自锁触点因熔焊而不能断开又会怎么样？

15. 三相交流异步电动机的主电路如何实现电动机的反转？图 7-23 所示的 3 个控制电路各有什么特点？试分析在这 3 个控制电路中，如果同时按下正、反转起动按钮，分别会出现什么情况。

16. 什么是互锁？在控制电路中互锁起什么作用？什么是电气控制中的电气互锁和机械互锁？

17. 时间继电器的主要用途是什么？如何从时间继电器的图形符号上区分是通电延时类型还是断电延时类型？

18. 星-三角降压起动适用于哪种类型的电动机？

19. 图 7-26 所示自动往复控制电路中，如果其中一个行程开关 SQ2 损坏，其触点都不能动作，会出现什么问题？应如何处理？

20. 三相交流异步电动机起动的主要问题是什么？对三相交流异步电动机起动的基本要求是什么？

五、学习记录与分析

1. 分析记录于表 7-2、表 7-3 和表 7-4 中的数据，小结学习三相交流异步电动机的运行与测试的主要收获与体会。

2. 分析记录于表 7-6 中的数据，小结学习三相交流异步电动机控制电路安装的主要收获与体会。

参考文献

［1］李乃夫. 电子技术基础与技能［M］.3 版.北京:高等教育出版社,2020.

［2］文春帆,李乃夫. 电工与电子技术［M］.2 版.北京:高等教育出版社,2006.

［3］赵承荻,周玲. 电工电子技术及应用［M］. 北京:高等教育出版社,2009.

［4］程周. 电工电子技术与技能［M］.3 版.北京:高等教育出版社,2020.

［5］陈雅萍. 电工技术基础与技能［M］.3 版.北京:高等教育出版社,2018.

［6］李乃夫,刘鹏飞,韩俊青. 机床电气及 PLC 控制［M］.北京:高等教育出版社,2016.

郑重声明

高等教育出版社依法对本书享有专有出版权。任何未经许可的复制、销售行为均违反《中华人民共和国著作权法》,其行为人将承担相应的民事责任和行政责任;构成犯罪的,将被依法追究刑事责任。为了维护市场秩序,保护读者的合法权益,避免读者误用盗版书造成不良后果,我社将配合行政执法部门和司法机关对违法犯罪的单位和个人进行严厉打击。社会各界人士如发现上述侵权行为,希望及时举报,本社将奖励举报有功人员。

反盗版举报电话　(010)58581999　58582371　58582488

反盗版举报传真　(010)82086060

反盗版举报邮箱　dd@hep.com.cn

通信地址　北京市西城区德外大街 4 号

　　　　　高等教育出版社法律事务与版权管理部

邮政编码　100120

防伪查询说明

用户购书后刮开封底防伪涂层,利用手机微信等软件扫描二维码,会跳转至防伪查询网页,获得所购图书详细信息。也可将防伪二维码下的 20 位密码按从左到右、从上到下的顺序发送短信至 106695881280,免费查询所购图书真伪。

反盗版短信举报

编辑短信"JB,图书名称,出版社,购买地点"发送至 10669588128

防伪客服电话

(010)58582300

学习卡账号使用说明

一、注册/登录

访问 http://abook.hep.com.cn/sve,点击"注册",在注册页面输入用户名、密码及常用的邮箱进行注册。已注册的用户直接输入用户名和密码登录即可进入"我的课程"页面。

二、课程绑定

点击"我的课程"页面右上方"绑定课程",正确输入教材封底防伪标签上的 20 位密码,点击"确定"完成课程绑定。

三、访问课程

在"正在学习"列表中选择已绑定的课程,点击"进入课程"即可浏览或下载与本书配套的课程资源。刚绑定的课程请在"申请学习"列表中选择相应课程并点击"进入课程"。

如有账号问题,请发邮件至:4a_admin_zz@pub.hep.cn。